高等学校电子与电气工程及自动化专业系列教材

电力系统的 MATLAB/SIMULINK 仿真与应用

编著　王　晶　翁国庆　张有兵

主审　刘　健

西安电子科技大学出版社

内 容 简 介

本书将 MATLAB 工具与电力系统理论知识相结合，对 MATLAB/SIMULINK 在电力系统中的仿真与应用做了详细介绍。全书共分 8 章。第 1 章对 MATLAB/SIMULINK 进行了概述。第 2 章介绍了 MATLAB 的程序设计基础。第 3 章对 SIMULINK 的应用基础进行了阐述。第 4 章和第 5 章分别通过大量详尽的实例对电力系统主要元件和电力电子电路进行了说明。第 6 章和第 7 章讨论了利用 MATLAB/SIMULINK 构建复杂电力系统并进行稳态、暂态仿真，以及高压电力系统电力装置仿真的具体方法。第 8 章对利用模块集成和 S 函数编程两种定制非线性模块的方法进行了介绍。

本书可作为高等院校电气工程专业高年级本科生教材，也可作为电气工程专业研究生、电力工程技术人员和 FACTS 领域广大科研工作者的参考书。

图书在版编目(CIP)数据

电力系统的 MATLAB/SIMULINK 仿真与应用 / 王晶，翁国庆，张有兵编著.
—西安：西安电子科技大学出版社，2008.11(2024.7 重印)
ISBN 978–7–5606–2071–8

Ⅰ. 电…　　Ⅱ.① 王…　② 翁…③ 张…　　Ⅲ. 电力系统—计算机辅助计算—软件包，MATLAB、SIMULINK—高等学校—教材　Ⅳ.　TM7-39

中国版本图书馆 CIP 数据核字(2008)第 091007 号

策　　划　毛红兵
责任编辑　张　梁　毛红兵
出版发行　西安电子科技大学出版社(西安市太白南路 2 号)
电　　话　(029)88202421　88201467　　　邮　　编　710071
网　　址　www.xduph.com　　　　　　电子邮箱　xdupfxb001@163.com
经　　销　新华书店
印刷单位　咸阳华盛印务有限责任公司
版　　次　2008 年 9 月第 1 版　2024 年 7 月第 11 次印刷
开　　本　787 毫米×1092 毫米　1/16　印　张　20.25
字　　数　473 千字
定　　价　55.00 元
ISBN 978–7–5606–2071–8
XDUP 2363001–11
如有印装问题可调换

高 等 学 校

电子与电气工程及自动化、机械设计制造及自动化专业

系列教材编审专家委员会名单

主　任：张永康

副主任：姜周曙　刘喜梅　柴光远

自动化组

组　长：刘喜梅（兼）

成　员：（成员按姓氏笔画排列）

　　　　韦　力　王建中　巨永锋　孙　强　陈在平　李正明

　　　　吴　斌　杨马英　张九根　周玉国　党宏社　高　嵩

　　　　秦付军　席爱民　穆向阳

电气工程组

组　长：姜周曙（兼）

成　员：（成员按姓氏笔画排列）

　　　　闫苏莉　李荣正　余健明

　　　　段晨东　郝润科　谭博学

机械设计制造组

组　长：柴光远（兼）

成　员：（成员按姓氏笔画排列）

　　　　刘战锋　刘晓婷　朱建公　朱若燕　何法江　李鹏飞

　　　　麦云飞　汪传生　张功学　张永康　胡小平　赵玉刚

　　　　柴国钟　原思聪　黄惟公　赫东锋　谭继文

项目策划：马乐惠

策　　划：毛红兵　马武装　马晓娟

前　　言

　　近年来，MATLAB 已成为科学研究和工程设计中最重要的工具之一。在欧美大学里，诸如应用代数、数理统计、自动控制、数字信号处理、模拟与数字通信、时间序列分析、动态系统仿真等课程的教科书都把 MATLAB 作为授课内容。这几乎成了 20 世纪 90 年代教科书与旧版教科书的标志性区别。为适应计算机辅助教学的发展趋势，国内许多工科院校的电气相关专业也开设了类似于"MATLAB 及系统仿真"等相关课程作为学生的专业选修课程。

　　1998 年 Mathworks 公司推出电力系统模块集(Power System Block)后，该功能逐渐被电力系统的研究者所接受，使得 MATLAB/SIMULINK 在电力系统方面的应用日趋成熟。

　　笔者任教于浙江工业大学信息工程学院电气系，一直担任电气工程专业"MATLAB 及系统仿真"课程的教学工作。作为主讲教师，笔者非常强烈地想使这门课程的教学能紧密结合电力这一专业基础，即教学内容应该是 MATLAB 及系统仿真技术在电力领域的应用，而不是泛泛的 MATLAB 及系统仿真的通用基础知识，但一直没有合适教材。2004 年初，笔者围绕 MATLAB/SIMULINK 在电力系统中的仿真应用这一主题，根据自己多年在电力系统仿真中的经验，开始编写针对电气工程专业本专科生用的 MATLAB 仿真教材，试图向读者全面、系统地介绍 MATLAB/SIMULINK 在电力系统仿真中的使用方法。本书的多媒体课件已经在浙江工业大学信息工程学院电气系试用了三年，学生反映良好。

　　本书共 8 章，主要内容包括：概述、MATLAB 编程基础、SIMULINK 应用基础、电力系统主要元件等效模型、电力电子电路仿真分析、电力系统稳态与暂态仿真、高压电力系统的电力装置仿真、定制模块。

　　本书的第 2、3 章由翁国庆编写，第 1、4～6、8 章由王晶编写，第 7 章由张有兵和王晶共同编写。在本书的编写过程中，哈尔滨工业大学博士孙向飞、俞红祥、司大军分别对第 4～6 章提出了不少宝贵意见和建议，笔者得益匪浅，在此谨致谢忱。

　　因编者水平有限，书中错误和不妥之处仍在所难免，尚希广大读者不吝指正。

　　笔者联系方法：电话 0571-88320713，电子邮箱 kmhelen@zjut.edu.cn。

王　晶

2008 年 6 月

目　录

第1章　概述..1

　1.1　电力系统常用仿真软件简介...1

　1.2　MATLAB/SIMULINK 概述...2

　　1.2.1　MATLAB/SIMULINK 发展简史...2

　　1.2.2　MATLAB/SIMULINK 产品分类...5

　　1.2.3　MATLAB/SIMULINK 的特点...7

　1.3　简单电路演示...9

　习题..15

第2章　MATLAB 编程基础..16

　2.1　MATLAB 的工作环境...16

　　2.1.1　MATLAB 程序主界面...16

　　2.1.2　文本编辑窗口...20

　2.2　MATLAB 语言的基本元素...21

　　2.2.1　变量...21

　　2.2.2　赋值语句...21

　　2.2.3　矩阵及其元素的表示...23

　2.3　矩阵的 MATLAB 运算...27

　　2.3.1　矩阵的代数运算...27

　　2.3.2　矩阵的关系运算...30

　　2.3.3　矩阵的逻辑运算...31

　2.4　MATLAB 的程序流程控制...32

　　2.4.1　循环控制结构...32

　　2.4.2　条件转移结构...33

　2.5　M 文件的编写...34

　　2.5.1　命令文件...34

　　2.5.2　函数文件...37

　2.6　MATLAB 的图形绘制...39

　　2.6.1　二维图形的绘制...40

　　2.6.2　三维图形的绘制...47

　　2.6.3　图形对象属性设置...50

　2.7　MATLAB 编程仿真与应用...52

    2.7.1 简单电路仿真中的应用 52

    2.7.2 电力信号分析处理中的应用 55

  习题 56

第 3 章　SIMULINK 应用基础 59

  3.1　SIMULINK 仿真环境 59

    3.1.1 SIMULINK 模块库浏览器 59

    3.1.2 SIMULINK 仿真平台 60

  3.2　SIMULINK 的基本操作 62

    3.2.1 模块及信号线的基本操作 62

    3.2.2 系统模型的基本操作 64

    3.2.3 子系统的建立与封装 64

  3.3　SIMULINK 系统建模 70

  3.4　SIMULINK 运行仿真 74

    3.4.1 运行仿真过程 74

    3.4.2 仿真参数的设置 75

    3.4.3 示波器的使用 77

  3.5　SIMULINK 模块库 80

    3.5.1 标准 SIMULINK 模块库 80

    3.5.2 电力系统模块库 81

  3.6　SIMULINK 系统仿真应用 83

    3.6.1 一般控制系统中的仿真应用 83

    3.6.2 简单电路系统中的仿真应用 86

  习题 90

第 4 章　电力系统主要元件等效模型 92

  4.1　同步发电机模型 92

    4.1.1 同步发电机等效电路 92

    4.1.2 简化同步电机模块 93

    4.1.3 同步电机模块 97

  4.2　电力变压器模型 106

    4.2.1 三相变压器等效电路 106

    4.2.2 双绕组三相变压器模块 107

    4.2.3 互感线圈 115

    4.2.4 其它 116

  4.3　输电线路模型 116

    4.3.1 输电线路等效电路 117

    4.3.2 RLC 串联支路模块 117

    4.3.3 PI 型等效电路模块 118

4.3.4 分布参数线路模块 119
4.4 负荷模型 125
4.4.1 静态负荷模块 125
4.4.2 三相动态负荷模块 126
4.4.3 异步电动机模块 126
4.4.4 直流电机模块 133
习题 136

第5章 电力电子电路仿真分析 138
5.1 电力电子开关模块 138
5.1.1 二极管模块 139
5.1.2 晶闸管模块 141
5.1.3 可关断晶闸管模块 145
5.1.4 电力场效应晶体管模块 148
5.1.5 绝缘栅极双极性晶体管模块 152
5.1.6 理想开关模块 156
5.2 桥式电路模块 160
5.2.1 三电平桥式电路模块 160
5.2.2 通用桥式电路模块 163
5.3 驱动电路模块 168
5.3.1 同步6脉冲发生器 168
5.3.2 同步12脉冲发生器 172
5.3.3 PWM脉冲发生器 178
习题 184

第6章 电力系统稳态与暂态仿真 187
6.1 Powergui模块 187
6.1.1 主窗口功能简介 187
6.1.2 稳态电压电流分析窗口 189
6.1.3 初始状态设置窗口 190
6.1.4 潮流计算和电机初始化窗口 191
6.1.5 LTI视窗 192
6.1.6 阻抗依频特性测量窗口 193
6.1.7 FFT分析窗口 194
6.1.8 报表生成窗口 196
6.1.9 磁滞特性设计工具窗口 196
6.1.10 计算RLC线路参数窗口 198
6.2 电力系统稳态仿真 199
6.2.1 连续系统仿真 199

　　　6.2.2　离散系统仿真..204

　　　6.2.3　相量法仿真..208

　6.3　电力系统电磁暂态仿真..209

　　　6.3.1　断路器模块..209

　　　6.3.2　暂态仿真分析..214

　6.4　电力系统机电暂态仿真..219

　　　6.4.1　输电系统的描述..220

　　　6.4.2　单相故障..222

　　　6.4.3　三相故障..223

　习题..223

第7章　高压电力系统的电力装置仿真...227

　7.1　输电线路串联电容补偿装置仿真..227

　　　7.1.1　系统描述..227

　　　7.1.2　初始状态设置和稳态分析..230

　　　7.1.3　暂态分析..231

　　　7.1.4　频率分析..234

　　　7.1.5　母线 B2 故障时的暂态分析...236

　7.2　基于晶闸管的静止无功补偿装置仿真..238

　　　7.2.1　系统描述..239

　　　7.2.2　SVC 的稳态和动态特性...241

　　　7.2.3　TSC1 换相失败的仿真..243

　7.3　基于 GTO 的静止同步补偿装置仿真..244

　　　7.3.1　系统描述..244

　　　7.3.2　STATCOM 的稳态和动态特性..247

　7.4　基于晶闸管的 HVDC 系统仿真..249

　　　7.4.1　系统描述..249

　　　7.4.2　直流和交流系统的频率响应..252

　　　7.4.3　系统启/停的稳态和阶跃响应..253

　　　7.4.4　直流线路故障..254

　　　7.4.5　逆变器交流侧 a 相接地故障...255

　7.5　基于 VSC 的 HVDC 系统仿真..256

　　　7.5.1　系统描述..256

　　　7.5.2　动态特性仿真..260

第8章　定制模块...263

　8.1　定制非线性模块..263

　　　8.1.1　定制非线性电感模块..263

　　　8.1.2　定制非线性电阻元件..271

8.1.3　定制模块库 ···274

8.2　S 函数的编写及应用 ···275

8.2.1　S 函数模块 ···275

8.2.2　S 函数的编写 ···276

附录 A　SIMULINK 仿真平台菜单栏 ··285

附录 B　SIMULINK 仿真平台工具栏 ··288

附录 C　SIMULINK 模块库 ···290

附录 D　SimPowerSystems 模块库 ··300

参考文献 ··311

第 1 章　概　　述

1.1　电力系统常用仿真软件简介

　　电力系统是一个大规模、时变的复杂系统，在国民经济中有非常重要的作用。电力系统数字仿真已成为电力系统研究、规划、运行、设计等各个方面不可或缺的工具，特别是电力系统新技术的开发研究、新装置的设计、参数的确定更是需要通过仿真来确认。

　　目前常用的电力系统仿真软件有：

　　(1) 邦纳维尔电力局(Bonneville Power Administration, BPA)开发的 BPA 程序和 EMTP(Electromagnetic Transients Program)程序；

　　(2) 曼尼托巴高压直流输电研究中心(Manitoba HVDC Research Center)开发的 PSCAD /EMTDC (Power System Computer Aided Design/Electromagnetic Transients Program including Direct Current)程序；

　　(3) 德国西门子公司研制的电力系统仿真软件 NETOMAC (Network Torsion Machine Control)；

　　(4) 中国电力科学研究院开发的电力系统分析综合程序 PSASP(Power System Analysis Software Package)；

　　(5) MathWorks 公司开发的科学与工程计算软件 MATLAB(Matrix Laboratory，矩阵实验室)。

　　电力系统分析软件除了以上几种，还有美国加州大学伯克利分校研制的 PSPICE (Simulation Program with Integrated Circuit Emphasis)、美国 PTI 公司开发的 PSS/E、美国 EPRI 公司开发的 ETMSP、ABB 公司开发的 SYMPOW 程序和美国 EDSA 公司开发的电力系统分析软件 EDSA 等。

　　以上各个电力系统仿真软件的结构和功能不同，它们各自的应用领域也有所侧重。EMTP 主要用来进行电磁暂态过程数字仿真，PSCAD/EMTDC、NETOMAC 主要用来进行电磁暂态和控制环节的仿真，BPA、PSASP 主要用来进行潮流和机电暂态数字仿真。

　　近年来，MATLAB 由于其完整的专业体系和先进的设计开发思路，在多个领域都有广泛的应用。

　　在国际学术界，MATLAB 已经被确认为准确、可靠的科学计算标准软件。在许多国际一流学术刊物上(尤其是信息科学刊物)，都可以看到 MATLAB 的应用。

　　在欧美大学里，诸如应用代数、数理统计、自动控制、数字信号处理、模拟与数字通信、时间序列分析、动态系统仿真等课程的教科书都把 MATLAB 作为授课内容。这几乎成了 20 世纪 90 年代教科书与旧版教科书的标志性区别。在这些学校里，MATLAB 是攻读学位的本科生、硕士生、博士生必须掌握的基本工具。

在设计研究单位和工业部门，MATLAB 被认为是进行高效研究和开发的首选软件工具。如美国 National Instruments 公司的信号测量、分析软件 LabVIEW，Cadence 公司的信号和通信分析设计软件 SPW 等，它们直接建筑在 MATLAB 之上，或者以 MATLAB 为主要支撑。又如 HP 公司的 VXI 硬件，TM 公司的 DSP，Gage 公司的各种硬卡、仪器等都接受 MATLAB 的支持。MATLAB 在全球现在有超过 50 万的企业用户和上千万的个人用户，广泛地分布在航空航天、金融财务、机械化工、电信、教育等各个行业。

1998 年 MathWorks 公司推出了 MATLAB 5.2 版本，针对电力系统设计了电力系统模块集(Power System Block，PSB)。该模块集包含大量电力系统的常用元器件，如变压器、线路、电机和电力电子等，功能也比较全面，逐渐被电力系统的研究者接受，并将它作为高效的仿真分析软件。

1.2　MATLAB/SIMULINK 概述

1.2.1　MATLAB/SIMULINK 发展简史

1. MATLAB 发展简史

20 世纪 70 年代中期，Cleve Moler 和他的同事们在美国国家科学基金的资助下研发了称为 LINPACK 和 EISPACK 的 FORTRAN 子程序库。LINPACK 是解决线性方程问题的 FORTRAN 子程序集合，EISPACK 是对特征值问题进行求解的子程序集合。它们一起代表了当时最具影响力的矩阵计算软件。

20 世纪 70 年代后期，当时已经成为新墨西哥大学计算机科学系主任的 Cleve，希望在他的线性代数授课课程中使用 LINPACK 和 EISPACK 软件。但是他并不想增加学生的编程负担，因此，设计了一组调用 LINPACK 和 EISPACK 库程序的"通俗易用"的接口，并且命名为 MATLAB，其基本的数据单元是一个维数不加限制的矩阵。在 MATLAB 下，矩阵的运算变得非常容易。因此，一两年后，MATLAB 在应用数学团体中流行起来。

1983 年的春天，Cleve 到斯坦福大学进行访问，MATLAB 深深吸引住了身为工程师的 John Little。John Little 敏锐地觉察到 MATLAB 在工程领域的广阔前景，于是同年，他和 Cleve Moler、Steve Bangert 一起用 C 语言开发了第二代 MATLAB 专业版，由 Steve Bangert 主持开发编译解释程序；Steve Kleiman 完成图形功能的设计；John Little 和 Cleve Moler 主持开发各类数学分析的子模块，撰写用户指南和大部分的 M 文件。

1984 年，Cleve Moler 和 John Little 成立了 MathWorks 公司，发行了 MATLAB 1.0(基于 DOS 的版本)，正式把 MATLAB 推向市场。MATLAB 的第一个商业化版本是同年推出的基于 DOS 的 MATLAB 3.0,该版本已经具有数值计算和数据图示化的功能。通过不断的改进，MATLAB 逐步发展成为一个集数值处理、图形处理、图像处理、符号计算、文字处理、数学建模、实时控制、动态仿真、信号处理为一体的数学应用软件。

　　1990 年推出的 MATLAB 3.5 版是第一个可以兼容在 DOS 和 Windows 下运行的版本，它可以在两个窗口上分别显示命令行计算结果和图形结果。

　　1992 年，MATLAB 的第一个完全意义上的 Windows 版本 MATLAB 4.0 问世，从此告别 DOS 版。MATLAB 4.x 有了很大的改进，首先是推出了 SIMULINK；此外，1993 年，MathWorks 公司从加拿大滑铁卢大学购得 Maple 的使用权，以 Maple 为"引擎"开发了 Symbolic Math Toolbox 1.0。MathWorks 公司此举加快结束了国际上数值计算、符号计算孰优孰劣的长期争论，促成了两种计算的互补发展新时代。同时，MathWorks 公司瞄准应用范围最广的 Word，运用 DDE 和 OLE 构造了 Notebook，实现了 MATLAB 与 Word 的无缝连接，从而为专业科技工作者创造了融科学计算、图形可视、文字处理于一体的高水准环境。

　　1997 年推出的 MATLAB 5.0 版本支持更多的数据结构，如单元数据、数据结构体、多维数组、对象与类等，使其成为一种更方便、更完美的编程语言。1999 年初推出的 MATLAB 5.3 版在很多方面又进一步改进了 MATLAB 语言的功能，随之推出的全新版本的最优化工具箱和 SIMULINK 3.0 版达到了很高的档次。MATLAB 5.x 较 MATLAB 4.x 无论是界面还是内容都有长足的进展，其帮助信息采用超文本格式和 PDF 格式，在 Netscape 3.0 和 IE 4.0 及以上版本、Acrobat Reader 中均可以方便地浏览。

　　2000 年 10 月底推出了全新的 MATLAB 6.0 正式版(Release 12)，在操作界面上有了很大改观，同时还给出了程序发布窗口、实时信息窗口和变量管理窗口等，为用户的使用提供了很大的方便；在计算内核上抛弃了其一直使用的 LINPACK 和 EISPACK，而采用了更具优势的 LAPACK 软件包和 FFTW 系统，速度变得更快，数值性能也更好；在用户图形界面设计上也更趋合理；与 C 语言接口及转换的兼容性也更强。现在的 MATLAB 支持各种操作系统，它可以运行在十几个操作平台上，其中比较常见的有基于 Windows 9X/NT、OS/2、Macintosh、Sun、UNIX、Linux 等平台的系统。现在的 MATLAB 再也不是一个简单的矩阵实验室了，它已经演变成为一种具有广泛应用前景的全新的计算机高级编程语言，其功能也越来越强大，并不断地根据科研需求提出了新的解决方法。

　　2006 年 9 月，MATLAB R2006b 正式发布。从这时开始，MathWorks 公司每年进行两次产品发布，时间分别在每年的 3 月和 9 月，而且每一次发布都涵盖产品家族中的所有模块，包括产品的新特征、bug 的修订和新产品模块的发布。例如，符号 R2006b 中，2006 表示发布年度，b 表示是每年的第 2 个版本(9 月版)，每年的第 1 个版本(3 月版)用 a 表示。

　　现在因特网上有大量的 MATLAB 资源，比如 Mathworks 公司的主页 http://www.mathworks.com MATLAB 大观园 http://matlab.myrice.com、MATLAB 国内代理公司恒润科技 http://hirain.com 等，读者可以从这些网站上获取更多版本更新信息。

2. SIMULINK 发展简史

　　SIMULINK 是 MathWorks 公司开发的又一个产生重大影响的软件产品。为了准确地分析控制系统的复杂模型，1990 年 MathWorks 公司为 MATLAB 提供了崭新的控制系统模型图形输入与仿真工具，并命名为 SIMULAB，它以工具库的形式挂接在 MATLAB 3.5 版上。SIMULAB 包括仿真平台和系统仿真模型库两部分，主要用于仿真以数学函数和传递函数表达的系统，它是 20 世纪 70 年代开发的连续系统仿真程序包(CCS)的继续。该软件发布后很快就在控制领域得到了广泛的使用。但是，因为其名字与著名的软件 SIMULA 类似，所以 1992 年改名为 SIMULINK (Simulation Link)，意思是仿真链接。

该软件有两个特别明显的功能：仿真与链接。也就是说，可以直接利用鼠标在模型窗口中画出所需要的控制系统模型，然后再利用该软件提供的功能来对控制系统直接进行模拟。很明显，这种做法使得一个原本很复杂的系统变得相当容易输入。SIMULINK 的出现，使得 MATLAB 在控制系统仿真以及电脑辅助设计(CAD)中的应用开创了崭新的一页。

现在的 SIMULINK 都直接捆绑在 MATLAB 之上，版本也从 1993 年的 MATLAB4.0/Simulink 1.0 版升级到了 2007 年的 MATLAB 7.3/Simulink 6.6 版，并且可以针对任何能够用数学描述的系统进行建模，例如航空航天动力学系统、卫星控制制导系统、通讯系统、船舶及汽车动力学系统等，其中包括连续、离散、条件执行、事件驱动、单速率、多速率和混杂系统等。由于 SIMULINK 的仿真平台使用方便、功能强大，因此后来拓展的其它模型库也都共同使用这个仿真环境，成为了 MATLAB 仿真的公共平台。

3. SimPowerSystems 库发展简史

SimPowerSystems 库是 SIMULINK 下面的一个专用模块库，是在 SIMULINK 环境下进行电力、电子系统建模和仿真的先进工具。它建立在加拿大的 Hydro-Quebec 电力系统测试和仿真实验室的实践经验基础之上，并由 Hydro-Quebec 和 TECSIM International 公司共同开发而成，功能非常强大。SimPowerSystems 库提供了一种类似电路建模的方式进行模型绘制，在仿真前自动将仿真系统图变化成状态方程描述的系统形式，然后在 SIMULINK 下进行仿真分析。它为电路、电力电子系统、电机系统、发电、输变电系统和配电计算提供了强有力的解决方法，尤其是当设计开发内容涉及控制系统设计时，优势更为突出。

1998 年，当时以 Power System Blockset(PSB)命名的电力系统模块集跟随 MATLAB 5.2 一同推出。该模块集中包含电力系统常见的元器件和设备，以直观易用的图形方式对电力系统进行模型描述，并可与其它 SIMULINK 模块相连接，进行一体化的系统级动态分析。

2002 年，MATLAB 推出了 R13 版本，将 Power System Blockset 更名为 SimPowerSystems，当年的版本号为 2.3。

2003 年 9 月推出的 SimPowerSystems 3.0 有了较大的改进。它明确定义了 SIMULINK 端口与电力线路端子端口之间的区别，并专门为电力系统物理建模提供了相关端子端口，强调不得将电力端口连接到 SIMULINK 的输入和输出端口；规定 SimPowerSystems 3.0 中的模块可以只有端子端口，也可以只有 SIMULINK 端口，还可同时兼有二者；对早期 SimPowerSystems 和 Power System Blockset 版本中的分析命令进行重新命名。

2004 年 9 月推出的 SimPowerSystems 4.0 对 SIMULINK 进行了扩展，提供了可适合基本电子电路和具体电力系统的建模与仿真工具。这些工具可以对发电、输电和配电以及机电能量转换的过程进行高效建模。SimPowerSystems 4.0 提供了新的应用程序库，其中包括电气驱动模型、柔性交流输电系统(FACTS)模型和适合普通风能发电系统的分布式能源模型。

表 1-1 为 MATLAB、SIMULINK 和 SimPowerSystems 的版本号以及对应的发布时间。

表 1-1　MATLAB、SIMULINK 和 SimPowerSystems 的版本号以及对应的发布时间

时　间	MATLAB	SIMULINK	SimPowerSystems
1984	MATLAB		
1993	MATLAB 4.2	SIMULIB	
1996	MATLAB 5.0.1 (R08)		
1997	MATLAB 5.1 (R09)	SIMULINK 2.0	
1998	MATLAB 5.2 (R10)	SIMULINK 2.2	Power System Blockset 1.0
1999.1	MATLAB 5.3 (R11)	SIMULINK 3.0	Power System Blockset 1.1
1999.11	MATLAB 5.3.1 (R11.1)	SIMULINK 3.0.1	
2000	MATLAB 6.0 (R12)	SIMULINK 4.0	Power System Blockset 2.1
2001	MATLAB 6.1 (R12.1)	SIMULINK 4.1	Power System Blockset 2.2
2002	MATLAB 6.5 (R13)	SIMULINK 5	SimPowerSystems 2.3
2003.2	MATLAB 6.5.1 (R13 SP1)	SIMULINK 5.1	SimPowerSystems 3.0
2004.6	MATLAB 7.0 (R14)	SIMULINK 6.0	SimPowerSystems 3.1
2004.9	MATLAB 7.0.1 (R14 SP1)	SIMULINK 6.1	SimPowerSystems 4.0
2005.3	MATLAB 7.0.4 (R14 SP2)	SIMULINK 6.2	SimPowerSystems 4.0.1
2005.9	MATLAB 7.1 (R14 SP3)	SIMULINK 6.3	SimPowerSystems 4.1.1
2006.3	MATLAB 7.2 (R2006a)	SIMULINK 6.4	SimPowerSystems 4.2
2006.9	MATLAB 7.3 (R2006b)	SIMULINK 6.5	SimPowerSystems 4.3
2007.3	MATLAB 7.3 (R2007a)	SIMULINK 6.6	SimPowerSystems 4.4

1.2.2　MATLAB/SIMULINK 产品分类

1. MATLAB/SIMULINK 产品

MATLAB 产品家族可以用图 1-1 表示。

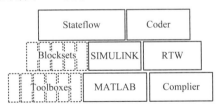

图1-1　MATLAB产品家族

图中，Compiler 是一种编译工具，它能够将那些利用 MATLAB 提供的编程语言(M 语言)编写的函数文件编译生成为函数库、可执行文件 COM 组件等。这样就可以扩展 MATLAB 功能，使 MATLAB 能够同其它高级编程语言，例如 C/C++语言进行混合应用，取长补短，以提高程序的运行效率，丰富程序开发的手段。

Stateflow 是一个交互式的设计工具，它基于有限状态机的理论，可以用来对复杂的事件驱动系统进行建模和仿真。

Real-Time Workshop(RTW)和 Coder 是两种主要的自动化代码生成工具，这两种代码生成工具可以直接将 SIMULINK 的模型框图和 Stateflow 的状态图转换成高效优化的程序代

码。利用 RTW 生成的代码简洁、可靠、易读。目前 RTW 支持生成标准的 C 语言代码，并且具备了生成其它语言代码的能力。整个代码的生成、编译以及相应的目标下载过程都可以自动完成，用户需要做的仅仅是使用鼠标点击几个按钮即可。MathWorks 公司针对不同的实时或非实时操作系统平台，开发了相应的目标选项，配合不同的软硬件系统，可以完成快速控制原型(Rapid Control Prototype)开发、硬件在回路的实时仿真(Hardware-in-Loop)、产品代码生成等工作。

在 MATLAB 产品家族中，MATLAB 工具箱是整个体系的基座，它是一个语言编程型(M 语言)开发平台，提供了体系中其它工具所需要的集成环境(比如 M 语言的解释器)。同时由于 MATLAB 对矩阵和线性代数的支持，使得工具箱本身也具有强大的数学计算能力。目前 MATLAB 产品的工具箱有四十多个，分别涵盖了数据采集、科学计算、控制系统设计与分析、数字信号处理、数字图像处理、金融财务分析以及生物遗传工程等专业领域。

图 1-2 所示为 MATLAB/SIMULNK 的主要产品及其相互关系。

图 1-2 MATLAB/SIMULINK 的主要产品及其相互关系

2. SimPowerSystems 库产品

SimPowerSystems 4.0 中含有 130 多个模块，分布在 7 个可用子库中。这 7 个子库分别为"应用子库(Application Libraries)"、"电源子库(Electrical Sources)"、"元件子库(Elements)"、"附加子库(Extra Library)"、"电机子库(Machines)"、"测量子库(Measure-ments)"和"电力电子子库(Power Electronics)"。此外，SimPowerSystems 4.0 中还含有一个功能强大的图形用户分析工具 Powergui 和一个废弃的"相量子库"(Phasor Elements)。这些模块可以与标准的 SIMULINK 模块一起，建立包含电气系统和控制回路的模型，并且可以用附加的测量模块对电路进行信号提取、傅里叶分析和三相序分析。应用子库中含有适合于普通风能发电系统的分布式能源模型、特种电机模型和 FACTS 模型。电源子库中含有交流电压源、直流电压源、受控电压源和受控电流源模型。元件子库中含有 RLC 支路和负载、线性和饱和变压器、断路器、传输线模型、物理端口模型。电机子库中包含详细或简化形式的异步电机、同步电机、永磁同步电机、直流电机、励磁系统、水力与蒸汽涡轮—调速系统模型。电力电子子库中含有二极管、简化/复杂晶闸管、GTO、开关、MOSFET、IGBT 和通用桥式电路模型。测量子库中含有电压、电流、电抗测量模块，以及万用表测量模块。附加子库中包含内容较多，主要和系统离散化、控制、计算和测量有关，包括 RMS 测量、有效和无功功率计算、傅里叶分析、HVDC 控制、轴系变换、三相 V-I 测量、三相脉冲和信号发生、三相序列分析、三相 PLL 和连续/离散同步 6/12 脉冲发生器等。

这些模块，有些将在后面几章中进行介绍，但是大多数模块还需要读者对照 MATLAB 提供的帮助文件进行学习。

1.2.3　MATLAB/SIMULINK 的特点

1. MATLAB 的特点

自从 MathWorks 公司推出 MATLAB 后，MATLAB 以其优秀的数值计算能力和卓越的数据可视化能力很快在数学软件中脱颖而出。随着版本的不断升级，它在数值计算及符号计算功能上得到了进一步完善。

MATLAB 的特点可概括为以下七点：

(1) 提供了便利的开发环境。MATLAB 提供了一组可供用户操作函数和文件的具有图形用户界面的工具，包括 MATLAB 主界面、命令窗口、历史命令、编辑和调试、在线浏览帮助、工作空间、搜索路径设置等可视化工具窗口。

(2) 提供了强大的数学应用功能。MATLAB 可进行包括基本函数、复杂算法、更高级的矩阵运算等非常丰富的数学应用功能，特别适合矩阵代数领域。它还具有许多高性能数值计算的高级算法，库函数极其丰富，使用方便灵活。

(3) 编程语言简易高效。MATLAB 提供了和 C 语言几乎一样多的运算符，灵活使用 MATLAB 的运算符将使程序变得极为简短。MATLAB 既具有结构化的控制语句(如 for 循环、while 循环、break 语句和 if 语句)，又有面向对象编程的特性。MATLAB 程序书写形式自由，利用丰富的库函数避开繁杂的子程序编程任务，压缩了一切不必要的编程工作。程序限制不严格，程序设计自由度大，并且有很强的用户自定义函数的能力。

(4) 图形功能强大。在如 FORTRAN 和 C 等一般编程语言里，绘图都很不容易。但 MATLAB 提供了丰富的绘图函数命令，使得用户数据的可视化非常简单。MATLAB 还具有较强的编辑图形界面的能力，用户可方便地在可视化环境下进行个性化图形编辑和设置。

(5) 提供了功能强大的工具箱。MATLAB 包含两个部分：核心部分和各种可选的工具箱。核心部分中有数百个核心内部函数。工具箱又分为两类：功能性工具箱和学科性工具箱。功能性工具箱主要用来扩充其符号计算功能、图示建模仿真功能、文字处理功能以及与硬件实时交互功能。功能性工具箱用于多种学科。学科性工具箱专业性比较强，如 control、signal processing、commumnication、powersys toolbox 等。这些工具箱都是由相关领域内的专家编写的，所以用户无需编写自己学科范围内的基础程序，直接可以进行高、精、尖的研究。

(6) 应用程序接口功能强大。MATLAB 提供了方便的应用程序接口，用户可以使用 C 或 FORTRAN 等语言编程，实现与 MATLAB 程序的混合编程调用。

(7) MATLAB 的缺点。和其它高级程序相比，MATLAB 程序的执行速度较慢。由于

MATLAB 的程序不用编译等预处理，也不生成可执行文件，程序为解释执行，因此速度较慢。

2. SIMULINK 的特点

SIMULINK 是一种强有力的仿真工具，它能让使用者在图形方式下以最小的代价来模拟真实动态系统的运行。SIMULINK 准备有数百种预定义系统环节模型、最先进有效的积分算法和直观的图示化工具。依托 SIMULINK 强健的仿真能力，用户在原型机制造之前就可建立系统的模型，从而评估设计并修补瑕疵。SIMULINK 具有如下特点：

(1) 建立动态系统的模型并进行仿真。SIMULINK 是一种图形化的仿真工具，用于对动态系统建模和控制规律的研究制定。由于支持线性、非线性、连续、离散、多变量和混合式系统结构，SIMULINK 几乎可分析任何一种类型的真实动态系统。

(2) 以直观的方式建模。利用 SIMULINK 可视化的建模方式，可迅速地建立动态系统的框图模型。只需在 SIMULINK 元件库中选出合适的模块并拖放到 SIMULINK 建模窗口，鼠标点击连接就可以了。SIMULINK 标准库拥有的模块超过 150 种，可用于构成各种不同种类的动态系统。模块包括输入信号源、动力学元件、代数函数和非线性函数、数据显示模块等。SIMULINK 模块可以被设定为触发和使能的，能用于模拟大模型系统中存在条件作用的子模型的行为。

(3) 增添定制模块元件和用户代码。SIMULINK 模块库是可定制的，能够扩展以包容用户自定义的系统环节模块。用户也可以修改已有模块的图标，重新设定对话框，甚至换用其它形式的弹出菜单和复选框。SIMULINK 允许用户把自己编写的 C、FORTRAN、Ada 代码直接植入 SIMULINK 模型中。

(4) 快速、准确地进行设计模拟。SIMULINK 优秀的积分算法给非线性系统仿真带来了极高的精度。先进的常微分方程求解器可用于求解刚性的和非刚性的系统、具有事件触发或不连续状态的系统和具有代数环的系统。SIMULINK 的求解器能确保连续系统或离散系统的仿真高速、准确的进行。同时，SIMULINK 还为用户准备了一个图形化的调试工具，以辅助用户进行系统开发。

(5) 分层次地表达复杂系统。SIMULINK 的分级建模能力使得体积庞大、结构复杂的模型构建也简便易行。根据需要，各种模块可以组织成若干子系统。在此基础上，整个系统可以按照自顶向下或自底向上的方式搭建。子模型的层次数量完全取决于所构建的系统，不受软件本身的限制。为方便大型复杂结构系统的操作，SIMULINK 还提供了模型结构浏览的功能。

(6) 交互式的仿真分析。SIMULINK 的示波器可以动画和图形显示数据，运行中可调整模型参数进行 What-if 分析，能够在仿真运算进行时监视仿真结果。这种交互式的特征可帮助用户快速评估不同的算法，进行参数优化。

由于 SIMULINK 完全集成于 MATLAB，在 SIMULINK 下计算的结果可保存到 MATLAB 的工作空间中，因而就能使用 MATLAB 所具有的众多分析、可视化及工具箱工具操作数据。

3. SimPowerSystems 库的特点

SimPowerSystem 库具有如下特点：

(1) 使用标准电气符号进行电力系统的拓扑图形建模和仿真。

(2) 标准的 AC 和 DC 电机模型模块、变压器、输电线路、信号和脉冲发生器、HVDC 控制、IGBT 模块和大量设备模型。

(3) 使用 SIMULINK 强有力的变步长积分器和零点穿越检测功能，给出高度精确的电力系统仿真计算结果。

(4) 利用定步长梯形积分算法进行离散仿真计算，为快速仿真和实时仿真提供模型离散化方法。这一特性能够显著提高仿真计算的速度——尤其是那些带有电力电子设备的模型。另外，由于模型被离散化，因此可用 Real-Time Workshop 生成模型的代码，进一步提高仿真的速度。

(5) 利用 Powergui 交互式工具模块可以修改模型的初始状态，从任何起始条件开始进行仿真分析，例如计算电路的状态空间表达、计算电流和电压的稳态解、设定或恢复初始电流/电压状态、电力系统的潮流计算等。

(6) 提供了扩展的电力系统设备模块，如电力机械、功率电子元件、控制测量模块和三相元器件。

(7) 提供大量功能演示模型，可直接运行仿真或进行案例学习。

1.3　简单电路演示

下面用一个简单的例子，说明利用 SIMULINK 进行电力系统仿真的最基本方法。对于初入门的读者而言，可以按本节步骤搭建系统，也可以不进行搭建，仅了解过程和仿真结果，因为详细的建模过程将在以后章节中一一说明。

【例 1.1】在图 1-3 所示电路中，已知电阻 $R = 1$ kΩ，电容 $C = 2$ μF，电感 $L = 2.5$ H，电压源 $v_s = 5 \sin(100\pi t + \pi/6)$。试建立电路，并观察电路中电流及 R、L、C 中电压。

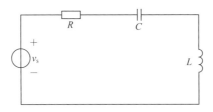

图 1-3　例 1.1 仿真系统图

解：(1) 搭建仿真系统图。运行 MATLAB，得到命令窗口如图 1-4 所示。

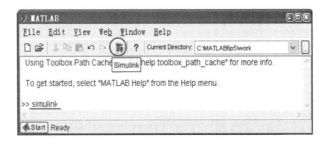

图 1-4　MATLAB 主窗口

单击图 1-4 MATLAB 工具栏中的 Simulink 图标 ，打开 SIMULINK 模块库浏览器主窗口，如图 1-5 所示。

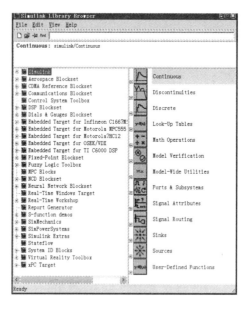

图 1-5　SIMULINK 模块库浏览器主窗口

点击图 1-5 菜单栏中的菜单项[File>New>Model](如图 1-6 所示)，打开一个名为 untitled 的空模型窗口，以文件名 example1_1 存盘(如图 1-7 所示)。

图 1-6　用于创建新模型文件的菜单项

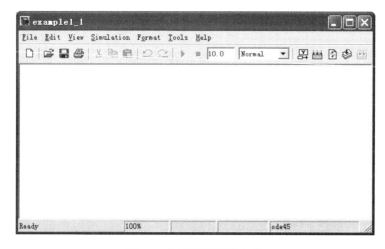

图 1-7　创建的新模型文件

电力系统模块库在 SIMULINK 模块库浏览器窗口树状结构图中名为 SimPowerSystems，双击该图标，得到如图 1-8 所示窗口。

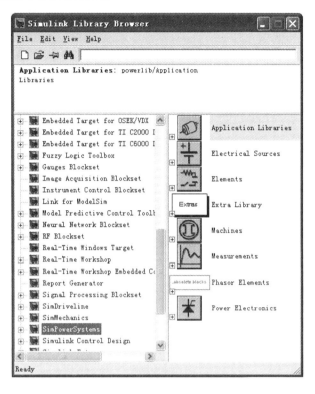

图 1-8 SimPowerSystems 目录窗口

双击"电源子库"图标 ，打开该模块库，选中交流电压源模块(AC Voltage Source)，鼠标左键按下，拖曳到文件 example1_1 中，鼠标左键松开。这样，文件 example1_1 中就有一个电压源模块，操作步骤如图 1-9 所示。

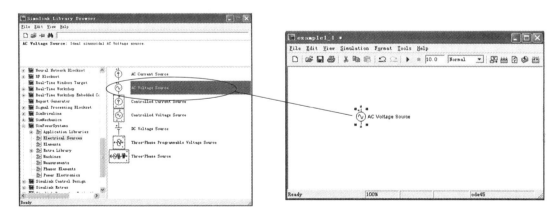

图 1-9 复制交流电压源到文件 example1_1 中

双击图 1-9 中交流电压源模块，打开图 1-10 所示对话框，输入电压幅值、相角和频率，单击确定键后回到文件 example1_1 窗口中。注意，该电压源要求输入电压幅值。

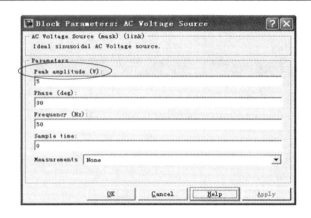

图 1-10　例 1.1 电压源参数设置对话框

　　在该交流电压源模块的标签位置双击，则模块标签呈现编辑状态，输入新标签 vs，电压源模块的名称将变为 vs。

　　双击"元件子库"图标，打开该模块库，选中串联 RLC 支路(Series RLC Branch)，拖曳到文件 example1_1 中；双击该元件，设置参数并将元件标签更改为 Z_eq。如图 1-11 和图 1-12 所示。

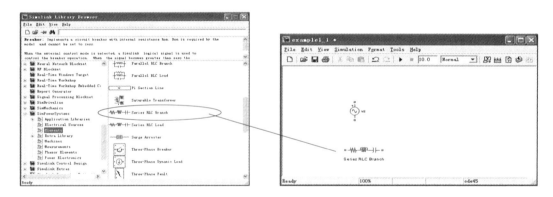

图 1-11　复制串联 RLC 支路到文件 example1_1 中

图 1-12　例 1.1 串联 RLC 支路参数设置对话框

从"元件子库"中选择接地元件(Ground block)，拖曳到 example1_1 窗口中；整理各模块的位置，将鼠标移动到电压源附近，鼠标光标由""变为"＋"时，按下鼠标左键，拖动到串联 RLC 支路的端口处，松开鼠标左键，即可连接电源模块和串联 RLC 支路模块。依次连接各模块，得到仿真电路如图 1-13 所示。

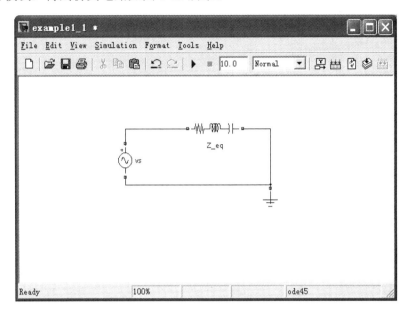

图 1-13　例 1.1 的仿真电路连接

为了观测到电流的波形，还需要在图 1-13 中添加两个元件：电流表和示波器。

双击"测量子库"图标 Measurements ，打开该模块库，选中电流表模块(Current Measurement)，拖曳到文件 example1_1 中，如图 1-14 所示。

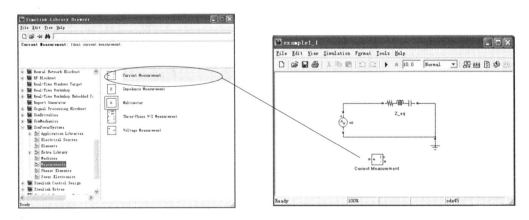

图 1-14　复制电流表模块到文件 example1_1 中

示波器模块在标准 SIMULINK 模块库(Simulink)的接收器模块子库(Sinks)中，具体位置如图 1-15 所示。选中示波器(Scope)，拖曳到文件 example1_1 中，重新排列各模块位置并连接，新电路如图 1-16 所示。

（2）电路仿真。单击图 1-16 中的仿真图标 ▶ 进行仿真。仿真结束后，双击示波器，观察电流波形，如图 1-17 所示。

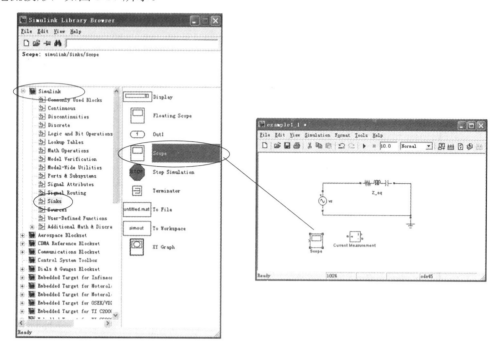

图 1-15　复制示波器到文件 example1_1 中

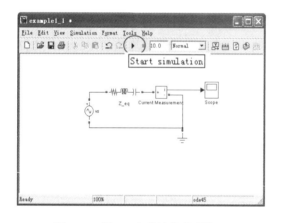

图 1-16　例 1.1 完整的仿真系统

图 1-17　仿真结果

（3）理论分析。按题意，电流幅值为

$$I = \frac{5}{\sqrt{1000^2 + (100\pi \times 2.5 - \dfrac{1}{100\pi \times 2 \times 10^{-6}})^2}} = 0.0039 \ \text{A}$$

初始相角为

$$\theta = 30 - \arctan \frac{1000}{100\pi \times 2.5 - \dfrac{1}{100\pi \times 2 \times 10^{-6}}} = 68.87°$$

和观察到的电流波形特性相符。

> **注意:**
>
> 本例使用默认的积分算法 ode45。对于大多数电力系统模块而言,由于含有开关和其它非线性模块,因此必须使用其它的积分算法。这部分内容将在第 3 章中进行讲解。

习　题

1-1　电力系统常用仿真软件有哪些,各有什么特点?

1-2　MATLAB/SIMULINK 具有什么特点,版本号中各符号有什么含义? 尝试从互联网上获取最新的版本信息。

1-3　SimPowerSystems 库中含有什么模块,具有什么特点? 尝试从互联网上获取最新的功能和产品更新信息。

第 2 章　MATLAB 编程基础

2.1　MATLAB 的工作环境

2.1.1　MATLAB 程序主界面

安装完 MATLAB 7.0 软件并重新启动计算机后，在 Windows 桌面上将出现 MATLAB 的软件图标 ♣。鼠标双击该图标，就可进入 MATLAB 的工作环境，显示默认的程序主界面，如图 2-1 所示。

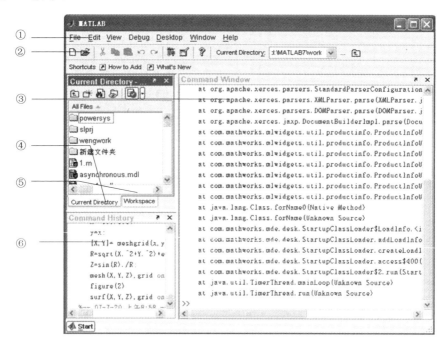

图 2-1　MATLAB 7.0 的程序主界面

默认的程序主界面主要包括下列区域：① 菜单；② 工具栏；③ 命令窗口；④ 当前路径浏览器；⑤ 工作空间浏览器；⑥ 命令历史浏览器。这些功能子窗口使得 MATLAB 本身的操作更容易、方便。

注意：

(1) 各功能子窗口是否显示完全由用户的需要和习惯决定，可以通过菜单 Desktop 选项中对应的子项进行选择。

(2) 当前路径浏览器和工作空间浏览器不能同时显示，它们一个在前台，一个在后台，用户通过鼠标点击选择显示对象。

1. 菜单

菜单功能与其它通用软件开发环境基本一致，可进行文件、编辑、调试、窗口和帮助等各主体功能菜单操作。这里仅介绍与 MATLAB 学习密切相关的文件类型的相关内容。

(1) [File>New>M-File]：进入文本编辑窗界面，建立一个文本文件，实现 MATLAB 命令文件的输入、编辑、调试、保存等处理功能，保存时文件后缀名为 .m。

(2) [File>New>Figure]：进入图形窗界面，建立一个图形文件，实现 MATLAB 图形文件的显示、编辑、保存等处理功能，保存时文件名后缀为 .fig。

(3) [File>New>Model]：建立一个 SIMULINK 模型文件，实现 SIMULINK 仿真模型的建模、仿真、调试、保存等处理功能，保存时文件名后缀为 .mdl。

这三种文件是 MATLAB/SIMULINK 最重要的文件类型，在后面章节中将详细论述。

2. 工具栏

这里仅介绍 SIMULINK 中特有的工具图标，其它图标与大部分常用软件开发环境下的图标基本一致。

：进入 SIMULINK 仿真环境界面，作用相当于在 MATLAB 的命令窗口中输入 simulink 命令并按回车键。

：进入 MATLAB 的联机帮助环境界面，允许用户进行帮助文档阅读、根据关键词的帮助查询、查看演示范例。

G:\MATLAB\work　▼　...　：可进行 MATLAB 当前工作目录的设置，点击 ... 进入当前工作目录选择界面。

注意：

MATLAB 的默认当前工作目录是"安装路径\MATLAB\work"。如果用户需要将文件保存在其它目录，建议采用以下两种措施，否则可能会造成 MATLAB 程序不能正常执行：

(1) 利用图标 G:\MATLAB\work　▼　...　修改当前工作目录。

(2) 利用菜单项[File>Set Path>Add Folder]将用户拟采用的目录添加到 MATLAB 搜索路径中。

3. 命令窗口

命令窗口位于图 2-1 所示 MATLAB 程序主界面的最右边，是用户与 MATLAB 人机交互的主要环境。在提示符">>"后键入 MATLAB 命令并回车确认，该命令窗口中将立即显示执行结果。

表 2-1 所示为命令窗口中的常用指令，对用户的操作非常有用。

表 2-1　命令窗口中的常用指令

命令或键名	功　　　能
clear	清除当前工作空间中的全部变量
clear a b c	清除当前工作空间中的指定变量 a、b、c
home	清除命令窗口中所有内容并将光标移动到左上角
clc	擦除工作窗口中所显示的所有内容
pack	整理内存碎片以扩大内存空间
↑	前寻式调出已输入过的命令行
↓	后寻式调出已输入过的命令行

【例 2.1】编写勾股定理的 MATLAB 指令，计算 c 值。

$$a = 3$$
$$b = 4$$
$$c = \sqrt{a^2 + b^2}$$

解： 在命令窗口中输入如图 2-2 所示命令并回车确认，其中 sqrt 和 ^2 分别为 MATLAB 内置的开方函数和平方表达式，详见 2.3.1 节。结果显示 c = 5。

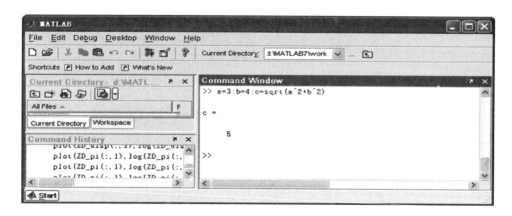

图 2-2　命令窗口中输入指令并返回结果

在命令窗口中，很容易判断某条语句是命令还是结果。命令行均以提示符 ">>" 开头，计算结果不带提示符。

4. 当前路径浏览器

点击图 2-1 所示 MATLAB 软件主界面左上窗口中的 "Current Directory" 属性页，激活当前路径浏览器，如图 2-3 所示。当前工作路径中所有文件夹及所有类型的文件名均显示于此窗口中。用户可在此窗口中进行类似于一般文件夹中的管理工作，如新建或删除文件夹、删除或重命名文件、打开目标文件等。

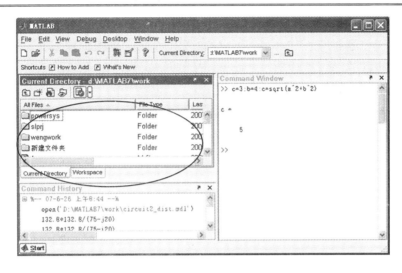

图 2-3　当前路径浏览器窗口

5. 工作空间浏览器

当 MATLAB 启动后，系统自动在内存中开辟一块存储区用于存储用户在 MATLAB 命令窗口中定义的变量、运算结果和有关数据，此内存空间称为 MATLAB 的工作空间 (workspace)。工作空间在 MATLAB 刚启动时为空，用户退出 MATLAB 后，工作空间的内容将不再保留。

点击图 2-1 所示 MATLAB 程序主界面左上窗口中的"Workspace"属性页，激活工作空间浏览器，如图 2-4 所示。在此窗口中可以对工作空间进行管理。

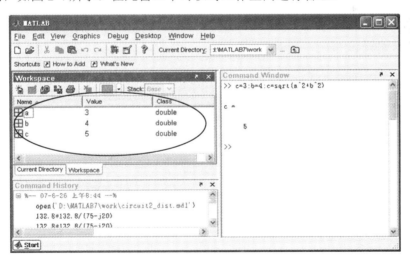

图 2-4　工作空间浏览器窗口

如同例 2.1，在输入实现勾股定理的命令语句并执行后，系统工作空间管理窗中显示的信息如图 2-4 所示。可见，在执行命令过程中，用户在 MATLAB 命令窗口中定义的变量和运算结果确实都已经存储在工作空间中。用户可方便地查看当前工作空间中存在的变量和值，而且还可进行新变量定义、变量删除、保存等管理。

6. 命令历史浏览器

命令历史浏览器位于图 2-1 所示 MATLAB 程序主界面的左下角，属性页名称为 Command History。如图 2-5 中所示，此窗口按时间顺序完整地记录了曾经在 MATLAB 工作窗口中输入并执行过的命令语句。

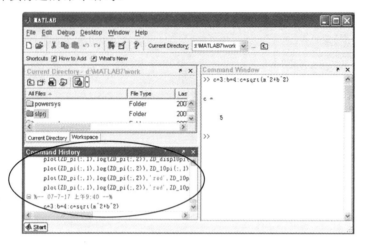

图 2-5　命令历史浏览器窗口

通过命令历史浏览器，可实现的功能如下：

(1) 方便地按顺序查看输入命令的记录。

(2) 双击单条命令行，可使其立即执行，而不用用户重新输入命令行。

(3) 按住"Ctrl"键并单击鼠标左键可选中多条命令行，再单击鼠标右键，在弹出菜单中选择"Create M-File"选项，可将选中的多条命令行作为一个文件进行编辑和保存。

2.1.2　文本编辑窗口

MATLAB 编程有两种工作方式：一种称为行命令方式，就是在工作窗口中一行一行地输入程序，计算机每次对一行命令做出反应，因此也称为交互式的指令行操作方式；另一种工作方式为 M 文件编程工作方式。编写和修改 M 文件就要用到文本编辑窗口。

表 2-2 列出了这两种工作方式的简单比较。

表 2-2　MATLAB 编程两种工作方式比较

比较项	交互式的指令行操作方式	M 文件编程工作方式
工作过程	用户在工作窗口中按 MATLAB 语法规则输入命令行后回车确认，系统将执行该命令并给出运算结果	当用户在工作窗口中输入 M 文件名并回车确认后，系统将自动搜索该文件。若该文件存在，则系统将按 M 文件中语句所规定的计算任务以解释方式逐一执行语句并返回运算结果
优点	简便易行，交互性强	输入、编辑和调试、保存简便
缺点	当要解决的问题变得复杂后，输入、编辑和调试困难	需要在文本编辑器下编辑并保存文件，过程较复杂
适用情况	非常适合于对简单问题的数学演算、结果分析及测试	非常适合于大型或复杂问题的解决

　　用户可以通过创建一个新的文本文件或打开一个原有的程序文件的方式来进入文本编辑窗口。该类程序文件名以 .m 为后缀。用户将文本编辑窗口中的程序保存后，在 MATLAB 命令窗口中输入该文件的文件名就能执行程序。

　　MATLAB 中还有一种图形管理窗口，执行绘图命令后，会自动产生该窗口，图形的编辑管理等工作都在这一个窗口中进行。关于图形管理窗口的知识将在 2.6 节中详细论述。

2.2　MATLAB 语言的基本元素

　　MATLAB 语言提供了丰富的数据类型，如实数、复数、向量、矩阵、字符串、多维数组、结构体、类和对象等，还提供了丰富的内置功能函数。这些功能使得 MATLAB 的编程功能非常强大。

　　本节介绍变量和矩阵这两种最基本且常用的数据类型以及赋值语句的基本形式。

2.2.1　变量

　　变量是保存数据信息的一种最基本的数据类型。变量的命名应遵循如下规则：

　　(1) 变量名必须以字母开头；

　　(2) 变量名可以由字母、数字和下划线混合组成；

　　(3) 变量名区分字母大小写；

　　(4) MATLAB 保留了一些具有特定意义的默认变量(见表 2-3)，用户编程时可以直接使用，并尽量避免另外自定义。

表 2-3　MATLAB 的系统保留变量

变量名	默　认　值
i 和 j	虚数单位($\sqrt{-1}$ 的解)
pi	圆周率(π)
ans	存放最近一次无赋值变量语句的运算结果
inf	无穷大(∞，即 0 为除数时的结果)
eps	机器的浮点运算误差限 (若某变量的绝对值小于 eps，则为 0)
NaN	不定式(0/0 或 inf/inf 的结果)
lasterr	存放最后一次的错误信息
lastwarn	存放最新的警告信息

　　例如，Long 和 My_long1 均是有效的变量名，Long 和 long 表示的是不同的变量。用户编程时必须注意并遵守这些规则。

2.2.2　赋值语句

　　MATLAB 采用命令行形式的表达式语言，每一个命令行就是一条语句，其格式与书写的数学表达式十分相近，非常容易掌握。用户在命令窗口输入语句并按下回车键后，该语句就由 MATLAB 系统解释运行，并给出运行结果。MATLAB 的赋值语句有下面两种结构。

1. 直接赋值语句

直接赋值语句的基本结构如下：

$$赋值变量 = 赋值表达式$$

其中，等号右边的表达式由变量名、常数、函数和运算符构成，直接赋值语句把右边表达式的值直接赋给了左边的赋值变量，并将返回值显示在 MATLAB 的命令窗口中。

【例 2.2】对 a 赋值，实现 $a = 2\pi$。

解： 在 MATLAB 命令窗口中输入图 2-6 所示语句并回车确认。

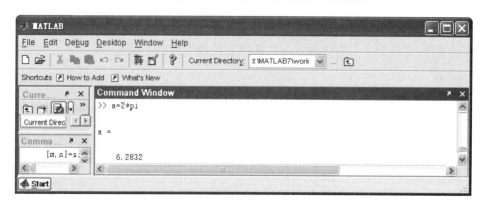

图 2-6　例 2.2 输入语句及返回结果

> **注意：**
> 如果赋值语句后面没有分号"；"，将在 MATLAB 的命令窗口中显示表达式的运算结果；若不想显示运算结果，则应该在赋值语句末尾加分号"；"。
> 如果省略了赋值语句左边的赋值变量和等号，则表达式运算结果将默认赋值给系统保留变量 ans。
> 若等式右边的赋值表达式不是数值，而是字符串，则字符串两边应加单引号。

2. 函数调用语句

直接赋值语句的基本结构如下：

$$[返回变量列表] = 函数名(输入变量列表)$$

其中，等号右边的函数名对应于一个存放在合适路径中的 MATLAB 文本文件。函数可以分为两大类：一类是用户根据需要自定义的用户函数；另一类是 MATLAB 内核中已经存在的内置函数。

返回变量列表和输入变量列表均可以由若干变量名组成。若返回变量个数大于 1，则它们之间应该用逗号或空格分隔；若输入变量个数大于 1，则它们之间只能用逗号分隔。

【例 2.3】通过调用 size( )函数求取矩阵维数。

解： 在 MATLAB 命令窗口中依次输入图 2-7 所示语句并回车确认。

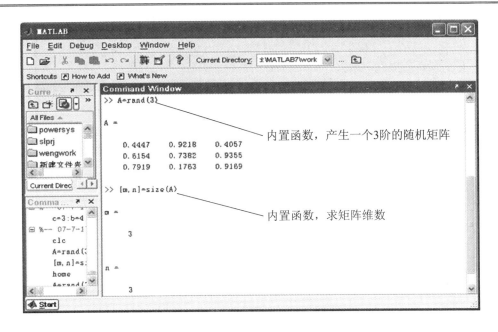

图 2-7　例 2.3 输入语句及返回结果

> **注意:**
> 　　函数名的命名规则与变量名命名规则一致,用户在命名自定义函数时也必须避免与 MATLAB 已有的内置函数重名。
> 　　对于内置函数,用户可直接调用;对于自定义函数,用户必须在文本编辑窗口中已建立该函数并保存在 MATLAB 可以搜索到的目录中。
> 　　若返回变量个数为 1,则可省去方括号[ ]。

2.2.3　矩阵及其元素的表示

如前所述,MATLAB 的起源即"矩阵实验室",矩阵是 MATLAB 进行数据处理的基本变量单元。因此,掌握矩阵的表示方法是进行 MATLAB 编程和应用的基础。

1. 矩阵的表示

用 MATLAB 语言表示一个矩阵非常容易。如图 2-8 所示,在 MATLAB 命令窗口中输入语句并回车确认,即可见矩阵变量 **A** 被成功赋值,并在 MATLAB 的工作空间中建立了一个名为 **A** 的矩阵变量,用户可以在后继的指令和函数中随意调用该矩阵。在输入过程中必须遵循以下规则:

(1) 必须使用方括号[ ]包括矩阵的所有元素;

(2) 矩阵不同的行之间必须用分号或回车符隔开;

(3) 矩阵同一行的各元素之间必须用逗号或空格隔开。

为方便用户使用,提高编程效率,除了最基本的直接输入方法外,MATLAB 还提供给用户一些可以直接调用的内置基本矩阵函数,有时可以成为创建矩阵的捷径。MATLAB 提供的主要内置基本矩阵函数如表 2-4 所示。

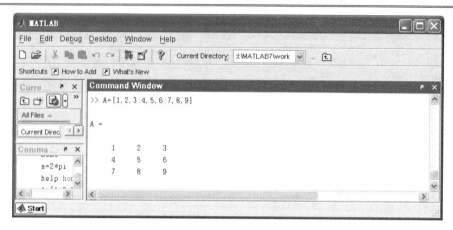

图 2-8　矩阵的输入及表示

表 2-4　MATLAB 内置基本矩阵函数

函　　　数	功　　　能
ones(n,m)	产生 n 行 m 列的全 1 矩阵
zeros(n,m)	产生 n 行 m 列的全 0 矩阵
rand(n,m)	产生 n 行 m 列的在[0，1]区间均匀分布的随机矩阵
randn(n,m)	产生 n 行 m 列的正态分布的随机矩阵
eye(n)	产生 $n \times n$ 维的单位矩阵

例 2.3 中，就曾使用过 rand(3)函数，并产生一个 3 阶的随机矩阵。下例中，将创建一个 3 阶的单位阵。

【例 2.4】调用 eye( )函数创建一个 3 阶的单位阵。

解： 在 MATLAB 命令窗口中输入如图 2-9 所示语句并回车确认。

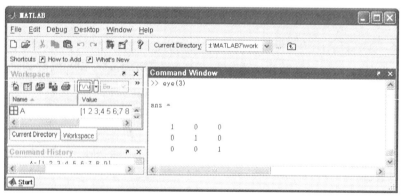

图 2-9　eye()函数创建的 3 阶单位矩阵

向量是矩阵的一种特例，前面介绍的有关矩阵的表示方法完全适用于向量，只是表示矩阵行列数的 $n \times m$ 中，有一个系数为 1。

例如，如图 2-10 所示，在命令窗口中输入 v1 = [1 2 3 4]和 v2 = [1；2；3；4]，回车确认后观察结果，注意 v1 和 v2 的区别。

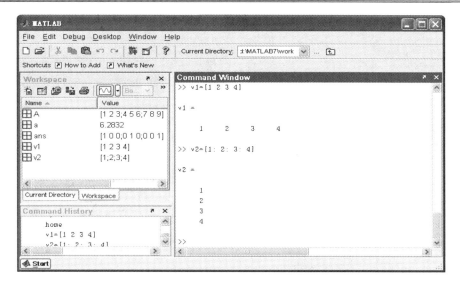

图 2-10　行向量和列向量的输入及表示

MATLAB 还提供了一个便利且高效的表达式来给等步长(均匀等分)的行向量赋值，即冒号表达式。冒号表达式的基本调用格式为

$$V = m : p : n$$

其中，m、n 为标量，分别代表向量的起始值和终止值，p 代表向量元素之间步长值。

例如，在 MATLAB 命令窗口中输入语句 $V = 0 : 0.2 : 1$ 并回车确认，结果如图 2-11。

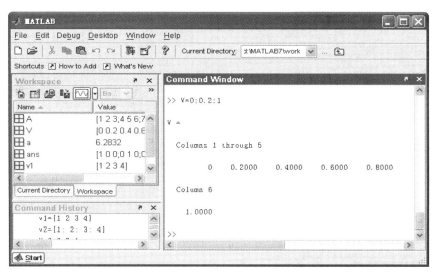

图 2-11　冒号表达式在均匀等分向量中的应用

2. 矩阵元素的表示和赋值

矩阵的元素是通过 "( )" 中的数字(行、列的标号)来标识的，其行号和列号称为该元素的下标。矩阵元素可以通过其下标来引用，$A(i, j)$ 即表示矩阵 A 第 i 行第 j 列的元素。二维矩阵用两个下标数并以逗号隔开，一维矩阵(即向量或数组)用一个下标数表示。

【例 2.5】已知矩阵

$$A = \begin{bmatrix} 1 & 2 & 3 \\ 4 & 5 & 6 \\ 7 & 8 & 9 \end{bmatrix}$$

利用 MATLAB 命令求矩阵 A 对角线元素之和。

解：在 MATLAB 命令窗口中输入图 2-12 所示语句并回车确认。

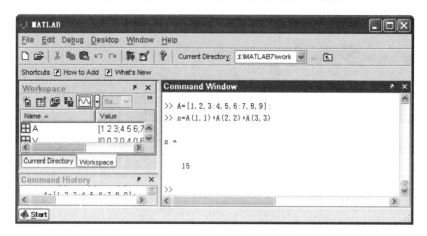

图 2-12　例 2.5 输入语句及返回结果

【例 2.6】利用 MATLAB 命令，从例 2.5 矩阵 A 中提取子矩阵 $\begin{bmatrix} 4 & 5 \\ 7 & 8 \end{bmatrix}$。

解：在 MATLAB 命令窗口中输入图 2-13 所示语句并回车确认。

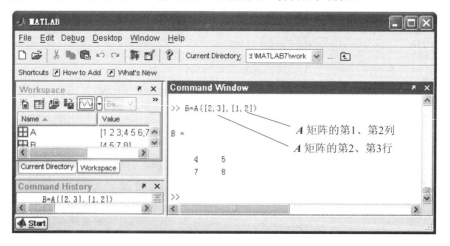

图 2-13　例 2.6 输入语句及返回结果

【例 2.7】利用 MATLAB 命令，对例 2.5 矩阵 A 中的第二行元素置零。

解：在 MATLAB 命令窗口中输入图 2-14 所示语句并回车确认。

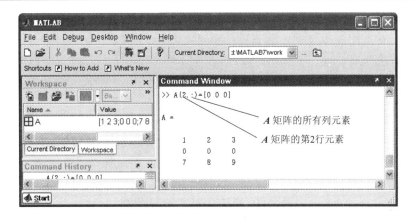

图 2-14　例 2.7 输入语句及返回结果

2.3　矩阵的 MATLAB 运算

矩阵运算是 MATLAB 最重要的运算，因为 MATLAB 的运算大部分都建立在矩阵运算的基础之上。

MATLAB 中包括三种矩阵运算类型：矩阵的代数运算、矩阵的关系运算和矩阵的逻辑运算。其中，矩阵的代数运算应用最广泛。根据不同的应用目的，矩阵的代数运算又包含两种重要的运算形式：按矩阵整体进行运算的矩阵运算、按矩阵单个元素进行运算的元素群运算。

2.3.1　矩阵的代数运算

1. 矩阵的算术运算

矩阵算术运算的书写格式与普通算术运算相同，包括优先顺序规则，但其乘法和除法的定义和方法与标量截然不同，读者应在矩阵的运算意义上加以理解和应用。

MATLAB 矩阵的算术运算符及其说明如表 2-5 所示。

表 2-5　MATLAB 矩阵的算术运算符及其说明

运算符	名称	指令示例	说　　　　明
+	加	A+B	若 A、B 为同维矩阵，则表示 A 与 B 对应元素相加；若其中一个矩阵为标量，则表示另一矩阵的所有元素加上该标量
−	减	A-B	若 A、B 为同维矩阵，则表示 A 与 B 对应元素相减；若其中一个矩阵为标量，则表示另一矩阵的所有元素减去该标量
*	矩阵乘	A*B	矩阵 A 与 B 相乘，A 和 B 均可为向量或标量，但 A 和 B 的维数必须符合矩阵乘法的定义
\	矩阵左除	A\B	方程 $A*X = B$ 的解 X
/	矩阵右除	B/A	方程 $X*A = B$ 的解 X
^	矩阵乘方	A^B	当 A、B 均为标量时，表示 A 的 B 次方幂；当 A 为方阵，B 为正整数时，表示矩阵 A 的 B 次乘积；当 A、B 均为矩阵时，无定义

在进行矩阵的算术运算时，需要注意以下几点：

(1) 若 A、B 两矩阵进行加、减运算，则 A、B 必须维数相同，否则系统提示出错。

(2) 若 A、B 两矩阵进行乘运算，则 A、B 的内维必须相同(即前一矩阵的列数等于后一矩阵的行数)。设 $C_{m\times n}=A_{m\times k}B_{k\times n}$，式中 A、B 的顺序不能任意调换，因为 $A*B$ 和 $B*A$ 的计算结果很可能是完全不同的。

(3) 若 A、B 两矩阵进行右除运算，则 A 和 B 的列数必须相等(实际上，$X=B/A=B\times A^{-1}$)。

(4) 若 A、B 两矩阵进行左除运算，则 A 和 B 的行数必须相等(实际上，$X=A\backslash B=A^{-1}\cdot B$)。

表 2-6 中列出了一些矩阵的算术运算示例，读者可仔细观察其中规律，并理解以上的注意事项。

表 2-6　矩阵的算术运算示例

指令	数据实例	运　行　结　果		
A+B	A=[1,1,1;2,2,2;3,3,3] B=[1,1,1;2,2,2;3,3,3]	2	2	2
		4	4	4
		6	6	6
	A=[1,1,1;2,2,2;3,3,3] B=[1,1,1;2,2,2]	??? Error using ==> plus Matrix dimensions must agree.(%矩阵维数必须一致)		
A*B	A=[1,1,1;2,2,2;3,3,3] B=[1,1;2,2;3,3]	6	6	
		12	12	
		18	18	
	A=[1,1,1;2,2,2;3,3,3] B=[1,1,1;2,2,2]	??? Error using ==> mtimes Inner matrix dimensions must agree. (%矩阵内维必须一致)		
A^B	A=[1,1,1;2,2,2;3,3,3] B=[1,1,1;2,2,2]	??? Error using ==> mpower At least one operand must be scalar. (%至少一个为标量)		

2. 矩阵的运算函数

MATLAB 系统函数库中提供了一些常用的矩阵运算函数。矩阵的加、减、乘、除等运算对参与运算的矩阵都有各自的矩阵维数匹配要求。那么，如何判定各矩阵的维数呢？内置 size( )函数可以轻易解决这个问题。因此，熟悉这些对用户非常有用。

表 2-7 列出了部分常用的矩阵运算函数。表 2-8 中列出了对矩阵 $A=[1\ 2;3\ 4]$ 的各种函数运行结果。

表 2-7　常用的矩阵运算函数

函　数	功　能
d = size(A)	将矩阵 A 的行数和列数赋值给向量 b
[m,n] = size(A)	将矩阵 A 的行数和列数分别赋值给变量 m 和 n
A'	计算矩阵 A 的转置矩阵
inv(A)	计算矩阵 A 的逆矩阵
length(A)	计算矩阵 A 的长度(列数)
sum(A)	若 A 为向量，则计算 A 所有元素之和；若 A 为矩阵，则产生一行向量，其元素分别为矩阵 A 各列元素之和
max(A)	若 A 为向量，则求出 A 所有元素的最大值；若 A 为矩阵，则产生一行向量，其元素分别为矩阵 A 各列元素的最大值

表 2-8　矩阵运算函数应用示例

函　数	功　能	
[m,n] = size(A)	$m=2$; $n=2$	
A'	1	3
	2	4
inv(A)	−2.0000	1.0000
	1.5000	−0.5000
length(A)	2	
sum(A)	4	6
max(A)	3	4

3. 矩阵的元素群运算

元素群即数组，是指 $1 \times N$ 或 $N \times 1$ 阶矩阵。元素群运算即矩阵中的所有元素按单个元素进行运算。

为了与矩阵作为整体的运算符号相区别，元素群运算约定：在矩阵运算符"*"、"/"、"\"、"^"前加一个点符号"."，以表示在做元素群运算，而非矩阵运算。元素群加、减运算的效果与矩阵加、减运算是一致的，运算符也相同。

矩阵的元素群运算符及其说明如表 2-9 所示。

表 2-9　矩阵的元素群运算符及其说明

运算符	名称	指令示例	说　明
.*	元素群乘	A.*B	矩阵 **A** 与 **B** 对应元素相乘，**A** 和 **B** 必须为同维矩阵或其中之一为标量
.\	元素群左除	A.\B	矩阵 **B** 的元素除以矩阵 **A** 的对应元素，**A**、**B** 必须为同维矩阵或其中之一为标量
./	元素群右除	A./B	矩阵 **A** 的元素除以矩阵 **B** 的对应元素，**A**、**B** 必须为同维矩阵或其中之一为标量
.^	元素群乘方	A.^B	矩阵 **A** 的各元素与矩阵 **B** 的对应元素的乘方运算，即[$A(i,j)^{\wedge}B(i,j)$]，**A**、**B** 必须为同维矩阵

例如，对于矩阵 $A = B = [1\ 2;\ 3\ 4]$，表 2-10 表明了矩阵元素群运算和矩阵运算的差别。

表 2-10　矩阵的元素群运算应用示例

指令	运　行　结　果	
A.*B	1	4
	9	16
A*B	7	10
	15	22
A.^B	1	4
	27	256
A^B	??? Error using ==> mpower At least one operand must be scalar.	

4. 元素群的函数

MATLAB 提供了几乎所有初等函数，包括三角函数、对数函数、指数函数和复数运算函数等。

值得注意的是，大部分的 MATLAB 函数的运算都是按数组的运算规则进行的，即函数运算是分别作用于函数变量(矩阵)的每一个元素，这意味着这些函数的自变量可以是任意阶的矩阵。

表 2-11 列出了 MATLAB 常用初等函数名及其对应功能。

表 2-11 MATLAB 常用初等函数名及其对应功能

函数名	功　能	函数名	功　能
sin	正弦函数(角度单位为弧度)	real	求复数的实部
cos	余弦函数(角度单位为弧度)	image	求复数的虚部
tan	正切函数(角度单位为弧度)	conj	求复数的共轭
abs	求实数绝对值或复数的模	exp	自然指数函数(以 e 为底)
sqrt	平方根函数	log	自然对数函数(以 e 为底)
angle	求复数的复角	log10	以 10 为底的对数函数

【例 2.8】已知 $x=[0, \pi/2, \pi, 3\pi/2, 2\pi]$，求 $y = \sin(x)$。

解：在 MATLAB 命令窗口中输入图 2-15 所示语句并回车确认。

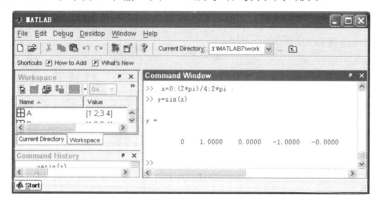

图 2-15 例 2.8 输入语句及返回结果

2.3.2 矩阵的关系运算

MATLAB 语言定义了各种矩阵的关系运算，其符号及意义如表 2-12 所示。

表 2-12 MATLAB 的关系运算符

符　号	意　义	符　号	意　义
>	大于	>=	大于或等于
<	小于	<=	小于或等于
==	等于	~=	不等于

这些关系运算都是针对两个矩阵对应元素的。因此，在使用关系运算时，首先应保证两个矩阵的维数一致或至少一个为标量。若参与运算的对象为两个矩阵，则关系运算对两个矩阵的对应元素进行关系比较，若关系满足，则将结果矩阵中该位置的元素置 1，否则置 0。若参与运算的对象之一为标量，则关系运算将矩阵的每一个元素与该标量逐一进行关系比较，若关系满足，则将结果矩阵中该位置的元素置 1，否则置 0。

注意，关系运算比算术运算具有更高的优先权。

例如，矩阵 A = [0 2 3 4;1 3 5 0]和 B = [1 0 5 3;1 5 0 5]的各种关系运算结果如表 2-13 所示。

表 2-13　MATLAB 的关系运算应用示例

指　　令	运 行 结 果			
$A{=}{=}B$	0	0	0	0
	1	0	0	0
$A{>}{=}B$	0	1	0	1
	1	0	1	0
$A{\sim}{=}B$	1	1	1	1
	0	1	1	1

2.3.3　矩阵的逻辑运算

MATLAB 矩阵的基本逻辑运算符号及其意义如表 2-14 所示。在逻辑运算中，所有非零元素的逻辑值为"真"，用代码"1"表示；值为零的元素的逻辑值为"假"，用代码"0"表示。逻辑运算规则与关系运算基本一致，也是针对两个矩阵的对应元素。逻辑运算真值表也与一般二值运算真值表完全一致。

表 2-14　MATLAB 矩阵的基本逻辑运算符号及其意义

符　　号	意　　义
&	与逻辑
		或逻辑
~	非逻辑

例如，矩阵 A = [0 2 3 4;1 3 5 0]和 B = [1 0 5 3;1 5 0 5]的各种逻辑运算结果如表 2-15 所示。

表 2-15　MATLAB 的逻辑运算应用示例

指　　令	运 行 结 果			
A&B	0	0	1	1
	1	1	0	0
A|B	1	1	1	1
	1	1	1	1
~A	1	0	0	0
	0	0	0	1

2.4　MATLAB 的程序流程控制

作为一种程序设计语言，MATLAB 同一般高级程序语言一样，为用户提供了丰富的程序结构语言来实现用户对程序流程的控制。

MATLAB 的程序流程控制主要包括循环控制和条件控制。

2.4.1　循环控制结构

1. for 循环结构

for 循环结构的格式为

　　　for 循环变量=向量表达式
　　　　　循环体语句组　　%语句组是一组合法的 MATLAB 命令
　　　end　　　　　　　　　% end 是必须的，这与 C 语言不同

该循环结构的执行方式为：从表达式的第一列开始，依次将表达式(向量)的各列之值赋值给变量，然后执行语句组中的命令，直到最后一列。

通常使用的 for 循环格式为

　　　for i = m : p : n

即用冒号表达式进行等步长向量的创建。

【例 2.9】用 for 循环语句实现 $\sum\limits_{i=1}^{100} i$ 的求解。

解： 在 MATLAB 命令窗口中输入图 2-16 所示语句并回车确认。

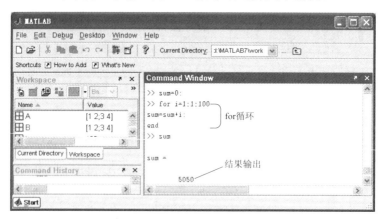

图 2-16　例 2.9 输入语句及返回结果

注意：

可将 for i = 1:1:100 写成 for i = 1:100，即省去"：1"，系统默认步长为 1。for 循环语句可实现多重循环，但 for 与 end 必须成对出现。

2. while 循环结构

while 循环结构的基本格式为

　　　while 关系表达式
　　　　　循环体语句组
　　　end

　　该循环结构的执行方式为：首先判断关系表达式是否为真，若为真，则执行循环体的内容，执行完后再返回 while 引导的语句处，判断关系表达式是否依然为真；如果非真，则跳出循环。通常，通过循环语句组中对关系表达式进行改变来控制循环是否结束。

【例 2.10】用 while 语句实现 $\sum\limits_{i=1}^{100} i$ 的求解。

　　解：在 MATLAB 命令窗口中输入图 2-17 所示语句并回车确认。

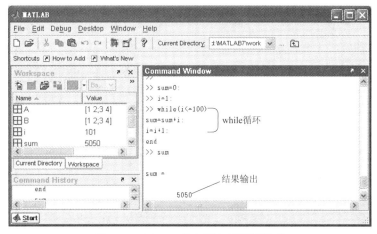

图 2-17　例 2.10 输入语句及返回结果

2.4.2　条件转移结构

　　条件转移结构中最基本的是 if 条件转移结构语句。if 条件转移结构的基本格式为：

　　　if　条件式
　　　　　条件块语句组 1
　　　else
　　　　　条件块语句组 2
　　　end

　　该条件转移结构的执行方式为：若条件式成立，则执行条件块语句组 1 语句；若条件式不成立，则执行条件块语句组 2 语句。

　　上述基本结构只能处理较简单的条件，当程序运行的分支条件多于两个时，则可采用 if 条件转移结构的另一种格式：

　　　if　　条件式 1
　　　　　条件块语句组 1
　　　elseif　条件式 2

　　　　条件块语句组 2

　　　…

elseif　条件式 $n-1$

　　　　条件块语句组 $n-1$

else

　　　　条件块语句组 n

end

该条件转移结构的执行方式为：若条件式 1 成立，则执行条件块语句组 1 语句；若条件式 i 成立，则执行条件块语句组 $i(2<=i<=n-1$，$n>=3)$语句；否则，执行条件块语句组 n 语句。

【例 2.11】已知 A、B 矩阵分别为 A = [1 2 3;4 5 6;7 8 9]、B = [1 2;3 4]。判断两个矩阵维数是否相等，并返回判断结果。

解：在 MATLAB 命令窗口中输入图 2-18 所示语句并回车确认。

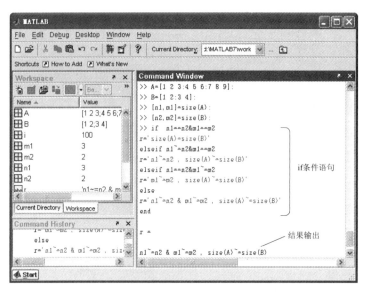

图 2-18　例 2.11 输入语句及返回结果

2.5　M 文件的编写

M 文件又可分为命令 M 文件(简称命令文件)和函数 M 文件(简称函数文件)两大类，其特点和适用领域均不同。

2.5.1　命令文件

命令文件是由 MATLAB 语句构成的文本文件，以 .m 为扩展名。运行命令文件的效果等价于从 MATLAB 命令窗口中按顺序逐条输入并运行文件中的指令，类似于 DOS 下的批处理文件。

命令文件运行过程中所产生的变量保留在 MATLAB 的工作空间中，命令文件也可以访问 MATLAB 当前工作空间的变量，其它命令文件和函数可以共享这些变量。因此，命令文件常用于主程序的设计。

在例 2.12 中，将观测到命令文件和工作空间数据的共享。

【例 2.12】已知长方体的长 $a=5$、宽 $b=4$、高 $h=3$。编写命令文件求该长方体的表面积和体积。

解：(1) 在 MATLAB 命令窗口中输入长方体参数：

　　a=5;b=4;h=3;

(2) 新建一个文本文件，在该文本编辑窗口中输入求取表面积和体积的指令(见图 2-19)。

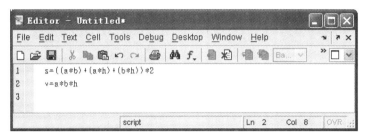

图 2-19　例 2.12 命令文件编辑窗口

选择文本编辑器的菜单项[File>Save As]，以文件名 rect1.m 保存在默认的当前工作目录中。

(3) 在 MATLAB 工作窗口中输入 M 文件名，得到结果如图 2-20 所示。

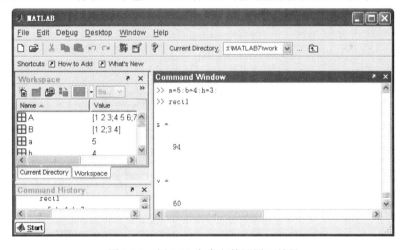

图 2-20　例 2.12 命令文件调用及结果

可见，命令文件在执行过程中，已经成功访问了 MATLAB 工作空间的变量和数据(长方体长、宽、高参数 a、b、h)，并将执行的结果数据(长方体的表面积和体积 s、v)保留在 MATLAB 的工作空间中，工作空间中的其它命令文件和函数可以共享这些变量。

用户在应用命令文件时，可能希望将自己的文件保存在自定义的工作目录中，而不是保存在 MATLAB 默认的工作目录"安装路径\MATLAB\work"中。这时必须更改 MATLAB 的工作路径或添加 MATLAB 的搜索路径，否则运行命令文件时系统将无法找到该命令文件导致出错。

【例 2.13】将例 2.12 的命令文件 rect1.m 保存在用户自定义的路径中，测试执行的结果。

解：(1) 打开 MATLAB 默认工作目录"安装路径\MATLAB\work"文件夹，删除例 2.12 保存在这里的 rect1.m 文件。

(2) 重新创建一个同样内容的命令文件。选择菜单项[File->Save As]，在弹出的保存文件对话框中更改保存目录为"F:\"，输入要保存的文件名 rect1.m 并确定保存。回到 MATLAB 命令窗口，输入初始数据及文件调用命令并返回结果，如图 2-21 所示。

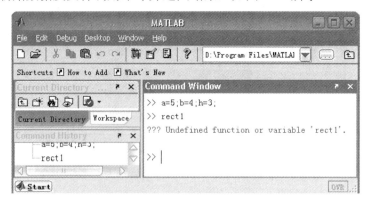

图 2-21　例 2.13 调用结果

结果表明：MATLAB 未能正确搜索并执行保存在用户自定义目录中的命令文件。

(3) 单击菜单选项[File->Set Path]，出现如图 2-22 所示的对话框，单击"添加目录"(Add Folder)按键，将弹出浏览文件夹对话框，选中文件夹"F:"并确认，将用户文件保存的目录"F:\"添加到 MATLAB 搜索路径中，点击"Save"按键保存设置。

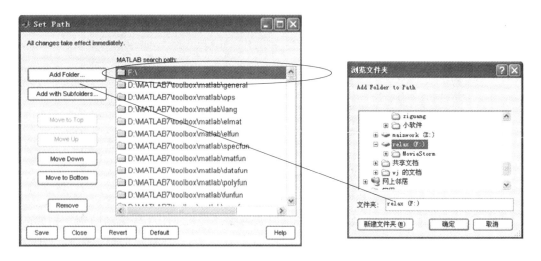

图 2-22　在 MATLAB 搜索路径中添加用户自定义目录

现在，在 MATLAB 的搜索路径中出现了新增加的目录"F:\"。保存后退出该窗口，并回到 MATLAB 命令窗口，输入文件调用命令并返回结果，如图 2-23 所示。

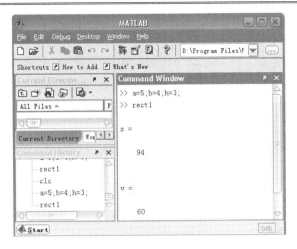

图 2-23　在搜索路径中添加自定义目录后的调用结果

结果表明：若用户文件所在的目录不是当前默认的工作目录，则需要将其添加到 MATLAB 的搜索路径中，这样 MATLAB 才能正确搜索并执行命令(另外一种方法即改变当前工作目录)。

2.5.2　函数文件

函数文件是 M 文件的另一种类型，它也是由 MATLAB 语句构成的文本文件并以 .m 为扩展名。MATLAB 的函数文件必须以关键字 function 语句引导，其基本结构如下：

　　　function [返回参数 1,返回参数 2, …]=函数名(输入参数 1,输入参数 2, …)

　　　　% 注释说明语句段，由%引导

　　　输入、返回变量格式的检测语句

　　　函数体语句

需要特别注意函数文件具有如下特点：

(1) 函数名由用户自定义，与变量的命名规则相同。

(2) 保存的文件名必须与定义的函数名一致。

(3) 用户可通过返回参数及输入参数来实现函数参数的传递，但返回参数和输入参数并不是必需的。返回参数如果多于 1 个，则应用[ ]将它们括起来，否则可以省略[ ]；输入参数列表必须用( )括起来，即使只有一个输入参数。

(4) 注释语句段的每行语句都应该用%引导，%后面的内容不执行。用户可用 help 命令显示出注释语句的内容，用于函数使用前的信息参考。

(5) 如果函数较复杂，则正规的参数个数检测是必要的。如果输入或返回参数格式不正确，则应该给出相应的提示。函数中输入和返回参数的实际个数分别由 MATLAB 内部保留变量 nargin 和 nargout 给出，只要运行了该函数，MATLAB 将自动生成这两个变量，因此用户编程可直接应用。

(6) 与一般高级语言不同的是，函数文件末尾处不需要使用 end 指令(循环控制和条件转移结构中的除外)。

【例 2.14】以长方体的长、宽、高参数作为函数参数，编写函数文件来求解长方体的表面积和体积。

解：(1) 新建一个文本文件，在该文本编辑窗口中(见图 2-24)输入求表面积和体积的指令。

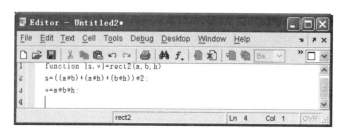

图 2-24　例 2.14 函数文件编辑窗口

(2) 单击菜单选项[File->Save As]，将该文件以文件名 rect2.m 保存在默认的当前工作目录中。

(3) 在 MATLAB 命令窗口中调用该函数文件，得到结果如图 2-25 所示。

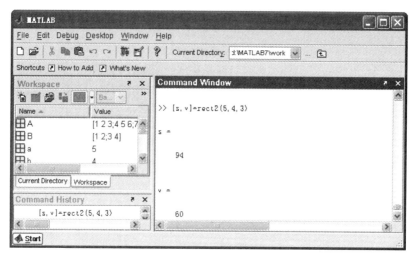

图 2-25　例 2.14 函数文件调用及结果

与命令文件相比，函数文件的最大优点之一是实现了参数的传递，这极大地提高了文件的通用性。例如，在分别用命令文件和函数文件实现的长方体表面积和体积的求解程序中，所用的指令数几乎一样，但命令文件 rect1.m 只能在当前工作窗口中使用，参数必须在工作空间中给定，而函数文件 rect2.m 则可以被任何主程序或其它函数调用，参数可以任意设定。

【例 2.15】编程实现一个 $n \times m$ 阶的矩阵，使第 i 行第 j 列元素值为 $1/(i+j-1)$。要求在编写的函数中实现下面几点：

(1) 如果只给出一个输入参数，则会自动生成一个方阵，即令 $m = n$；

(2) 在函数中给出合适的帮助信息，包括基本功能、调用方式和参数说明；

(3) 检测输入和返回变量的个数，如果有错误则给出错误信息。

　　解: (1) 根据要求,编写一个 myfunc()函数,文件名为 myfunc.m,存放在 MATLAB 的当前工作路径下。该函数文件如图 2-26 所示。

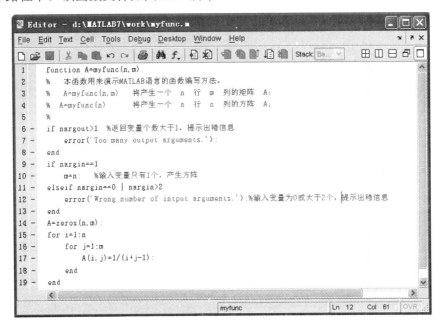

图 2-26　例 2.15 函数文件编辑窗口

(2) 在 MATLAB 命令窗口中调用该函数文件,得到结果如图 2-27 所示。

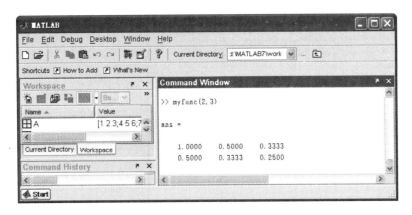

图 2-27　例 2.15 函数文件调用及结果

2.6　MATLAB 的图形绘制

　　MATLAB 除了强大的数值分析功能外,还具有方便的绘图功能。利用 MATLAB 丰富的二维、三维图形函数和多种修饰方法,只要指定绘图方式并提供绘图数据,就可以绘制出理想的图形。由于 MATLAB 的图形系统是建立在诸如线、面等图形对象集合基础之上的,因此用户可以对任何一个图形元素进行单独地修改,而不影响图形的其它部分。

2.6.1 二维图形的绘制

1. 基本绘图命令

MATLAB 中最常用的绘图函数为 plot()，根据函数输入参数不同，常用的几种调用格式如表 2-16 所示。其中，'option' 用来设置曲线属性的选项，其内容主要包括诸如颜色、线型、标记类型等曲线属性。'option' 选项并不是必需的，若缺少该项，MATLAB 将按系统默认格式统一安排各条曲线的属性值。

表 2-16　绘图函数 plot() 的常用调用格式

函数调用格式	说　　明
plot(y)	y 为向量，以 y 的序号作为 x 轴，按 y 的值绘制曲线
plot(x,y,'option')	x, y 均为向量，以 x 作为 x 轴、y 作为 y 轴绘制曲线。曲线的属性由选项 'option' 来确定
plot(x,y1,'option1',x,y2,'option2',…)	以公共的向量 x 作为 x 轴，分别以向量 $y1$, $y2$, …为 y 轴绘制多条曲线。每条曲线的属性由相应的选项'option'来确定
plot(x1,y1,'option1',x2,y2,'option2',…)	分别以向量 $x1$, $x2$, …作为 x 轴，以 $y1$, $y2$, …为 y 轴绘制多条曲线。每条曲线的属性由相应的选项"option'来确定

MATLAB 提供的'option'选项的属性如表 2-17 所示。

表 2-17　'option' 选项的属性

符号	属性	符号	属性	符号	属性
'b'	蓝色	'-'	实线	'v'	▽
'g'	绿色	'--'	虚线	'^'	△
'm'	洋红色	':'	点线	'。'	圆圈
'w'	白色	'-.'	点划线	'*'	星号
'c'	青色			'x'	叉号
'k'	黑色			'pentagram'	☆
'r'	红色			'diamond'	◇
'y'	黄色			'square'	□

在绘制图形时，需要注意以下几点：

(1) 用来绘制图形的数据必须已经存储在工作空间中。

(2) 对应的 x 轴和 y 轴的数据长度必须相同。

(3) 若省去选项 'option'，系统将按默认的格式绘制曲线。

(4) 'option'中的属性可以多个连用，例如选项 '-.g' 表示绘制绿色的点划线。

【例 2.16】试在同一图形窗口中绘制出一个周期内的正弦曲线和余弦曲线。

解：在 MATLAB 命令窗口中输入图 2-28 所示语句并回车确认。

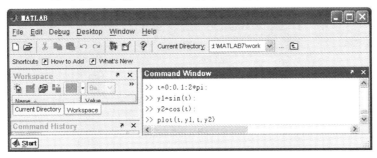

图 2-28　例 2.16 输入语句

运行后，系统自动弹出图形窗口界面，并显示结果如图 2-29 所示。

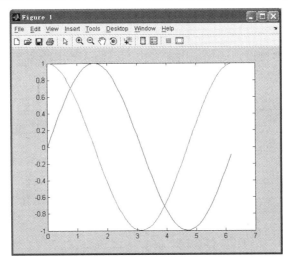

图 2-29　例 2.16 输出图形界面

用户可能会对系统默认的绘图结果不满意，并提出更具体的要求，比如：

(1) 正弦曲线用红色的点线绘制；

(2) 余弦曲线用绿色的 '*' 标记绘制；

(3) 显示 x 轴线，以符合平常坐标轴习惯。

在 MATLAB 命令窗口中重新输入语句并确认(见图 2-30)。其中，命令 line(*x,y*)是 MATLAB 提供的除 plot 命令外的另一种绘制直线的命令，这里用来绘制 x 轴。

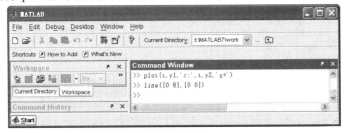

图 2-30　例 2.16 调整要求后的输入语句

绘图结果如图 2-31 所示。

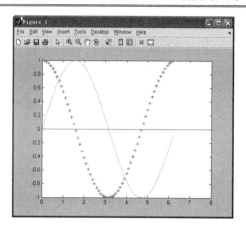

图 2-31   例 2.16 调整要求后的输出图形界面

2. 图形修饰函数

MATLAB 提供了多种图形函数,用于图形的修饰。常用的图形修饰函数名称及其功能说明如表 2-18 所示。

表 2-18   MATLAB 常用图形修饰函数及其功能说明

函　　　数	功　能　说　明
axis([Xmin,Xmax,Ymin,Ymax])	x、y 坐标轴范围的调整
xlabel('string') ; ylabel('string')	标注坐标轴名称
title('string')	标注图形标题
legend('string1', 'string2',…)	标注图例标注
grid on ; grid off	给图形增加、取消网格
gtext('string')	在图形中加普通文本标注

【例 2.17】进一步修饰例 2.16 的图形,实现以下要求:

(1) 将图形的 x 轴的大小范围限定在[0,2π]之间,y 轴的大小范围限定在[−2,2]之间;

(2) x、y 坐标轴分别标注为弧度值、函数值;

(3) 图形标题标注为正弦曲线和余弦曲线;

(4) 添加图例标注,标注字符分别为 $y1$、$y2$;

(5) 给图形添加网格线;

(6) 在两条曲线上分别标注文本 $y1 = \sin(t)$、$y2 = \cos(t)$。

解:(1) 在命令窗口中输入图 2-32 所示程序代码。

程序运行结果如图 2-33 所示。

(2) 标注文本。如图 2-33 所示,在执行第一个 gtext 时,需要在图形窗口确定该文本的位置。打开图形窗口,可以看到一个跟随用户鼠标移动的十字形指针。将鼠标拖动到正弦曲线图形附近,然后单击鼠标,字符串 y1 = sin(t)即添加到此处。在执行第二个 gtext 命令时,同样需要用鼠标将十字形指针拖动到余弦曲线图形附近并单击鼠标,字符串 y2 = cos(t)即添加到此处。最终显示的图形画面如图 2-34 所示。

图 2-32　例 2.17 输入程序代码

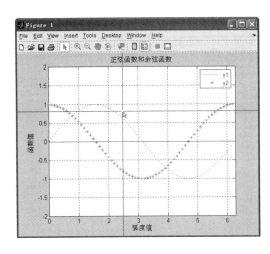

图 2-33　例 2.17 输出图形界面(字符串未添加)

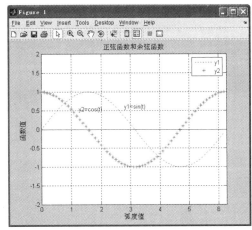

图 2-34　例 2.17 最终输出图形界面

3. 特殊二维曲线绘制

除了标准的二维曲线绘制之外，MATLAB 还提供了多种具有特殊意义的图形绘制函数，其常用函数及调用格式如表 2-19 所示。其中，参数 x 和 y 分别表示 x 轴、y 轴绘图数据。

表 2-19　MATLAB 的特殊二维曲线绘制函数

函数及调用格式	意　　义
bar(x,y)	二维条形图
stem(x,y)	火柴杆图
stairs(x,y)	阶梯图
polar(x,y)	极坐标图
loglog(x,y)	对数图

这些特殊图形绘制函数各具意义，其中 bar 函数可用于统计分析，stem、stairs 函数可用于离散序列数据的显示，polar、loglog 函数分别可用于绘制极坐标图和对数图。

【例 2.18】已知 $y = \dfrac{1}{1+\mathrm{e}^{-x}}$，试分别用二维条形图、火柴杆图、阶梯图和极坐标图显示 x 和 y 的关系。

解： 在命令窗口中输入图 2-35 所示的程序代码。

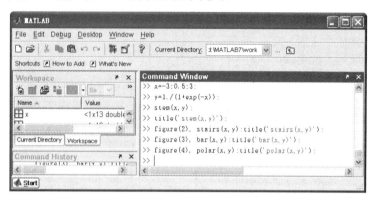

图 2-35　例 2.18 输入程序代码

程序运行结果如图 2-36 所示。

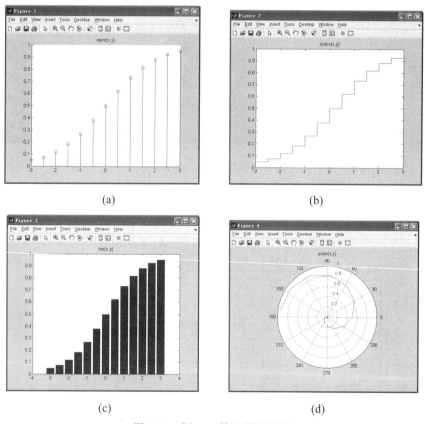

(a)　　　　　　　　　　　　　　　　(b)

(c)　　　　　　　　　　　　　　　　(d)

图 2-36　例 2.18 输出图形界面

(a) 火柴杆图；(b) 阶梯图；(c) 二维条形图；(d) 极坐标图

4. 图形窗口控制

MATLAB 提供了一系列专门的图形窗口控制函数，通过这些函数，可以创建或者关闭图形窗口，可以同时打开几个窗口，也可以在一个窗口内绘制若干分图。这些函数及其功能说明如表 2-20 所示。

表 2-20　MATLAB 图形窗口控制函数及其功能说明

函　　数	功　能　说　明
figure figure(n)	每调用一次就打开一个新的图形窗口 创建或打开第 n 个图形窗口，使之成为当前窗口
clf	清除当前图形窗
hold on	保留当前窗口的图形不被后继图形覆盖，可实现在同一坐标系中多幅图形的重叠
hold off	解除 hold on 命令，一般与 hold on 成对使用
subplot(m,n,p)	将当前绘图窗口分割成 m 行、n 列，并在第 p 个区域绘图
close close all	关闭当前图形窗口 关闭所有图形窗口

使用图形窗口控制函数时需要注意如下几点：

(1) 在命令窗口中运行绘图指令后，将自动创建一个名为 Figure 1 的图形窗口。这个窗口被当作当前窗口，所有的绘图指令在该图形窗口中执行，后续绘图指令覆盖原图形或者叠加在原图形上。

(2) 使用 subplot 命令时，各个绘图区域以"从左到右、先上后下"的原则来编号。MATLAB 允许每个绘图区域以不同的坐标系单独绘制图形。

【例 2.19】已知 $y1 = \sin(t)$，$y2 = \cos(t)$，$y3 = \sin(t) \times \cos(t)$。试在同一坐标系中绘制这 3 条曲线。

解： 在命令窗口中输入图 2-37 所示程序代码。

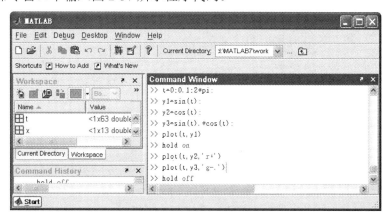

图 2-37　例 2.19 输入程序代码

程序运行结果如图 2-38 所示。

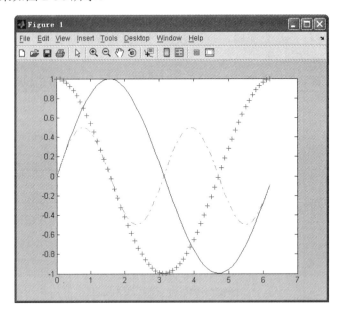

图 2-38　例 2.19 输出图形界面

读者可以去掉上述代码中的 hold on 命令再运行代码，观察图形并比较。

【例 2.20】试将例 2.18 中的二维条形图、火柴杆图、阶梯图和极坐标图在同一窗口中显示。

解： 在命令窗口中输入图 2-39 所示程序代码。结果如图 2-40 所示。

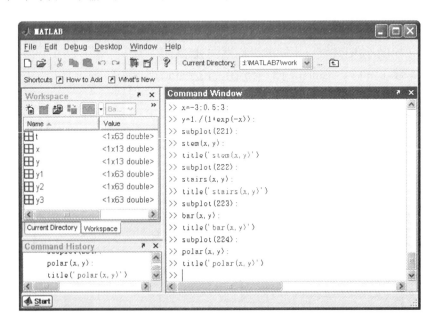

图 2-39　例 2.20 输入程序代码

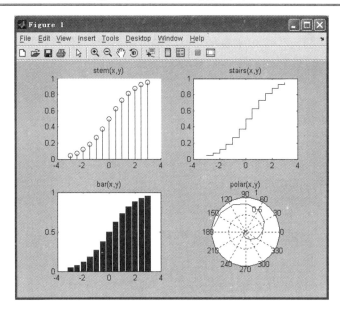

图 2-40　例 2.20 输出图形界面

2.6.2　三维图形的绘制

除了最常用的二维图形外，MATLAB 还提供了三维数据的绘制函数，可以在三维空间中绘制曲线或曲面。

1. 三维曲线的绘制

三维曲线的绘制与二维曲线的绘制方法基本一致。常用的调用格式如下：

　　plot3(x,y,z, 'option')

　　plot3(x1,y1,z1, 'option1',x2,y2,z2,'option2', …)

其中，x、y、z 所给出的数据分别为 x、y、z 坐标值，'option' 为选项参数，plot3 指令中参数的含义与 plot 指令类似，只是多了一个 z 方向的参数。

例如，下面的代码将绘制出如图 2-41 所示的三维螺旋线。

　　t = 0:pi/50:8*pi;

　　x = sin(t);

　　y = cos(t);

　　plot3(x,y,t);

　　xlabel('x');

　　ylabel('y');

　　zlabel('t');

三维曲线修饰与二维图形的图形修饰函数相似，但比二维图形的修饰函数多了一个 z 轴方向，例如 axis([Xmin, Xmax,

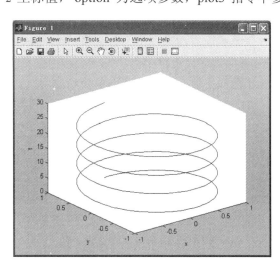

图 2-41　三维螺旋线图形

Ymin, Ymax, Zmin, Zmax])。

特殊三维图形绘制与二维图形绘制类似，也可绘制一些具有特殊意义的三维图形。

输入如下代码，可以得到如图 2-42 所示的特殊三维图形。

```
t = 0:pi/50:2*pi;
x = sin(t);
y = cos(t);
stem3(x,y,t);
xlabel('x');
ylabel('y');
zlabel('t');
```

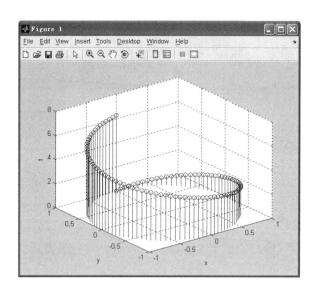

图 2-42　特殊三维图形

2. 三维曲面的绘制

三维曲面方程存在两个自变量 x、y 和一个因变量 z。因此，绘制三维曲面图形必须先在 xy 平面上建立网格坐标，每一个网格坐标点和它对应的 z 坐标所确定的一组三维数据就定义了曲面上的一个点。三维曲面绘制中，常用的 3 个函数如表 2-21 所示。

表 2-21　三维曲面绘制函数

函数调用格式	说　　　明
[X,Y]= meshgrid(x,y)	根据(x,y)二维坐标数据生成 xy 网格点坐标数据，其中，x,y 是向量；X，Y 是矩阵
mesh(X,Y,Z)	绘制三维网格曲面，通过直线连接相邻的点构成三维曲面
surf(X,Y,Z)	绘制三维阴影曲面，通过小平面连接相邻的点构成三维曲面

【例 2.21】绘制由函数 $z = \sin\left(\sqrt{x^2 + y^2}\right) \Big/ \left(\sqrt{x^2 + y^2}\right)$ 表示的曲面图形。

解：在命令窗口中输入如下图 2-43 所示程序代码。

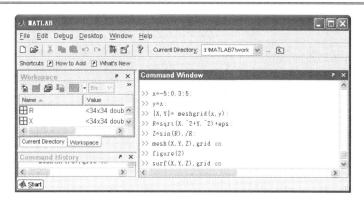

图 2-43　例 2.21 输入程序代码

程序运行结果如图 2-44 和 2-45 所示。其中，图 2-44 为 mesh 函数运行结果，呈网格状；图 2-45 为 surf 函数运行结果，带阴影效果。

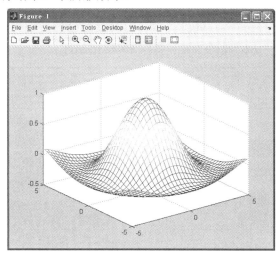

图 2-44　mesh 函数绘制的三维曲面效果图

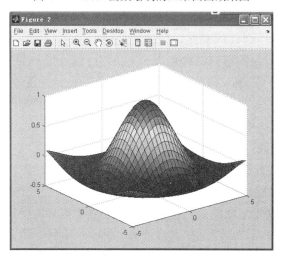

图 2-45　surf 函数绘制的三维曲面效果图

> **注意:**
> 　程序中的 eps(机器的浮点运算误差)是为了避免对应原点处的零除现象。读者可以去除 eps 项,再观察程序运行现象。
> 　式中均使用元素群运算,而非一般矩阵运算,因此点运算符不能遗漏。

2.6.3　图形对象属性设置

1. 图形对象及其属性

前已论述,MATLAB 用户可以对任何一个图形元素进行单独修改,而不影响图形的其它部分。这种独立的图形元素称为图形对象,图形对象的修改通过调整其属性来完成。

MATLAB 中常用的图形对象及其主要属性如表 2-22 所示。

表 2-22　MATLAB 常用图形对象及其主要属性

图形对象	说　　明	主　要　属　性
root (根对象)	一切对象的根对象	无需设置属性
figure (图形窗口对象)	root 对象的下级,子对象	figurename(图形窗口的名称) figurecolor(图形窗口的颜色)
axis (坐标轴对象)	figure 对象的下级,子对象	title(图形的标注),label(各轴的标注) limit(各轴范围),color(轴的颜色) grid (是否加网格线)
line (线对象)	axes 对象的下级,子对象	linetype(曲线线型,如 line、bar、stem、staris) color(曲线颜色),lineweight(曲线线宽) data (数据源),Marker(曲线上的标记类型)
text (字符对象)	axes 对象的下级,子对象	string (字符串内容),fontname(字体名称) fontsize(字体大小),color(字符颜色)

当调用 plot 命令绘制二维曲线时,MATLAB 的执行过程大致如下:

(1) 使用 figure 命令,在根对象(root)上生成一个图形窗口对象(figure)。

(2) 使用 axis 命令,在图形窗口内生成一个绘图区域(axis 对象)。

(3) 最后用 line 命令在 axes 指定的区域内绘制线条(line 对象)。

因此,MATLAB 所绘制的图形是由基本的图形对象组合而成的,可以通过改变图形对象的属性来设置所绘制的图形。

2. 图形可视编辑工具

MATLAB 执行绘图函数后,将弹出图形管理窗口。图形管理窗口除了简单的显示图形功能外,本身就是一个功能强大的图形可视编辑工具,可实现的功能主要如下:

(1) 通用的图形文件管理功能,如保存、打开、新建图形文件等;

(2) 通用的图形效果编辑功能,如图形放大、缩小、旋转、对齐等;

(3) 图形对象插入功能,如插入坐标轴名称、图形标题、图例标注、线段、文字等;

(4) 独立设置窗口中各图形对象属性功能,如线段的类型、颜色、粗细等。

图形对象插入功能可通过选择菜单项[Insert]后，再选择相应的对象选项来完成，如图 2-46 所示。该功能与前面的图形修饰函数一致。如：选择菜单项[Insert>Title]与函数 title('string')功能一致，选择菜单项[Insert>legend]与函数 legend('string1',' string2' , …)功能一致，但前者明显比后者简便，更具可视性。

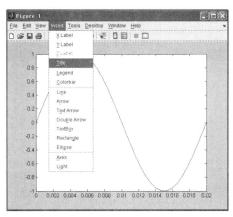

图 2-46　图形管理窗口及其菜单功能

图形对象属性的设置可以通过以下两种方法实现：

(1) 选择菜单项[View>Property Editor](见图 2-47(a))；

(2) 选择菜单项[Tools>Edit Plot](或者单击工具栏中的 📍 图标)(见图 2-47(b))，鼠标移动到目标对象后双击左键，或者单击左键后再单击右键，在弹出菜单中选择"属性"(Properties)。

这两种方法都可以使工具栏中的 📍 图标高亮化，同时在图形管理窗口下方出现属性编辑窗口，如图 2-47 所示。在此属性窗口下，可以进行坐标、线段、标题等项目的颜色、字体、网格、范围的设置。

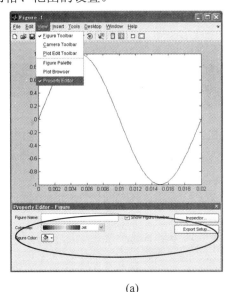
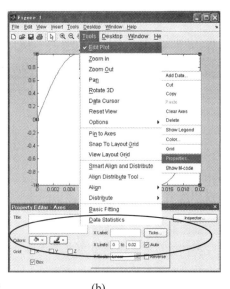

(a)　　　　　　　　　　　　　　　　(b)

图 2-47　图形管理窗口中的属性编辑窗口

(a) 方法一；(b) 方法二

　　注意，单击选中的目标对象，属性编辑窗口将自动切换为该对象的属性设置页。因此，不同目标对象属性页的切换，不必通过关闭当前属性编辑窗口来完成。

　　当然，上述方法中，在单击鼠标右键后，也可以不进入属性页，而选择直接通过菜单项设置相应属性。如单击鼠标左键选中线段对象，然后单击鼠标右键，将出现如图 2-48 所示菜单项。单击鼠标左键选中图形窗口的空白区域，然后单击鼠标右键，将出现如图 2-49 所示菜单项。

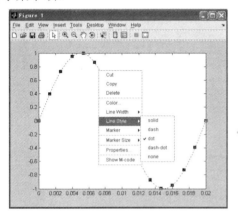
图 2-48　线段对象鼠标右键快捷菜单

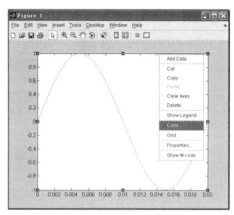
图 2-49　图形窗口对象鼠标右键快捷菜单

2.7　MATLAB 编程仿真与应用

　　MATLAB 强大的运算功能和图形功能，为用户实现各领域的编程仿真提供了有力的工具。本节介绍 MATLAB 语言在电气信息领域内的一些基本仿真实现，使读者具有基本的 MATLAB 语言应用能力。

2.7.1　简单电路仿真中的应用

　　有许多专用的可视化工具软件可以进行电路的仿真，这里仅利用 MATLAB 编程实现简单电路的仿真，以进一步熟悉编程方法和技巧。利用 MATLAB 语言编程解决实际问题的思路，尚需要读者在实际应用中举一反三。

　　【例 2.22】某一阶低通电路如图 2-50 所示，已知 $R = 2\ \Omega$，$C = 0.5\ \text{F}$，电容初始电压为 0。

　　(1) 设一正弦电压源 $V_s(t) = v_m \cos\omega t$，$v_m = 10\ \text{V}$，$\omega = 2\ \text{rad/s}$，当 $t = 0$ 时，开关 S 闭合。求电容电压的全响应，区分其暂态响应与稳态响应，并画出波形。

　　(2) 设以电容电压 $\dot{v}_c$ 为响应，求频率响应函数，并画出其幅频特性和相频特性。

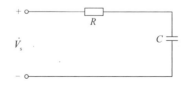

图 2-50　一阶低通电路

解：(1) 对第 1 问进行求解。

① 建模。根据电路相关定律，可写出图 2-50 中的电容电压的微分方程：

$$\frac{\mathrm{d}v_{\mathrm{c}}}{\mathrm{d}t} + \frac{1}{RC}v_{\mathrm{c}} = \frac{1}{RC}v_{\mathrm{s}} \tag{2-1}$$

由电路原理相关知识，该微分方程的解可表示为

$$v_{\mathrm{c}}(t) = v_{\mathrm{cp}}(t) + [v_{\mathrm{c}}(0_{+}) - v_{\mathrm{cp}}(0_{+})]\mathrm{e}^{-t/\tau}, \quad t \geqslant 0 \tag{2-2}$$

式中，时间常数 $\tau = RC$；电容初始电压 $v_{\mathrm{c}}(0_{+}) = 0$。

微分方程的特解：

$$v_{\mathrm{cp}}(t) = v_{\mathrm{cm}}\cos(\omega t + \varphi) = \frac{\dfrac{1}{\omega C}v_{\mathrm{m}}}{\sqrt{R^{2} + \left(\dfrac{1}{\omega C}\right)^{2}}}\cos\left[\omega t + \left(90° - \arctan\frac{1}{\omega\tau}\right)\right] \tag{2-3}$$

最后得电容电压的全电压：

$$v_{\mathrm{c}}(t) = v_{\mathrm{cm}}\cos(\omega t + \varphi) - (v_{\mathrm{cm}}\cos\varphi)\mathrm{e}^{-t/\tau} \tag{2-4}$$

暂态响应：

$$v_{\mathrm{ctr}}(t) = -(v_{\mathrm{cm}}\cos\varphi)\mathrm{e}^{-t/\tau} \tag{2-5}$$

稳态响应：

$$v_{\mathrm{cst}}(t) = v_{\mathrm{cm}}\cos(\omega t + \varphi) \tag{2-6}$$

② MATLAB 编程实现：

```
R = 2; C = 0.5; T = R*C; um = 10; w = 2;
Zc = 1/(j*w*C);
t = 0:0.1:10;
absH = abs(Zc/(R+Zc));
PhiH = angle(Zc/(R+Zc));
Ucst = um*absH*cos(w*t+PhiH);
Uctr = –um*absH*cos(PhiH)*exp(-t/T);
Uc = Ucst+Uctr;
plot(t,Uc,'-',t,Ucst,':',t,Uctr,'-.'),grid
legend('Uc','Ucst','Uctr')
```

③ 运行程序，得到电容上的全响应电压、稳态响应电压和暂态响应电压波形如图 2-51 所示。

(2) 对第 2 问进行求解。

① 建模。对式(2-1)所述的微分方程进行拉普拉斯变换：

$$v_{\mathrm{c}}s + \frac{1}{RC}v_{\mathrm{c}} = \frac{1}{RC}v_{\mathrm{s}} \tag{2-7}$$

得系统传递函数

$$H(s) = \frac{v_{\mathrm{c}}(s)}{v_{\mathrm{s}}(s)} = \frac{1}{RCs + 1} \tag{2-8}$$

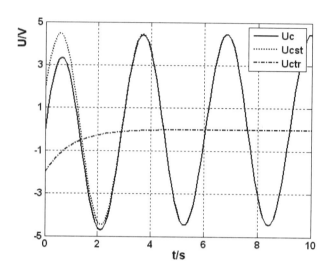

图 2-51　一阶低通电路的全响应、暂态响应与稳态响应仿真波形

② MATLAB 编程实现：

```
R = 2; C = 0.5;
num = 1;                    %传递函数的分子项系数向量
den = [R*C,1];              %传递函数的分母项系数向量
sys = tf(num,den);          %tf()函数用以建立系统函数(基于传递函数形式)
bode(sys),grid on           %bode()函数绘制目标系统的频谱特性曲线
```

③ 运行程序，得到以电容电压为响应的响应函数的幅频特性和相频特性，如图 2-52 所示。

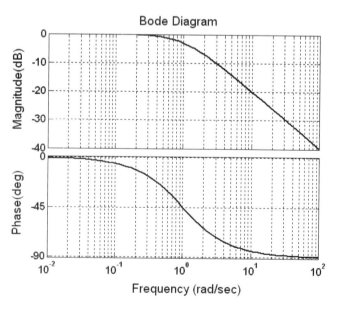

图 2-52　一阶低通电路的幅频特性和相频特性响应曲线

2.7.2　电力信号分析处理中的应用

数字信号处理技术具有广泛的应用，电力系统领域也有许多问题需要利用数字信号处理技术解决，例如离散傅里叶变换和频谱分析技术在电力系统谐波信号检测中的应用、数字滤波器技术在电力系统原始数据预处理中的应用等。

【例 2.23】利用函数生成一组数据用以模拟电力现场测量数据，并利用 MATLAB 编程实现其频谱分析。其中，$x = 2\sin(2\pi f_1 t) + \sin(2\pi f_2 t)$，$f_1 = 100$，$f_2 = 300$。在信号 x 中加入随机信号，用以模拟信号噪声。

解：(1) 编制 MATLAB 程序如下：

```
clear
fs=1000; t=0:1/fs:0.6;                %设置采样频率为 1000 Hz，采样点数为 600 个;
f1=100; f2=300;
x=sin(2*pi*f1*t)+sin(2*pi*f2*t);      %产生含有 f1 和 f2 两种频率正弦波的叠加信号 x;
subplot(411); plot(x);                %画出时域内的原正弦信号波形;
title('f1(100Hz)\f2(300Hz)的正弦信号，初相 0');
xlabel('序列(n)') ;
grid on;
number=512;                           %设置用于 FFT 计算的数据点数为 512 个;
y=fft(x,number);                      %对 x 信号进行 512 点的傅里叶变换;
n=0:length(y)-1;
f=fs*n/length(y);                     %设置频率轴(横轴)坐标;
subplot(412); plot(f,abs(y));         %画出频域内的频谱信号;
title('f1\f2 的正弦信号的 FFT(512 点)')
xlabel('频率 Hz');grid on;
x=x+randn(1,length(x));               %在原信号 x 中加入随机噪声信号;
subplot(413); plot(x);                %画出时域内的含噪声的信号波形;
title('原 f1\f2 的正弦信号(含随机噪声)')
xlabel('序列(n)') ; grid on;
y=fft(x,number);                      %对含噪声的信号进行 512 点的傅里叶变换;
n=0:length(y)-1;
f=fs*n/length(y);                     %设置频率轴(横轴)坐标;
subplot(414); plot(f,abs(y));         %画出频域内的频谱信号
title('原 f1\f2 的正弦信号(含随机噪声)的 FFT(512 点)')
xlabel('频率 Hz');
grid on;
```

(2) 运行程序，结果如图 2-53 所示。图中波形从上到下依次为未叠加噪声的信号 x 及其 FFT 分析结果、叠加噪声的信号 x 及其 FFT 分析结果。

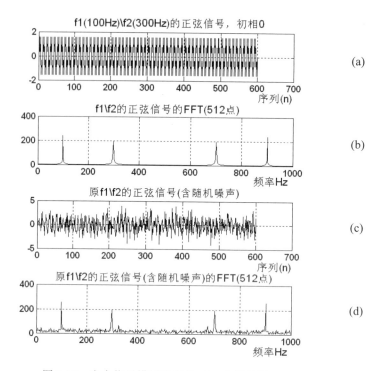

图 2-53　电力信号模拟数据的 FFT 分析结果

(a) 未叠加噪声的信号 x；(b) 未叠加噪声的信号 x 的 FFT 分析结果；

(c) 叠加噪声的信号 x；(d) 叠加噪声的信号 x 的 FFT 分析结果

习　题

2-1　熟悉 MATLAB 桌面平台的菜单栏和工具栏。

2-2　已知长方形的长和宽的值分别为 $a = 2$ 和 $b = 1$，试在 MATLAB 的命令窗口中输入指令求取其周长 c，并体会 MATLAB 的命令窗口、工作空间浏览器和命令历史浏览器的用途和使用方法。

2-3　试在 MATLAB 的命令窗口中输入矩阵

$$A = \begin{bmatrix} 1.1 & 0.0 & 2.1 & -3.5 & 6.0 \\ 0.0 & 1.1 & -6.6 & 2.8 & 3.4 \\ 2.1 & 0.1 & 0.3 & -0.4 & 1.3 \\ -1.4 & 5.1 & 0.0 & 1.1 & 0.0 \end{bmatrix}$$

利用指令求取下列的值：

(1) 矩阵 A 的维数；

(2) 矩阵 A 中的元素 α_{41} 的值；

(3) 修改矩阵 A 的元素，使 $\alpha_{41} = 3.0$；

(4) 矩阵 A 中最后 2 行和最后 3 列交汇形成的子矩阵的值。

2-4　试在 MALTAB 命令窗口中输入

>> B=[1:0.1:1.6;1.1:0.2:2.3;1.2:0.3:3.0]

查看返回结果，体会冒号表达式在输入等差向量时的便利性。

2-5　矩阵 A、B、C 和 D 值定义如下：

$$A = \begin{bmatrix} 2 & -2 \\ -1 & 2 \end{bmatrix}, \quad B = \begin{bmatrix} 1 & -1 \\ 0 & 2 \end{bmatrix}, \quad C = \begin{bmatrix} 1 \\ -2 \end{bmatrix}, \quad D = eye(2)$$

求出下列矩阵运算操作的结果，并解释部分操作无法实现的原因：

(1) $R=A+B$；

(2) $R=A*D$；

(3) $R=A.*D$；

(4) $R=A*C$；

(5) $R=A.*C$；

(6) $R=A\backslash B$；

(7) $R=A.\backslash B$；

(8) $R=A.\wedge B$。

2-6　试用循环控制命令编写程序创建矩阵 A，使得该矩阵的每个元素的值为

$$a_{ij} = \frac{1}{i+j-1} \quad (i=1,\cdots,5 ; \quad j=1,\cdots,6)。$$

2-7　已知在平面坐标中两点$(x1,y1)$和$(x2,y2)$之间的距离计算公式为

$$L = \sqrt{(x1-x2)^2 + (y1-y2)^2}$$

(1) 利用命令文件的形式，编写求解该距离的 M 文件 dis1.m；

(2) 利用函数文件的形式，编写求解该距离的 M 文件 dis2.m；

(3) 给定两点坐标的值(2,3)和(8, −5)，试分别调用命令文件 dis1.m 和函数文件 dis2.m 求解该两点间距离的值。

2-8　试编写一个函数命令文件，使其满足以下功能：

(1) 若函数的输入参数为两个维数相同的矩阵 A 和 B，则函数返回结果矩阵 $C = A + B$；

(2) 若函数的输入参数为两个维数不相同的矩阵 A 和 B，则函数返回提示信息"输入矩阵维数必须相同"；

(3) 若函数的输入参数仅有一个矩阵或没有输入参数，则函数返回提示信息"输入矩阵数量太少"。

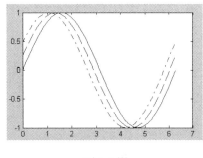

题 2-9 图

2-9　编写基于绘图函数的命令文件,输出如题 2-9 图所示的图形。

2-10　编写基于绘图函数的命令文件，并利用图形可视编辑工具对输出图形进行编辑，得到如题 2-10 图所示的最终图形效果。

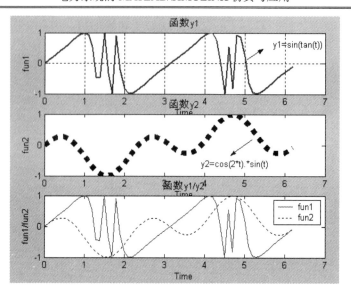

题 2-10 图

2-11　绘制下列数学函数定义的三维网格曲面。

$$z = f(x, y) = \frac{1}{\sqrt{(1-x)^2 + y^2}} + \frac{1}{\sqrt{(1+x)^2 + y^2}}$$

第 3 章　SIMULINK 应用基础

3.1　SIMULINK 仿真环境

SIMULINK 是 MATLAB 的一个分支产品,主要用来实现对工程问题的模型化及动态仿真。SIMULINK 体现了模块化设计和系统级仿真的思想,采用模块组合的方法使用户能够快速、准确地创建动态系统的计算机模型,使得建模仿真如同搭积木一样简单。SIMULINK 现已成为仿真领域首选的计算机环境。

具体到电力系统仿真而言,原来的 MATLAB 编程仿真是在文本命令窗口中进行的,编制的程序是一行行的命令和 MATLAB 函数,不直观也难以与实际电力模型建立形象的联系。在 SIMULINK 环境中,电力系统元器件的模型都用框图来表达,框图之间的连线表示了信号流动的方向。对用户而言,只要熟悉了 SIMULINK 仿真平台的使用方法以及模型库的内容,就可以使用鼠标和键盘绘制和组织系统模型,并实现系统的仿真,完全不必从头设计模型函数或死记那些复杂的函数。

3.1.1　SIMULINK 模块库浏览器

SIMULINK 仿真环境包括 SIMULINK 模块库和 SIMULINK 仿真平台。如图 3-1 所示,在 MATLAB 命令窗口中输入 "simulink" 再回车,或单击工具栏中的 SIMULINK 图标，可打开 SIMULINK 模块库浏览器窗口,如图 3-2 所示。

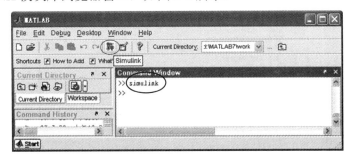

图 3-1　打开 SIMULINK 模块库浏览器的方法

SIMULINK 模块库包括标准模块库和专业模块库两大类。标准模块库是 MATLAB 中最早开发的模块库,包括了连续系统、非连续系统、离散系统、信号源、显示等各类子模块库。由于 SIMULINK 在工程仿真领域的广泛应用,因此各领域专家为满足需要又开发了诸如通信系统、数字信号处理、电力系统、模糊控制、神经网络等 20 多种专业模块库。

　　点击图 3-2 中"树状结构目录窗口"中各模块库名前带"＋"的小方块可展开二级子模块库的目录。"模块窗口"中显示的是用户在"树状结构目录窗口"中选中的模块库所包含的模块图标。如果显示的模块图标前带"＋"的小方块，表明该图标下还有三级目录，直接点击该图标可在该窗口中展现三级目录下的模块图标。

　　为了叙述方便，本书将模块库中以图标形式表示的典型环节称为模块，将用典型环节模块组成的系统仿真模型简称为模型。

图 3-2　SIMULINK 模块库浏览器窗口

3.1.2　SIMULINK 仿真平台

　　从 MATLAB 窗口进入 SIMULINK 仿真平台的方法有以下两种：

　　(1) 点击 MATLAB 菜单栏中的[File>New>Model]，如图 3-3 所示。

　　(2) 点击 SIMULINK 模块库浏览器窗口工具栏上的按键 ▯。

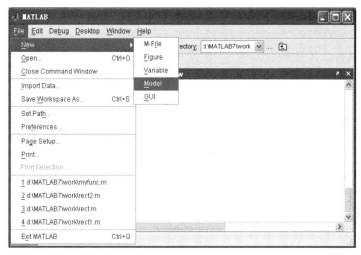

图 3-3　进入 SIMULINK 仿真平台方法 1

完成上述操作，将出现图 3-4 所示的 SIMULINK 仿真平台。仿真平台标题栏上的"untitled"表示一个尚未命名的新模型文件。仿真平台中的菜单栏和工具栏是 SIMULINK 系统仿真的重要工具。

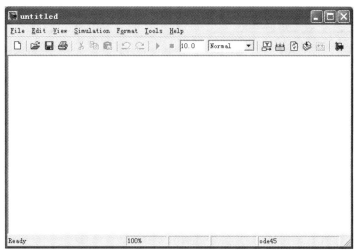

图 3-4　SIMULINK 的仿真平台

1. 仿真平台菜单栏

SIMULINK 仿真平台中的菜单包括"File(文件)"、"Edit(编辑)"、"View(查看)"、"Simulation(仿真)"、"Format(格式)"、"Tools(工具)"与"Help(帮助)"七项内容。

每个主菜单项都有下拉菜单，下拉菜单中每个小菜单为一个命令，只要用鼠标选中，即可执行菜单项命令所规定的操作。其中，编辑和仿真菜单使用最为频繁。

各个菜单命令的等效快捷键及功能说明见附录 A。

2. 仿真平台工具栏

SIMULINK 仿真平台中的工具栏归纳起来可分为五类。

(1) 文件管理类：包括 4 个按键，分别是按键 、按键 、按键 和按键 。

(2) 对象管理类：包括 3 个按键，分别是按键 ✂、按键 🗐和按键 🗐。

(3) 命令管理类：包括 2 个按键，分别是按键 ↶和按键 ↷。

(4) 仿真控制类：包括 6 个按键、1 个文本框、1 个列表框，分别是按键 ▶、按键 ■、文本框 0.2 、列表框 Normal ▼ 、按键 🕮、按键 🗄和按键 🖺。

(5) 窗口切换类：包括 6 个按键，分别是按键 🕮、按键 🚚、按键 ▣、按键 🔲、按键 ⇧和按键 ✿。

工具栏中各个工具图标及其功能说明见附录 B。

3.2　SIMULINK 的基本操作

3.2.1　模块及信号线的基本操作

1. 模块的基本操作

模块是系统模型中最基本的元素，不同模块代表了不同的功能。各模块的大小、放置方向、标签、属性等都是可以设置调整的。表 3-1 列出了 SIMULINK 中模块基本操作方法的简单描述。

表 3-1　SIMULINK 中模块的基本操作方法

操作内容	操作目的	操作方法
选取模块	从模块库浏览器中选取需要的模块放入 SIMULINK 仿真平台窗口中	方法 1：在目标模块上按下鼠标左键，拖动目标模块进入 SIMULINK 仿真平台窗口中，松开左键； 方法 2：在目标模块上单击鼠标右键，弹出快捷菜单，选择 "Add to Untitled" 选项
选中多个模块	可对多个模块同时进行共同的操作，如移动、复制等	方法 1：按住 "Shift" 键，同时用鼠标单击所有目标模块； 方法 2：使用 "范围框"，即按住鼠标左键，拖曳鼠标，使范围框包围所有目标模块
删除模块	删除窗口中不需要的模块	方法 1：选中模块，按下 "Delete" 键； 方法 2：选中模块，同时按下 "Ctrl" 和 "X" 键，删除模块并保存到剪贴板中
调整模块大小	改善模型的外观，调整整个模型的布置	选中模块，模块四角将出现小方块；单击一个角上的小方块并按住鼠标左键，拖曳鼠标到合理大小位置
移动模块	将模块移动到合适位置，调整整个模型的布置	单击模块，拖曳模块到合适的位置，松开鼠标按键
旋转模块	适应实际系统的方向，调整整个模型的布置	方法 1：选中模块，选择菜单命令[Format>Rotate Block]，模块顺时针旋转 90°；选择菜单命令[Format>Flip Block]，模块顺时针旋转 180°； 方法 2：右键单击目标模块，在弹出的快捷菜单中进行与方法 1 同样的菜单项选择
复制内部模块	内部复制已经设置好的模块，而不用重新到模块库浏览器中选取	方法 1：先按住 "Ctrl" 键，再单击模块，拖曳模块到合适的位置，松开鼠标按键； 方法 2：选中模块，使用[Edit>Copy]及[Edit>Paste]命令

续表

操作内容	操作目的	操 作 方 法
改变标签内容	按照用户自己意愿命名模块，增强模型的可读性	在标签的任何位置上双击鼠标，进入模块标签的编辑状态，输入新的标签，在标签编辑框外的窗口中任何地方单击鼠标退出
改变标签位置	按照用户自己意愿布置标签位置，改善模型的外观	方法 1：选中模块，选择菜单命令[Format> Flip name]，翻转标签和模块的位置，选择菜单命令[Format> Hide name]，隐藏标签； 方法 2：右键单击目标模块，在弹出的快捷菜单中进行与方法 1 同样的菜单项选择

如图 3-5 所示，将模块进行了三种操作：模块顺时针旋转 90°、标签内容修改和标签位置改变。

2. 信号线的基本操作

信号线是系统模型中另一类最基本的元素，熟悉和正确使用信号线是创建模型的基础。SIMULINK 中的信号线并不是简单的连线，它具有一定流向属性且不可逆向，表示实际模型中信号的流向。

表 3-2 列出了 SIMULINK 中信号线基本操作方法的简单描述。

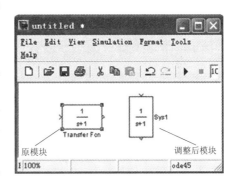

图 3-5　模块的基本操作示例

表 3-2　SIMULINK 中信号线的基本操作方法

操作内容	操作目的	操 作 方 法
在模块间连线	在两个模块之间建立信号联系	在上级模块的输出端按住鼠标左键，拖动至下级模块的输入端，松开鼠标键
移动线段	调整线段的位置，改善模型的外观	选中目标线段，按住鼠标左键，拖曳到目标位置，松开鼠标左键
移动节点	可改变折线的走向，改善模型的外观	选中目标节点，按住鼠标左键，拖曳到目标位置，松开鼠标左键
画分支信号线	从一个节点引出多条信号线,应用于不同目的	方法 1：先按住 "Ctrl" 键，再选中信号引出点，按住鼠标左键，拖曳到下级目标模块的信号输入端，松开鼠标左键； 方法 2：先选中信号引出线，然后在信号引出点按住鼠标右键，拖曳到下级目标模块的信号输入端，松开鼠标右键
删除信号线	删除窗口中不需要的线段或断开模块间连线	方法 1：选中目标信号线，然后按 "Delete" 键； 方法 2：选中目标信号线，使用[Edit>Cut]命令
信号线标签	设定信号线的标签，增强模型的可读性	双击要标注的信号线，进入标签的编辑区，输入信号线标签内容，在标签编辑框外的窗口中单击鼠标退出

3.2.2　系统模型的基本操作

除了熟悉模块和信号线的基本操作方法，用户还需熟悉 SIMULINK 系统模型本身的基本操作，包括模型文件的创建、打开、保存以及模型的注释等。

表 3-3 列出了 SIMULINK 中系统模型基本操作方法的简单描述。

表 3-3　SIMULINK 中系统模型的基本操作方法

操作内容	操作目的	操 作 方 法
创建模型	创建一个新的模型	方法 1：运行 MATLAB 菜单命令[File>New>Model]； 方法 2：点击 SIMULINK 模块库浏览器窗口工具栏按键 🗋
打开模型	打开一个已有的模型	方法 1：运行 MATLAB 菜单命令[File>Open]； 方法 2：点击 SIMULINK 模块库浏览器窗口工具栏按键 📂
保存模型	保存仿真平台中模型	方法 1：运行模块库浏览器窗口菜单命令[File>Save]； 方法 2：点击 SIMULINK 模块库浏览器窗口工具栏按键 📋
注释模型	使模型更易读懂	在模型窗口中的任何想要加注释的位置上双击鼠标，进入注释文字编辑框，输入注释内容，在窗口中任何其它位置单击鼠标退出

如图 3-6 所示，在模型中加入注释文字，使模型更具可读性。

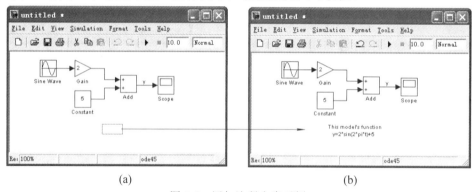

图 3-6　添加注释文字示例

(a) 未加注释文字；(b) 加入注释文字

3.2.3　子系统的建立与封装

1. 子系统的建立

一般而言，电力系统仿真模型都比较复杂，规模很大，包含了数量可观的各种模块。如果这些模块都直接显示在 SIMULINK 仿真平台窗口中，将显得拥挤、杂乱，不利于用户建模和分析。可以把实现同一种功能或几种功能的多个模块组合成一个子系统，从而简化模型，其效果如同其它高级语言中的子程序和函数功能。

在 SIMULINK 中创建子系统一般有两种方法。

1) 通过"子系统"模块的方法

该方法要求在用户的模型里添加一个称为 Subsystem 的子系统模块，然后再往该模块里加入组成子系统的各种模块。这种方法适合于采用自上而下设计方式的用户，具体实现步骤如下：

(1) 新建一个空白模型。

(2) 打开"端口和子系统"(Ports&Subsystems)模块库，选取其中的"子系统"(Subsystem)模块并把它复制到新建的仿真平台窗口中。

(3) 双击"子系统"模块，弹出一个子系统编辑窗口。系统自动在该窗口中添加一个输入和输出端子，名为 In1 和 Out1，这是子系统与外部联系的端口。

(4) 将组成子系统的所有模块都添加到子系统编辑窗口中，合理排列。

(5) 按要求用信号线连接各模块。

(6) 修改外接端子标签并重新定义子系统标签，使子系统更具可读性。

2) 通过组合已存在模块的方法

该方法要求在用户的模型中已有组成子系统所需的所有模块，并且已做好正确的连接。这种方法适合于采用自下而上设计方式的用户，具体实现步骤如下：

(1) 打开已经存在的模型。

(2) 选中要组合到子系统中的所有对象，包括各模块及其连线。

(3) 选择菜单[Edit>Create Subsystem]命令，模型自动转换成子系统。

(4) 修改外接端子标签并重新定义子系统标签，使子系统更具可读性。

将图 3-6 所示的模型用第二种方法创建子系统，创建过程如图 3-7～图 3-12 所示。

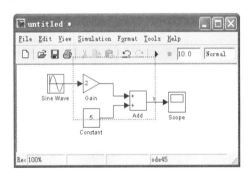

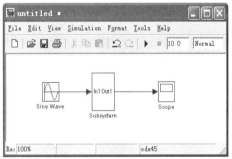

图 3-7　选中组合子系统的所有对象
(用拖曳鼠标划定范围框的方法)

图 3-8　转换为子系统
(选择菜单[Edit>Create Subsystem])

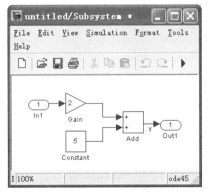

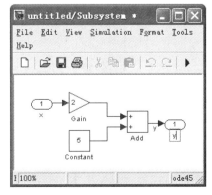

图 3-9　子系统内部结构图
(在子系统图标上双击鼠标键进入)

图 3-10　修改外接端子标签
(在原标签上单击鼠标键进入标签编辑框)

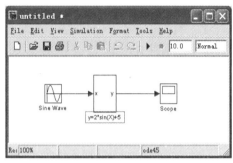
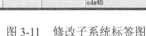
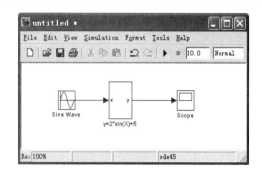

图 3-11　修改子系统标签图　　　　　　　　　图 3-12　子系统转换结果

(在原标签上单击鼠标键进入标签编辑框)

可见，子系统的创建过程比较简单，但非常有用。值得注意的是，仿真系统的信号源和输出显示模块一般不放进子系统内部。

2. 子系统的封装

所谓封装(Mask)，就是将 SIMULINK 的子系统"包装"成一个模块，并隐藏全部的内部结构。访问该模块时只出现了一个参数设置对话框，模块中所有需要设置的参数都可通过该对话框来统一设置。

创建一个子系统封装模块的主要步骤为：

(1) 创建一个子系统。

(2) 选中目标子系统，选择仿真平台窗口菜单中的[Edit>Mask Subsystem]选项，将弹出 Mask 编辑器窗口，窗口中包含四个标签页，如图 3-13 所示。

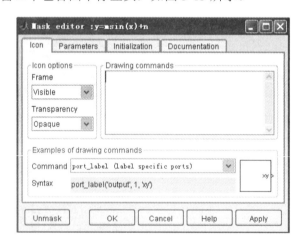

图 3-13　封装编辑器窗口

(3) 使用封装编辑器不同的标签页进行封装图标、参数、初始化和文本的设置。四个标签页主要的功能如下：

① 图标(Icon)标签页：用来给封装模块设计自定义图标。"Drawing commands"命令窗口以 MATLAB 语句来绘制图标的编辑区，通过在"Drawing commands"命令窗口中填写函数设置封装模块的图标。图标标签页的常用绘制命令如表 3-4 所示。

表 3-4　图标标签页的常用绘制命令

绘 制 命 令	说　　　　明
plot(x_vector,y_vector)	在图标上绘制曲线
disp(string)	在图标的中心显示字符串
text(x,y,string)	在(x,y)坐标处显示字符串
image(picture.jpg)	在图标上嵌入目标图片(JPG 格式)
dpoly(num,den)	在图标的中心显示传递函数

② 参数(Parameters)标签页：最关键的标签页，可增加或删除子系统参数对话框中的变量以及属性，如图 3-14 所示。其中，"Variable"项至关重要，必须和子系统中对应模块内设置的变量名称一致，才能建立起封装模块内部变量和封装对话框之间的联系。变量类型可选三类："可编辑型"(Edit)指定输入数据为可编辑类型，即该变量可由用户自定义输入数据，这是最普遍的一种类型；"复选框型"(Checkbox)指定输入数据为复选框类型，即用户只能进行选中与否的设置；"下拉菜单型"(Popup)指定输入数据为下拉菜单类型，即输入数据不可编辑，只能在下拉菜单提供的选项中选择。

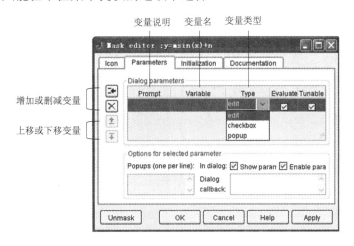

图 3-14　Parameters 标签页窗口

③ 初始(Initialization)标签页：通过命令函数，允许用户在调用子系统前通过 MATLAB 命令窗口进行子系统参数值的初始设定，还可以对图标绘制函数初始的值进行设置。

④ 文本(Documentation)标签页：可设定封装子系统的类型、描述和帮助等文字说明。其中，"封装类型"(mask type)文本框中的内容将作为模块的类型显示在封装模块的参数对话框中；"封装模块描述"(mask description)多行文本框中的内容将显示在封装模块参数对话框的上部，对封装模块的功用和其它注意事项进行描述；"封装模块帮助"(mask help)多行文本框中输入关于该模块的帮助，在参数对话框中的"help"按键按下时，MATLAB 的帮助系统将显示此封装模块帮助多行文本框中的内容。

【例 3.1】创建一个子系统并对其进行封装，要求子系统实现功能为：$y = m\sin(x) + n$。

解：(1) 创建子系统。显然，该子系统结构与图 3-12 所示子系统结构完全一致，不同之处为图 3-12 所示子系统中 Gain 模块和 Constant 模块均为定值，而本例要求子系统中这两个模块为可变值。设置方法为分别双击 Gain 模块和 Constant 模块图标，在弹出的参数对话框中将参数值设置为 m 和 n 即可。创建完成的系统模型及子系统内部结构如图 3-15 所示。

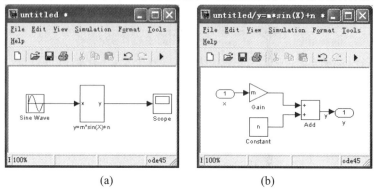

(a)　　　　　　　　　　　　　(b)

图 3-15　创建完成的系统模型及子系统内部结构

(a) 创建完成的系统模型；(b) 子系统内部结构

(2) 设置标签页。选中目标子系统，选择仿真平台窗口菜单中的[Edit>Mask Subsystem]选项，在弹出的封装编辑器窗口中分别对各标签页进行设置。

① 初始标签页。为了实现模块的图标绘制，首先必须在初始标签页的初始命令区中输入绘图向量的初始化命令，如图 3-16(a)所示。

② 图标标签页。在图标标签页的绘制命令区输入图 3-16(b)所示命令。

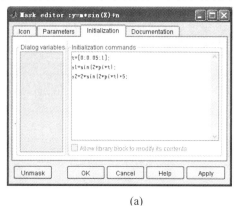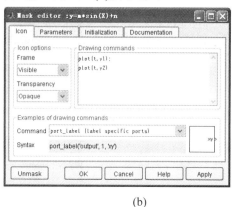

(a)　　　　　　　　　　　　　　　(b)

图 3-16　绘制封装模块的图标

(a) 初始化；(b) 绘制图标

点击图 3-16(b)中的"应用"(Apply)按键，子系统封装模块图标如图 3-17 所示。

注意：

(1) 为了在图标上绘制反映模块输入与输出关系的曲线，需调用 plot(x_vector, y_vector)函数。此命令与 MATLAB 中的 plot 命令很相似。但必须注意，在图标标签页中不能设置函数中所要求的 x_vector 和 y_vector 初始向量值。

(2) 本例中要求实现 $y = m\sin(x) + n$ 函数，其中 m 和 n 是可变量，但在绘制模块图标时，只有将可变量固化才能绘制出示例曲线图标。这里将 m 和 n 分别固化为 2 和 5 定值(并没有改变模块参数中 m 和 n 是可变量的性质)。

参数标签页中的 ⊞ 图标，可增加模块的输入变量，设置完成后如图 3-18 所示。

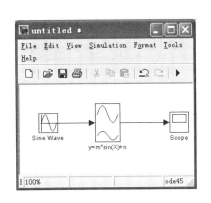

图 3-17　子系统封装模块图标

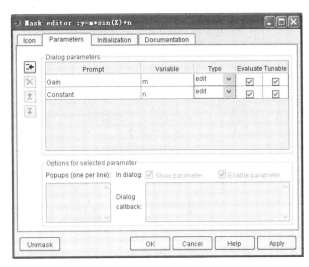

图 3-18　参数标签页的设置

④ 文本标签页。通过设置可增加模块的可读性，设置完成后如图 3-19 所示。点击封装编辑器窗口中的"OK"按键，子系统的封装过程结束。双击图 3-17 中的封装模块，将弹出该模块的参数对话框，如图 3-20 所示。

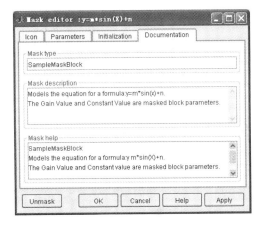

图 3-19　文本标签页的设置

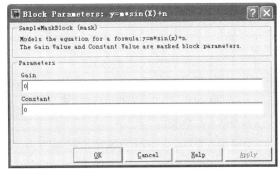

图 3-20　封装模块的参数对话框

可见，变量的字符、类型、说明以及封装子系统的类型、描述等设置均符合要求。该封装模块与 SIMULINK 内部模块的参数对话框结构和特性也完全一致。

(3) 运用封装模块。对图 3-20 所示的参数对话框进行参数设置，即分别在参数设置区的"Gain"和"Constant"编辑框中输入参数设定值，如图 3-21 所示。选择 SIMULINK 仿真平台窗口菜单中的[Simulation>Start]选项，开始仿真。仿真结束后，双击图 3-17 中的示波器模块，弹出示波器窗口，显示系统输出信号波形，如图 3-22 所示。

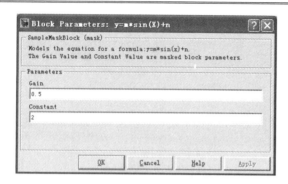

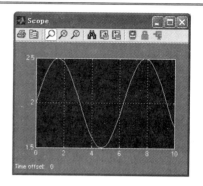

　　　　图 3-21　封装模块的参数设置　　　　　　　　图 3-22　系统仿真结果显示

3.3　SIMULINK 系统建模

　　前面已论述了 SIMULINK 建模中的一些基本操作方法，下面将对创建 SIMULINK 模型的步骤进行分析。

　　SIMULINK 系统建模的过程和具体操作步骤一般如下：

　　(1) 分析待仿真系统，确定待建模型的功能需求和结构。

　　(2) 启动模块库浏览器窗口，选择菜单中的[File>New>Model]选项，新建一个模型文件。

　　(3) 在模块库浏览器窗口中找到模型所需的各模块，并分别将其拖曳到新建的仿真平台窗口中。

　　(4) 将各模块适当排列，并用信号线将其正确连接。有几点需要注意：

　　① 在建模之前应对模块和信号线有一个整体、清晰和仔细的安排，这样在建模时会省下很多不必要的麻烦；

　　② 模块的输入端只能和上级模块的输出端相连接；

　　③ 模块的每个输入端必须要有指定的输入信号，但输出端可以空置。

　　(5) 对模块和信号线重新标注。

　　(6) 依据实际需要对相应模块设置合适的参数值。

　　(7) 如有必要，可对模型进行子系统建立和封装处理。

　　(8) 保存模型文件。

　　【例 3.2】 工业控制领域常用的温度变送器的功能是把现场的温度信号转化为对应的电信号传送给监控设备。设该温度变送器的温度测量范围为 $T_{\min} \sim T_{\max} \text{C}^\circ$，对应的输出为 $4 \sim 20$ mA 的电流信号。试用 SIMULINK 创建能反映该系统工作特性的仿真模型。

　　解：(1) 确定待建模型的功能需求。分析题意，温度变送器的本质即传感器，将温度参数转变为电量参数。因为是线性转换，所以很容易得到输入值与输出值之间的关系：

$$T = \frac{I - 4}{16}(T_{\max} - T_{\min}) + T_{\min} \tag{3-1}$$

其中，I 为变送器输出的电流信号值，范围为 $4 \sim 20$ mA；$T_{\min}$ 和 $T_{\max}$ 分别为变送器温度测量范围的下限值和上限值，其值均可设置；T 为变送器输出的电流信号值为 I 时对应的实测温度值。

　　(2) 创建 SIMULINK 模型文件。新建一个 SIMULINK 模型文件，找到创建系统模型所需的各模块并拖曳到新建的仿真平台窗口中。将各模块排列好，并将其用信号线正确连接，如图 3-23 所示。其中，Ramp 模块 1 个，来自"Sources"子库，用于模拟变送器输出电流值信号；Constant 模块 3 个，来自"Sources"子库，用于设定公式(3-1)中的常量"4"以及可设置改变的温度限值 T_{min} 和 T_{max}；Add 模块 3 个，来自"Math Operations"子库，用于把两个输入信号相加或相减；Gain 模块 1 个，来自"Math Operations"子库，用于将输入信号乘上 1/16；Product 模块 1 个，来自"Math Operations"子库，用于把两个输入信号相乘；Scope 模块 1 个，来自"Sinks"子库，用于显示系统模型的仿真输出波形。

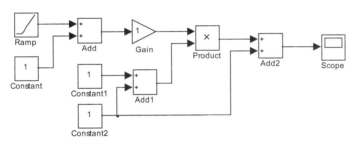

图 3-23　未经修饰的仿真系统图

　　(3) 设置模块参数。根据系统的实际物理意义，修改各模块标签名称(见图 3-24)。

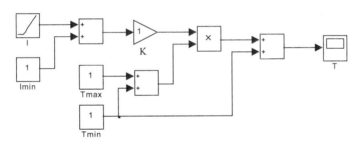

图 3-24　修改标签后的仿真系统图

　　对各模块设置合适的参数值，方法为双击目标模块图标，进入其属性对话框。其中，Imin、Tmax、Tmin 模块由默认值 1 分别设置为 4、T2、T1；K 模块由默认值 1 设置为 1/16；模型左侧的两个 Add 模块由默认符号"++"设置为符号"+−"。参数设置如图 3-25～图 3-27所示，设置完成后的系统模型如图 3-28 所示。

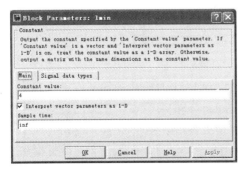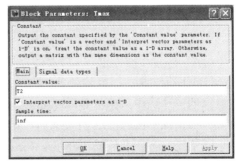

图 3-25　I_{min}、T_{max} 模块参数设置

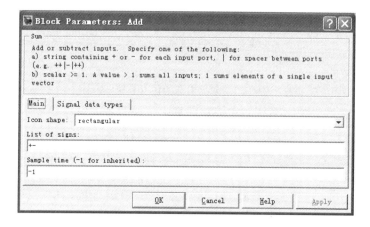

图 3-26　K 模块参数设置

图 3-27　Add 模块参数设置

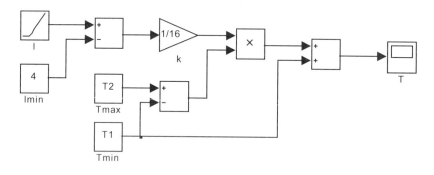

图 3-28　完整的系统仿真图

(4) 创建子系统并进行封装处理。将图 3-28 中除 I、T 两模块外的所有模块和信号线通过拖曳鼠标的方法选中，选择菜单[Edit>Create Subsystem]命令，模型自动转换成子系统。将其输入、输出端子的标注和子系统的标签进行适当调整，结果如图 3-29 所示。

选中子系统，选择菜单[Edit>Mask Subsystem]命令，进行封装设置。在图标标签页的绘制命令区输入命令：disp('I2T')。在参数标签页中添加 T1 和 T2 参数，如图 3-30 所示。在文本标签页中设置封装模块的说明文本，其中，"封装类型"(Mask type)文本框中输入"I2T Mask

Block"；"封装模块说明"(Mask description)多行文本框中输入"Models the equation for a formula: T=(I-4)*(T2-T1)/16+T1. The Tmax Value(T2) and Tmin Value(T1) are masked block parameters."。

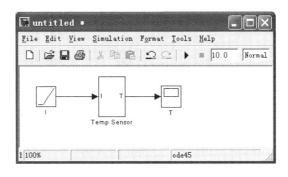

图 3-29 完成子系统创建

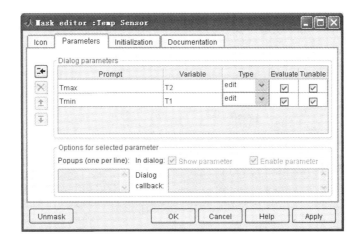

图 3-30 参数标签页设置

至此，子系统的创建及封装工作基本完成，系统最终模型如图 3-31 所示。双击子系统封装模块，弹出的模块参数对话框如图 3-32 所示。

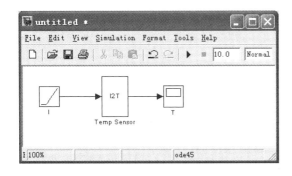

图 3-31 系统最终模型

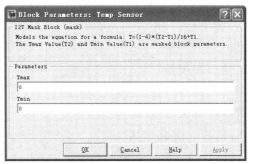

图 3-32 封装模块参数对话框

(5) 保存模型文件，文件名为 I2T.mdl。

3.4　SIMULINK 运行仿真

3.4.1　运行仿真过程

SIMULINK 一般使用窗口菜单命令进行仿真，方便且人机交互性强，用户可容易地进行仿真解法及仿真参数的选择、定义和修改等操作。

使用窗口菜单命令进行仿真主要可以完成以下一些操作过程。

1. 设置仿真参数

选择菜单选项[Simulation>Configuration Parameters]可以进行仿真参数及算法的设置。选择此选项后会显示仿真参数对话框，如图 3-33 所示。

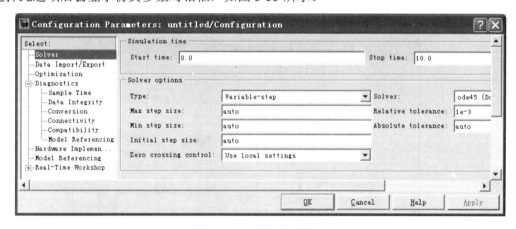

图 3-33　仿真参数对话框

此对话框包含的主要属性页的内容及功能如下：

(1) Solver：设置仿真的起始和终止时间，设置积分解法以及步长等参数；

(2) Data Import/Export：SIMULINK 和 MATLAB 工作间数据的输入和输出设定，以及数据存储时的格式、长度等参数设置；

(3) Diagnostics：允许用户选择在仿真过程中警告信息显示等级。

选择适当的算法并设置好其它仿真参数后，选择对话框中的"OK"或"Apply"命令，修改的设置生效。

2. 启动仿真

完成仿真参数的设置后，就可以开始仿真。确认待仿真的仿真平台窗口为当前窗口，选择菜单选项[Simulation>Start]或点击工具栏中的 ▶ 图标启动仿真。

3. 显示仿真结果

如果建立的模型没有错误，选择的参数合适，则仿真过程将顺利进行。这时，双击模型中用来显示输出的模块(如 Scope 模块)，就可以观察到仿真的结果。当然，也可以在仿真开始前先双击打开显示输出模块，再开始仿真。

4. 停止仿真

对于仿真时间较长的模型，如果在仿真过程结束之前，用户想停止此次仿真过程，可以选择菜单选项[Simulation＞Stop]停止仿真。

5. 仿真诊断

在仿真过程中若出现错误，SIMULINK 将会终止仿真并弹出一个标题为"Error Dialog"的带有明显出错图标的错误提示框。点击提示框中的"OK"按键，将显示如图 3-34 的错误信息对话框。该对话框分为如下三部分：

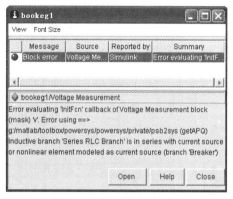

图 3-34　错误信息对话框

(1) 出错信息列表。显示所有出错信息，包含四个列项如下：

① Message：信息类型，如模块错误，连线警告等；

② Source：模型中出错的模块名；

③ Reported by：出错信息来源，如 SIMULINK、Stateflow、Workshop 等；

④ Summary：出错信息概括。

(2) 当前错误详细信息显示。用户可以在出错信息列表中选择任意一条错误，当前所选错误的详细信息将显示在本区域。

(3) 命令按键部分。点击"Open"按键可用来打开出错模型并以黄色突出显示。

3.4.2　仿真参数的设置

如前所述，选择菜单选项[Simulation>Configuration Parameters]，将显示仿真参数对话框，如图 3-33 所示。这里介绍解法设置属性页(Solver)中最常用的设置项，读者可以通过查阅 help 文档了解其它项目的相关内容。

1. 设置仿真时间

设置仿真时间非常重要，它决定了模型仿真的时间或取值区域，其设置完全根据待仿真系统的特性确定，反映在输出显示上就是示波器的横轴坐标值的取值范围。"Start time"和"Stop time"项分别用以设置仿真开始时间(或取值区域下限)和终止时间(或取值区域上限)，默认值分别为 0.0 和 10.0。

2. 选择仿真算法

在 SIMULINK 的仿真过程中选择合适的算法是很重要的。仿真算法是求常微分方程、传递函数、状态方程解的数值计算方法，主要有欧拉法(Eular)、阿达姆斯法(Adams)和龙格—库塔法(Runge-Kutta)。由于动态系统的差异性，使得某种算法对某类问题比较有效，而另外算法对另一类问题更有效。因此，对不同的问题，可以选择不同的适应算法和相应的参数，以得到更准确、快速的解。

根据仿真步长，SIMULINK 中提供的常微分方程数值计算的算法大致可以分两类：

(1) Variable Step：可变步长类算法，在仿真过程中可以自动调整步长，并通过减小步长来提高计算的精度。

(2) Fixed Step：固定步长类算法，在仿真过程中采取基准采样时间作为固定步长。

一般而言，使用变步长的自适应算法是比较好的选择。这类算法会按照设定的精确度在各积分段内自适应地寻找最大步长进行积分，从而使得效率最高。

SIMULINK 中的各种仿真算法及其说明参见表 3-5。

表 3-5 SIMULINK 中的各种仿真算法及其说明

算法名称		算 法 说 明
可变步长类算法	ode45	基于显式 Runge-Kutta(4，5)和 Dormand-Prince 组合的算法，是一种一步算法，即只要知道前一时间点的解，就可以立即计算当前时间点的方程解。对大多数仿真模型来说，首先使用 ode45 来解算模型是最佳的选择，因此在 SIMULINK 的算法选择中将 ode45 设为默认的算法
	ode23	基于显式 Runge-Kutta(2，3)、Bogacki-Shampine 相结合的算法，也是一种一步算法。在容许误差和计算略带刚性的问题方面，该算法比 ode45 要好
	ode113	可变阶次的 Adams-Bashforth-Moulton 算法，是一种多步算法，即需要使用前几次节点上的值来计算当前节点的解。在精度要求高的情况下，该算法比 ode45 更合适
	ode15s	一种可变阶次的多步算法，当遇到带刚性(Stiff)的问题时或者使用 ode45 算法很慢时，可以一试
	ode23s	刚性方程固定阶次的单步解法。在容许误差较大时，比 ode15s 有效。因此，如果系统是刚性系统，可以同时尝试两种方法以确定哪一个更快
	ode23t	一种采用自由内插方法的梯形算法。如果系统为中度刚性且要求解没有数值衰减时，可考虑此解法
	ode23tb	采用 TR-BDF2 算法，即在龙格－库塔法的第一阶段用梯形法，第二阶段用二阶的 Backward Differentiation Formulas 算法。在容差比较大时，ode23tb 和 ode23t 都比 ode15s 要好
	discrete	针对非连续系统(离散系统)的特殊算法
固定步长类算法	ode5	采用 Dormand-Prince 的算法，即固定步长的 ode45 算法
	ode4	采用固定步长的 4 阶 Runge-Kutta 算法
	ode3	采用固定步长的 Bogacki-Shampine 算法
	ode2	采用固定步长的 2 阶 Runge-Kutta 算法，也称 Heun 算法
	ode1	固定步长的 Eular 算法
	discrete	不含积分的固定步长算法，适用于没有连续状态仅有离散状态模型的计算

3.4.3　示波器的使用

示波器(Scope)模块是 SIMULINK 仿真中非常重要的一个模块,不仅可以实现仿真结果波形的显示,而且可以同时保存波形数据,是人机交互的重要手段。

双击示波器模块图标,即可弹出示波器的窗口界面,如图 3-35 所示。示波器模块属性的设置对用户观察和分析仿真结果影响很大,必须进行合适的属性设置才能得到满意的显示效果。

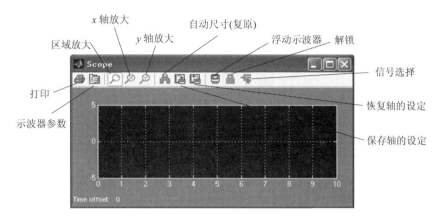

图 3-35　示波器窗口界面

1. 示波器参数

点击"示波器参数"按键,弹出示波器参数对话框,该对话框中含有两个标签页,分别是"常规"(General)和"数据"(Data history)标签页,如图 3-36 所示。

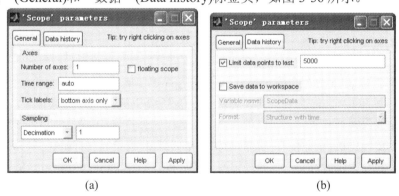

(a)　　　　　　　　　　　　　　　　(b)

图 3-36　示波器参数对话框

(a) 常规标签页；(b) 数据标签页

1)　"常规"(General)标签页

(1) "坐标个数"(Number of Axes)文本框:用于设定示波器的 y 轴数量,即示波器的输入信号端口的个数,默认值为 1,即该示波器用以观察一路信号。若将其设为 2,则可以同时观察两路信号,示波器的图标也自动变为两个输入端口。依此类推,一个示波器可设置为同时观察多路信号。将该项参数设定为 2 后的示波器模块图标及示波器窗口如图 3-37所示。

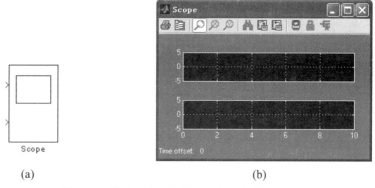

图 3-37　设置示波器参数以观察两路数据

(a) 模块图标；(b) 窗口界面

(2) "时间范围"(Time range)文本框：用于设定示波器时间轴的最大值，一般可选"自动"(auto)，这样 x 轴可以自动以系统的仿真起始和终止时间作为示波器的时间显示范围。

(3) "单位标签"(Tick labels)下拉框：用于选择标签的贴放位置。

(4) "采样"(Sampling)下拉框：用于选择数据取样方式，包括"抽取"(decimation)和"采样时间"(sample time)两种方式。"抽取"方式表示当采样下拉框右侧文本框输入数据 N 时，从每 N 个输入数据中抽取一个用来显示。可见，设定的数字 N 越大，显示的波形就越粗糙，但数据存储的空间可以减少，一般该文本框保持默认值 1，表示所有输入数据均显示。若采用"采样时间"方式，则需要在采样下拉框右侧文本框中输入采样的时间间隔，并按采样间隔提取数据显示。

2) "数据"(Data history)标签页

(1) "仅显示最新的数据"(Limit data points to last)复选框：用于数据点数设置。选中后，其后的文本框被激活，默认值为 5000，表示示波器显示 5000 个数据，若超过 5000 个数据，也仅显示最后的 5000 个数据。若不选该项，所有数据都显示，但对计算机内存要求较高。

(2) "保存数据至工作间"(Save data to workspace)复选框：数据在显示的同时被保存到 MATLAB 工作空间中。若选中该项，将激活该复选框下的另两个参数设置项："变量名"文本框用于设置保存数据的名称，以便在 MATLAB 工作空间中识别和调用该数据；"格式"文本框用于设置数据的保存格式。数据的保存格式有三种："数组"(Array)格式，用于只有一个输入变量的数据保存格式；"带时间变量的结构"(Structure with time)格式，用于同时保存波形数据和时间；"结构"(Structure)格式，用于仅保存波形数据。

2. 图形缩放

仿真波形在示波器中显示，有时用户需要对波形显示区域和大小进行适当调整，达到最佳观察效果。示波器窗口的工具栏提供了四个工具按键用以图形缩放操作。

(1) 区域放大按键：首先在工具栏中点击区域放大按键，然后在窗口中需要放大的区域上按住鼠标左键并拖曳一个矩形框，用矩形框框住需要放大的图形区域，松开鼠标左键，该区域被放大显示。

(2) x 轴放大按键：首先在工具栏中点击 x 轴放大按键，然后在窗口中需要放大的区域按住鼠标左键，并沿 *x* 轴方向拖拉即可。

(3) *y* 轴放大按键：首先在工具栏中点击 *y* 轴放大按键，然后在窗口中需要放大的区域上按住鼠标左键，并沿 *y* 轴方向拖拉即可。

(4) 自动尺寸按键：能自动地调整示波器的横轴和纵轴，既可完全显示用户设置的仿真时间域以及对应的结果数值域，又能取得合理的显示效果，应用非常方便。

3. 坐标轴范围

示波器的 *x* 轴和 *y* 轴的最大取值范围一般是自动设定的，利用图形缩放中的放大镜功能可以在 *x* 轴和 *y* 轴的范围内选取其中一部分显示。当需要进一步放大 *y* 轴的范围或更精确地标定 *y* 轴的坐标范围时，可以利用轴参数设置页进行设置。

在示波器窗口的图形区域内单击鼠标右键，在弹出的快捷菜单中选择 "Axes parameters" 选项，出现一个名为 "scope properties:axis1" 的轴属性对话框，如图 3-38 所示。其中的 Y-min 与 Y-max 用来设置纵轴显示数值范围；Title 项用来给显示信号命名。

图 3-38　示波器 *y* 轴范围设定

【例 3.3】　对例 3.2 所建模型进行仿真，并观察系统特性。

解：(1) 打开例 3.2 中建立的模型文件 12T.mdl。选择菜单中的[Simulation>Configuration Parameters]选项，将 "Simulation time" 设置区域内的 "开始时间" (Start time)设置为 4.0，"结束时间" (Stop time)设置为 20.0。

(2) 双击封装模块，将参数对话框中的 Tmax 和 Tmin 分别设置为 50 和 0，点击 "OK" 按键。

(3) 选择菜单中的[Simulation>Start]选项或点击工具栏中图标 ▶，开始仿真。仿真结束后，双击示波器模块，在弹出的示波器面板中可以观察系统仿真结果，如图 3-39(a)所示。

(4) 双击子系统封装模块，将参数对话框中的 Tmax 和 Tmin 分别设置为 100 和 0，点击 "OK" 按键。重新运行仿真并查看示波器，结果如图 3-39(b)所示。可见，该模型能正确仿真不同温度输入范围温度变送器的工作特性。

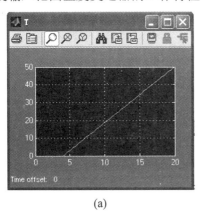 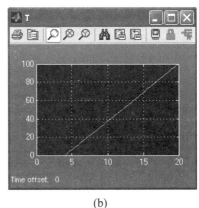

(a)　　　　　　　　　　　　　(b)

图 3-39　例 3.3 仿真结果

(a) 温度范围为 0～50；(b) 温度范围为 0～100

3.5 SIMULINK 模块库

SIMULINK 的最大特点之一就是提供了很多的基本模块，目的是让用户能把更多的精力投入到系统模型本身的结构和算法研究上。SIMULINK 的每个模块对用户都是透明的，用户只需知道模块的输入、输出、功能以及内部可设置参数的意义，而不必管模块内部是怎样实现的，事件是如何驱动的等细节性问题。这样，用户要做的只是根据需要选择合适的模块，然后正确连接它们，即可以轻松、有效的方式完成自己的仿真任务。

图 3-2 所示模块库浏览器窗口的树状结构图窗口中，共显示了 28 个模块库(用户在安装时可以有选择性地安装，具体模块库个数由用户安装时的选择项决定)。对于电力系统仿真而言，常用的模块库有两个：标准 SIMULINK 模块库和电力系统模块库。

3.5.1 标准 SIMULINK 模块库

如图 3.2 所示，标准 SIMULINK 模块库在树状结构图窗口中名为"Simulink"。单击 Simulink 图标，在模块窗口中展开该模块库，共含 16 个子库，分别为"常用模块库(Commonly Used Blocks)"、"连续系统模块库(Continuous)"、"非连续系统模块库(Discontinuities)"、"离散系统模块库(Discrete)"、"逻辑与位操作模块库(Logic and Bit Operations)"、"查表模块库(Look-Up Tables)"、"数学运算模块库(Math Operations)"、"模块声明库(Model Verification)"、"模块通用功能库(Model-Wide Utilities)"、"端口和子系统模块库(Ports & Subsystems)"、"信号属性模块库(Signal Attributes)"、"信号数据流模块库(Signal Routing)"、"接收器模块库(Sinks)"、"信号源模块库(Sources)"和"用户自定义函数库(User-Defined Functions)"、"附加的数学与离散函数库(Additional Math and Discrete)"。

下面简单介绍各模块子库中包含的常用模块类型及主要应用，各模块子库包含的具体模块及详细说明在附录 C 中列出。

1. 信号源模块库

"信号源模块库"提供了 20 多种常用的信号发生器，用于产生系统的激励信号，并且可以从 MATLAB 工作空间及.mat 文件中读入信号数据。该模块库包含的常用模块的名称及功能简介参见附录 C 表 C1。

2. 接收器模块库

"接收器模块库"提供了 9 种常用的显示和记录仪表，用于观察信号的波形或记录信号数据。该模块库包含的常用模块的名称及功能简介参见附录 C 表 C2。

3. 连续系统模块库

"连续系统模块库"提供了用于构建连续控制系统仿真模型的模块。该模块库包含的常用模块的名称及功能简介参见附录 C 表 C3。

4. 离散系统模块库

"离散系统模块库"的功能基本与连续系统模块库相对应，但它是对离散信号的处理。该模块库包含的模块较丰富，其中常用的模块的名称及功能简介参见附录 C 表 C4。

5. 非连续系统模块库

"非连续系统模块库"中的模块用于模拟各种非线性环节。该模块库包含的常用模块的名称及功能简介参见附录 C 表 C5。

6. 数学运算模块库

"数学运算模块库"提供了用于完成各种数学运算(包括加、减、乘、除以及复数计算、函数计算等)的模块。该模块库包含的常用模块的名称及功能简介参见附录 C 表 C6。

7. 逻辑与位操作模块库

"逻辑与位操作模块库"提供了用于完成各种逻辑与位操作(包括逻辑比较、位设置等)的模块。该模块库包含的常用模块的名称及功能简介参见附录 C 表 C7。

8. 信号数据流模块库

"信号数据流模块库"提供了用于仿真系统中信号和数据各种流向控制操作(包括合并、分离、选择、数据读、写)的模块。该模块库包含的常用模块的名称及功能简介参见附录 C 表 C8。

9. 端口和子系统模块库

"端口和子系统模块库"提供了许多按条件判断执行的使能和触发模块，还包括重要的子系统模块。该模块库包含的常用模块的名称及功能简介参见附录 C 表 C9。

10. 用户自定义函数库

"用户自定义函数库"内的模块可以在系统模型中插入 M 函数、S 函数以及自定义函数等，使系统的仿真功能更强大。该模块库包含的常用模块的名称及功能简介参见附录 C 表 C10。

11. 常用模块库

"常用模块库"将上述各模块库中最经常使用的模块放在一起，目的是为了方便用户使用。该模块库包含的模块的名称及功能简介参见附录 C 表 C11。

12. 其它模块库

还有其它几个模块库，由于应用较少，这里就不作介绍了，用户若有应用，可查看 MATLAB 帮助文档。

3.5.2　电力系统模块库

电力系统模块库是专用于 RLC 电路、电力电子电路、电机传动控制系统和电力系统仿真的模块库。该模块库中包含了各种交/直流电源、大量电气元器件和电工测量仪表以及分析工具等。利用这些模块可以模拟电力系统运行和故障的各种状态，并进行仿真和分析。

电力系统模块库在树状结构图窗口中名为 SimPowerSystems，以 SimPowerSystem 4.0 为例，展开后如图 3-40 所示，共含 7 个可用子库和 1 个废弃的相量子库。SimPowerSystems 4.0 中还含有一个功能强大的图形用户分析工具 Powergui。

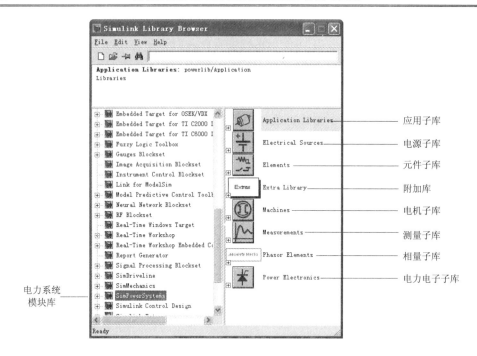

图 3-40　电力系统模块库

1. 电源子库

"电源子库"提供了 7 种电源模块，分别是单相交流电流源、单相交流电压源、单相受控电流源和单相受控电压源、直流电压源、三相可编程电压源和三相电源模块。这些模块的图标及功能简介参见附录 D 表 D1。

2. 元件子库

"元件子库"提供了 29 种常用的电气元件模块，其中有 9 种变压器模块(包括耦合电路)、7 种线路模块、5 种负荷模块、4 种断路器模块(包括避雷针模块)、1 个物理接口端子模块、1 个接地模块、1 个中性点模块和 1 个三相滤波器模块。这些模块的图标及功能简介参见附录 D 表 D2，详细使用参见第 4 章。

3. 电机子库

"电机子库"提供了 16 种常用的电机模块，其中有 2 种简化的同步电机、3 种详细的同步电机、2 种直流电机、2 种异步电机、1 个汽轮机及控制器、1 个永磁同步电机、2 种电力系统稳定器、1 个电机信号分离模块、1 个励磁系统、1 个水力和蒸汽涡轮—调速系统模型。电机参数的单位有标幺制和国际单位制两种。电机模块既可用作电动机，也可用作发电机。这些模块的图标及功能简介参见附录 D 表 D3，详细使用参见第 4 章。

4. 电力电子子库

"电力电子子库"提供了 9 种模块，分别是二极管、简化晶闸管、复杂晶闸管、GTO、理想开关、MOSFET、IGBT、通用桥式电路和三电平桥式电路。这些模块的图标及功能简介参见附录 D 表 D4，详细使用参见第 5 章。

5. 测量子库

"测量子库"中的模块有 5 种，分别是电压测量模块、电流测量模块、阻抗测量模块、三相电压电流测量模块和万用表模块。这些模块的图标及功能简介参见附录 D 表 D5。

6. 相量子库

"相量子库"已经被废弃，其中仅包含一个静止无功补偿器模块(Static Var Compensator)。

7. 应用子库

"应用子库"中又包含了 3 个子库，分别是"分布式电源子库"、"特种电机子库"和"FACTS 子库"。"分布式电源子库"中目前只含有适合于普通风能发电系统的分布式能源模型；"特种电机子库"中含有特殊的直流、交流电机模块和轴系及减速器模型；"FACTS 子库"中含有 HVDC 系统模型、基于 FACTS 的电力电子模块和特种变压器。这些模块相对而言都比较复杂，读者可以在具体应用时参看 SIMULINK 的帮助。

8. 附加子库

附加子库中包含了上述模块库中没有的其它电气元件模型，使用这些模块可以使系统的仿真功能更加强大。附加子库又包含了 7 个子模块库，其中"额外电机子库"(Additonal Machines)和"三相模块库"(Three-Phase Library)已经废弃，剩余的 5 个子模块库分别涉及控制模块、离散控制模块、离散测量模块、测量模块、相量模块等相关内容，包括 RMS 测量、有效和无功功率计算、傅里叶分析、HVDC 控制、轴系变换、三相 V-I 测量、三相脉冲和信号发生、三相序列分析、三相 PLL 和连续/离散同步 6/12 脉冲发生器等。这些模块的图标及功能简介参见附录 D 表 D6。

3.6 SIMULINK 系统仿真应用

3.6.1 一般控制系统中的仿真应用

【例 3.4】对图 3-41 所示的控制系统进行建模仿真，求系统的阶跃响应特性。

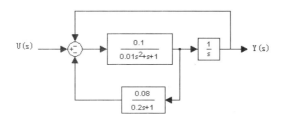

图 3-41 控制系统框图

解：(1) 选择 SIMULINK 模块库浏览器工具栏中的图标□，打开一个新的 SIMULINK 仿真平台窗口。

(2) 从 SIMULINK 模块库浏览器中寻找并拖曳相应的模块到仿真平台窗口，进行适当的排列，如图 3-42 所示。

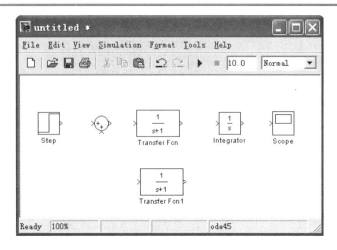

图 3-42　目标模块选取并合理排列

其中，Step 模块来自 SIMULINK 标准模块库的 Sources 子库，用以模拟阶跃输入信号；Transfer Fcn 模块来自 SIMULINK 标准模块库的 Continuous 子库，用以实现系统前向通道中包含的传递函数环节；Transfer Fcn1 模块来自 SIMULINK 标准模块库的 Continuous 子库，用以实现系统后向反馈通道中包含的传函环节；Integrator 模块来自 SIMULINK 标准模块库的 Continuous 子库，用以实现系统中包含的积分环节；Sum 模块来自 SIMULINK 标准模块库的 Math Operations 子库，用以实现系统中的反馈累加环节；Scope 模块来自 SIMULINK 标准模块库的 Sinks 子库，是用以观察输出信号的示波器。

(3) 按图 3-43 设置 Transfer Fcn 模块参数；按图 3-44 设置 Transfer Fcn1 模块参数；按图 3-45 设置 Sum 模块参数。

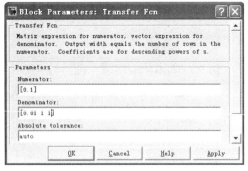

图 3-43　Transfer Fcn 模块的参数设置

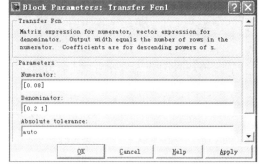

图 3-44　Transfer Fcn1 模块的参数设置

(4) 单击鼠标选中 Transfer Fcn1 模块，选择 SIMULINK 仿真平台窗口中[Format>Flip Block]菜单，将 Transfer Fcn1 模块方向进行调整，使其端子方向便于连接。

(5) 按照图 3-41 所示对各模块进行连线，结果如图 3-46 所示。

(6) 将仿真停止时间由默认的 10.0 改为 50.0，再点击 SIMULINK 仿真平台窗口中的工具图标 ▶，进行系统仿真。

仿真结束后，双击 Scope 模型，弹出示波器窗口，观察系统的阶跃响应曲线，如图 3-47 所示。

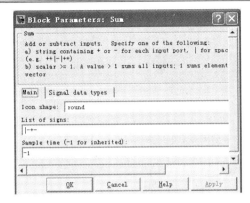

图 3-45   Sum 模块的参数设置

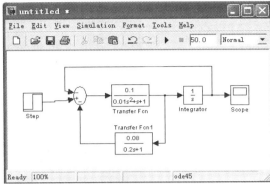

图 3-46   连线完成后的仿真平台窗口

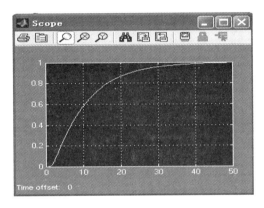

图 3-47   系统的阶跃响应曲线

【例 3.5】设某一用传递函数表示的直流电机拖动系统已经通过 SIMULINK 工具完成建模。要求对该系统进行仿真分析，并提出改进意见。

解：(1) 按图 3-48 进行系统建模。

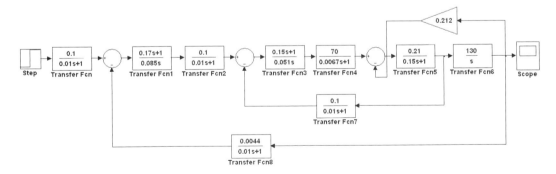

图 3-48   直流电机拖动系统的 SIMULINK 仿真模型

(2) 开始仿真。仿真结束后，双击示波器模块，观察该直流电机拖动系统的阶跃响应特性，如图 3-49 所示。

(3) 分析波形。从响应曲线看，效果不理想，超调量过大，并且调整时间过长。

(4) 调试波形。将外环的 PI 控制器参数调整为 $(\alpha s + 1)/0.085s$ 并分别选择 $\alpha = 0.17, 0.5,$
1, 1.5 进行仿真，对应的阶跃响应曲线如图 3-50 所示。

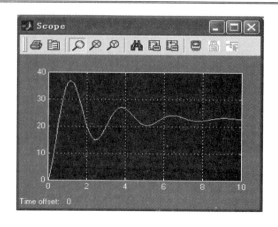

图 3-49　直流电机拖动系统阶跃响应曲线

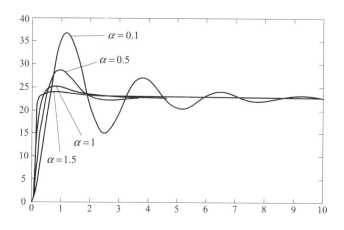

图 3-50　控制器不同参数下对应的阶跃响应曲线

(5) 结论：可见，当 $\alpha = 1.5$ 时，该直流电机拖动系统的阶跃响应曲线超调量很小，调整时间较短，具有良好的控制效果，建议采用。

3.6.2　简单电路系统中的仿真应用

【例 3.6】某一直流 RC 电路结构及参数如图 3-51 所示，将电容电压的暂态过程作为研究对象，求解当开关闭合后电容电压和线路电流的变化规律。

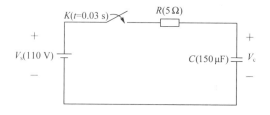

图 3-51　直流 RC 电路结构及参数

解：(1) 选择 SIMULINK 模块库浏览器工具栏中的图标□，打开一个新的 SIMULINK 仿真平台窗口。

(2) 从 SimPowerSystems 模块库和 SIMULINK 模块库中选择并添加相应的模块到 SIMULINK 仿真平台窗口，并进行适当的排列，如图 3-52 所示。

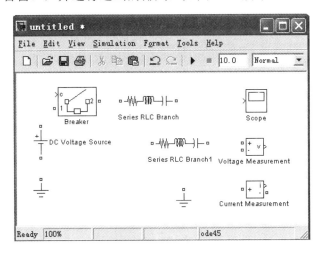

图 3-52　目标模块选取完成后的仿真平台窗口

其中，DC Voltage Source 模块来自电力系统模块库的 Electrical Sources 子库，用以模拟直流电压源；Breaker 模块来自电力系统模块库的 Elements 子库，用以模拟断路器；Series RLC Branch 模块来自电力系统模块库的 Elements 子库，用以模拟电阻元件；Series RLC Branch1 模块来自电力系统模块库的 Elements 子库，用以模拟电感元件；3 个 Ground 模块来自电力系统模块库的 Elements 子库，用以模拟接地；Voltage Measurement 模块来自电力系统模块库的 Measurement 子库，用以模拟电压表；Current Measurement 模块来自电力系统模块库的 Measurement 子库，用以模拟电流表；Scope 模块来自 SIMULINK 标准模块库的 Sinks 库，是用以观察电压和电流波形的示波器。

(3) 按图 3-53 设置 DC Voltage Source 模块参数；按图 3-54 设置 Breaker 模块参数；按图 3-55 设置 Series RLC Branch 模块参数；按图 3-56 设置 Series RLC Branch1 模块参数。

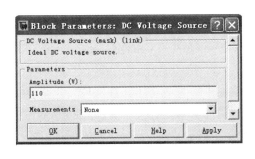

图 3-53　DC Voltage Source 模块的参数设置

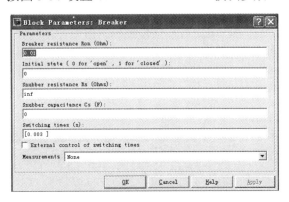

图 3-54　Breaker 模块的参数设置

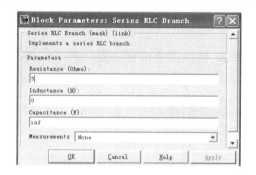

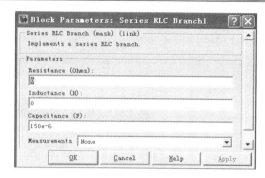

图 3-55　Series RLC Branch 模块的参数设置　　　图 3-56　Series RLC Branch1 模块的参数设置

双击 Scope 模块，进入示波器界面，点击示波器工具栏中的图标📇，进入示波器参数对话框，如图 3-57 所示。调整示波器轴数为 2(因为要同时显示电压和电流两路信号的波形)，调整后示波器界面如图 3-58 所示。

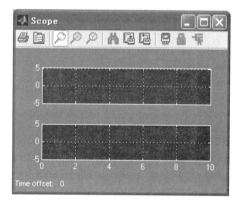

图 3-57　示波器参数对话框　　　　　　图 3-58　调整后示波器界面

(4) 单击鼠标选中 Series RLC Branch1 模块，选择 SIMULINK 仿真平台窗口[Format>Rotate Block]菜单，将 Series RLC Branch1 模块方向进行调整，使之由横向放置变为竖向放置，便于连接。

(5) 修改各模块标签。由于各模块的默认标签具有文字太长、意义不清、关键信息不能体现等缺点，因此需要进行调整。调整的方法是用鼠标单击模块标签，鼠标光标即可进入标签栏中，用户可直接修改标签内容。系统中各模块调整后的标签如图 3-59 所示。

(6) 按照图 3-51 所示电路结构对各模块进行连线，结果如图 3-59 所示。测量模块的连接需注意：Current Measurement 模块必须串联在目标对象的回路中，Voltage Measurement模块必须并联在目标对象的回路中，Current Measurement 模块和 Voltage Measurement 模块的输出送入 Scope 模块进行波形显示。

(7) 设置仿真参数。选择 SIMULINK 仿真平台窗口[Simulation>Configuration Parameters]菜单，弹出仿真参数对话框，如图 3-60 所示。将仿真停止时间由默认的 10.0 改为 0.01(因为要观察暂态过程)，将仿真算法 "Solver" 项由默认的 ode45 改选为 ode23tb(因为在包含断路器等非线性元件的模型中，ode23tb 解法更优)。

(8) 点击 SIMULINK 仿真平台窗口中的工具图标▸，进行系统仿真。仿真结束后，双击 Scope 模块，弹出示波器窗口，观察电路中开关闭合前后，加载在电容上的电压和线路电流变化规律，如图 3-61 所示。

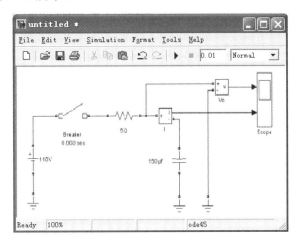

图 3-59　连线完成后的系统仿真模型

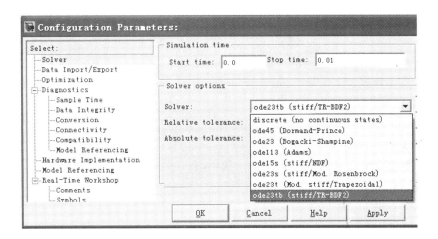

图 3-60　仿真参数对话框

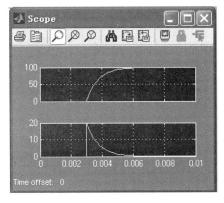

图 3-61　电容上的电压和线路电流变化规律

可见，当断路器在 0.003 s 时刻闭合后，加载在电容上的电压 V_c 幅值非线性递增。递增速度先快后慢，在 0.004 s 时刻达到 80 V，在大约 0.007 s 时刻基本达到稳定状态，稳态值为 110 V。电流在 0.003 s 时刻突变至最大，非线性递减，在大约 0.007 s 时刻基本为零。

至此，该电路的建模仿真工作结束。可见，仿真所得波形反映了电路中电容电压的变化规律，和理论分析的结果一致。

习　题

3-1　新建一个 SIMULINK 的模型文件，试建立并调试一个模型，实现在一个示波器中同时观察正弦波信号和方波信号。

3-2　已知摄氏温度和华氏温度之间的转换关系如下：

$$T_F = (9/5)T_C + 32$$

试利用 SIMULINK 建模并仿真该式输入量和输出量间的关系。

3-3　给定微分方程：

$$x'(t) = -2x(t) + u(t)$$

其中，$u(t)$ 是幅度为 1、频率为 1 rad/s 的方波信号。试利用 SIMULINK 建模仿真，用示波器显示该式中状态变量 $x(t)$ 的信号波形。

3-4　某一电力系统信号包含四种类型的信号分量，分别是：

(1) 基频正弦分量 $y_1 = 10 \sin(2\pi f_1 t)$，其中 $f_1 = 50$ Hz；

(2) 3 次谐波分量 $y_2 = 2 \sin(2\pi f_2 t + \varphi)$，其中 $f_2 = 150$ Hz，$\varphi = 0.25\pi$；

(3) 直流分量 $y_3 = 2$；

(4) 随机扰动分量。

试利用 SIMULINK 建模仿真，并在同一示波器中观察四种类型信号分量及它们叠加信号的波形。

3-5　已知某控制系统的传递函数如题 3-5 图所示。试利用 SIMULINK 建模仿真，并用示波器显示该系统的阶跃响应曲线。(注：系统中 $e^{-0.4\,s}$ 环节表示的是控制中的延时环节，可用 SIMULINK 的连续系统模块库中的 "Transport Delay" 模块表示)

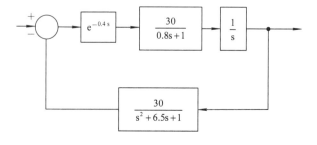

题 3-5 图

3-6　控制系统框图如题 3-6 图所示。

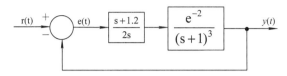

题 3-6 图

求：

(1) 观察系统的阶跃响应特性曲线；

(2) 获取某个信号的 ISE(Integral of Squared Error)时域指标。该指标定义为

$$g(e) = \int_0^t e^2(\tau) d\tau$$

3-7　已知某控制系统的传递函数如题 3-7 图所示。

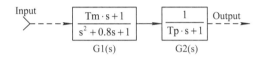

题 3-7 图

试利用 SIMULINK 建模，并实现以下功能：

(1) 将已建模型转化为一个名为"mysys"的子系统；

(2) 将已建子系统进行适当的封装；

(3) 封装完毕后双击子系统图标，在弹出的属性设置窗口中对变量进行赋值(Tm = 0.5，Tp = 1)，并在模型中加入源模块和显示模块，观察系统的阶跃响应曲线。

3-8　工程应用中的 PID 控制器模块的标准数学模型为

$$U(s) = K_p\left(1 + \frac{1}{T_i \cdot s} + \frac{T_d \cdot s}{T_d / N \cdot s + 1}\right)E(s)$$

其中，采用一阶环节来近似纯微分动作，一般选 N≥10。试利用 SIMULINK 建立该 PID 控制器模块的子系统模型，并进行封装，使用户双击封装模块后，可在弹出的属性设置页中设置 PID 控制器的各个参数(包括 K_p、T_i、T_d 和 N)。

3-9　考虑题 3-9 图所示的感应电机的等效电路，输入的交流电压源为 220 V、50 Hz，其它参数值为 $R_1 = 0.428\ \Omega$，$L_1 = L_2 = 1.926\ \text{mH}$，$R_2 = 1.551\ \Omega$，$R_3 = 1.803\ \Omega$，$L_3 = 31.2\ \text{mH}$。试利用 SIMULINK 和 SimPowerSystems 库进行建模与仿真，观察电阻 R_3 两端的电压变化情况。

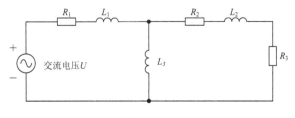

题 3-9 图

第 4 章　电力系统主要元件等效模型

在进行电力系统仿真计算和分析时，首先需要了解构成电力系统的各元件的等效模型。本章将重点讨论同步发电机、电力变压器、输电线路和负荷的等效模型。

4.1　同步发电机模型

4.1.1　同步发电机等效电路

SimPowerSystems 中同步发电机模型考虑了定子、励磁和阻尼绕组的动态行为，经过 Park 变换后的等值电路如图 4-1 所示。

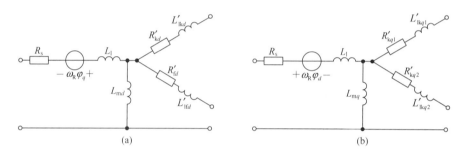

图 4-1　同步发电机等效电路图

(a) d 轴等效电路；(b) q 轴等效电路

该等值电路中，所有参数均归算到定子侧，各变量下标的含义如表 4-1 所示。

表 4-1　同步发电机各变量下标的含义

下　标	含　义
d、q	d 轴和 q 轴分量
r、s	转子和定子分量
l、m	漏感和励磁电感分量
f、k	励磁和阻尼绕组分量

因此，图 4-1 中，R_s、L_l 为定子绕组的电阻和漏感，R'_{fd}、L'_{lfd} 为励磁绕组的电阻和漏感，R'_{kd}、L'_{lkd} 为 d 轴阻尼绕组的电阻和漏感，R'_{kq1}、L'_{lkq1} 为 q 轴阻尼绕组的电阻和漏感，R'_{kq2}、L'_{lkq2} 为考虑转子棒和大电机深处转子棒的涡流或者小电机中双鼠笼转子时 q 轴阻尼绕组的电阻和漏感，L_{md} 和 L_{mq} 为 d 轴和 q 轴励磁电感，$\omega_R\varphi_q$ 和 $\omega_R\varphi_d$ 为 d 轴和 q 轴的发电机电势。

4.1.2　简化同步电机模块

简化同步电机模块忽略电枢反应电感、励磁和阻尼绕组的漏感，仅由理想电压源串联 RL 线路构成，其中 R 值和 L 值为电机的内部阻抗。

SimPowerSystems 库中提供了两种简化同步电机模块，其图标如图 4-2 所示。图 4-2(a) 为标幺制单位(p.u.)下的简化同步电机模块，图 4-2(b)为国际单位制(SI)下的简化同步电机模块。简化同步电机的两种模块本质上是一致的，唯一的不同在于参数所选用的单位。

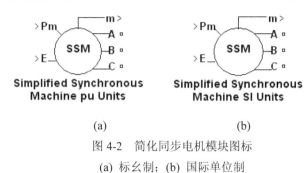

图 4-2　简化同步电机模块图标

(a) 标幺制；(b) 国际单位制

简化同步电机模块有 2 个输入端子，1 个输出端子和 3 个电气连接端子。

模块的第 1 个输入端子(Pm)输入电机的机械功率，可以是常数，或者是水轮机和调节器模块的输出。

模块的第 2 个输入端子(E)为电机内部电压源的电压，可以是常数，也可以直接与电压调节器的输出相连。

> **注意：**
>
> 如果模型为 SI 型，则输入的机械功率和内电压的单位为 W 和 V(相电压有效值)；如果使用 p.u.型，则输入为标幺值。

模块的 3 个电气连接端子(A，B，C)为定子输出电压。输出端子(m)输出一系列电机的内部信号，共由 12 路信号组成，如表 4-2 所示。

表 4-2　简化同步电机输出信号

输出	符　号	端　口	定　　义	单　　位
1～3	i_{sa}, i_{sb}, i_{sc}	is_abc	流出电机的定子三相电流	A 或者 p.u.
4～6	V_a, V_b, V_c	vs_abc	定子三相输出电压	V 或者 p.u.
7～9	E_a, E_b, E_c	e_abc	电机内部电源电压	V 或者 p.u.
10	θ	Thetam	机械角度	rad
11	ω_N	wm	转子转速	rad/s 或者 p.u.
12	P_e	Pe	电磁功率	W

通过电机测量信号分离器(Machines Measurement Demux)模块可以将输出端子 m 中的各路信号分离出来，典型接线如图 4-3 所示。

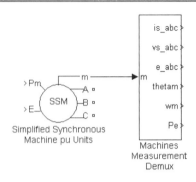

图 4-3　简化同步电机输出信号分离接线

双击简化同步电机模块，将弹出该模块的参数对话框，如图 4-4 所示。

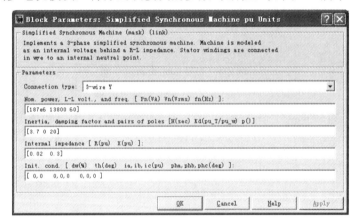

图 4-4　简化同步电机模块参数对话框

在该对话框中含有如下参数：

(1) "连接类型"(Connection type)下拉框：定义电机的连接类型，分为 3 线 Y 型连接和 4 线 Y 型连接(即中线可见)两种。

(2) "额定参数"(Nom. power, L-L volt.，and freq.)文本框：三相额定视在功率 P_n(单位：VA)、额定线电压有效值 V_n(单位：V)、额定频率 f_n(单位：Hz)。

(3) "机械参数"(Inertia, damping factor and pairs of poles)文本框：转动惯量 J(单位：kg·m^2)或惯性时间常数 H(单位：s)、阻尼系数 K_d(单位：转矩的标幺值/转速的标幺值)和极对数 p。

(4) "内部阻抗"(Internal impedance)文本框：单相电阻 R(单位：Ω 或 p.u.)和电感 L(单位：H 或 p.u.)。R 和 L 为电机内部阻抗，设置时允许 R 等于 0，但 L 必须大于 0。

(5) "初始条件"(Init. cond.)文本框：初始角速度偏移 $\Delta\omega$(单位：%)，转子初始角位移 θ_e(单位：°)，线电流幅值 i_a、i_b、i_c(单位：A 或 p.u.)，相角 ph_a、ph_b、ph_c(单位：°)。初始条件可以由 Powergui 模块自动获取(见 5.1 节)。

【例 4.1】额定值为 50 MVA、10.5 kV 的两对极隐极同步发电机与 10.5 kV 无穷大系统相连。隐极机的电阻 $R = 0.005$ p.u.，电感 $L = 0.9$ p.u.，发电机供给的电磁功率为 0.8 p.u.。求稳态运行时的发电机的转速、功率角和电磁功率。

解: (1) 理论分析。由已知，得稳态运行时发电机的转速 n 为

$$n = \frac{60f}{p} = 1500 \text{ r/min} \tag{4-1}$$

其中，f 为系统频率，按我国标准取为 50 Hz；p 为隐极机的极对数，此处为 2。

电磁功率 $P_e = 0.8$ p.u.，功率角 δ 为

$$\delta = \arcsin \frac{P_e X}{EV} = \arcsin \frac{0.8 \times 0.9}{1 \times 1} = 46.05° \tag{4-2}$$

其中，V 为无穷大系统母线电压；E 为发电机电势；X 为隐极机电抗。

(2) 按图 4-5 搭建仿真电路图，选用的各模块的名称及提取路径见表 4-3。

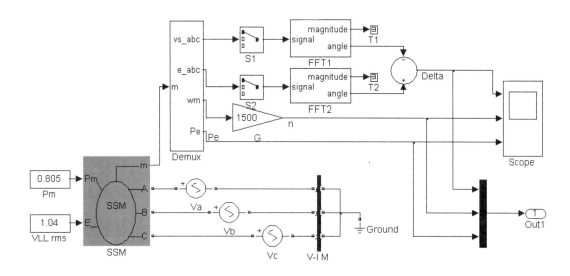

图 4-5　例 4.1 的仿真电路图

表 4-3　例 4.1 仿真电路模块的名称及提取路径

模 块 名	提 取 路 径
简化同步电机 SSM	SimPowerSystems/Machines
交流电压源 Va、Vb、Vc	SimPowerSystems/Electrical Sources
三相电压电流测量表 V-I M	SimPowerSystems/Measurements
电机测量信号分离器 Demux	SimPowerSystems/Machines
Fourier 分析模块 FFT1、FFT2	SimPowerSystems/Extra Library/Measurements
接地模块 Ground	SimPowerSystems/Elements
常数模块 Pm、VLLrms	Simulink/Sources
选择器模块 S1、S2	Simulink/Signal Routing
增益模块 G	Simulink/Commonly Used Blocks
信号终结模块 T1、T2	Simulink/Sinks
求和模块 Sum	Simulink/Math Operations
示波器 Scope	Simulink/Sinks

(3) 设置模块参数和仿真参数。双击简化同步电机模块，设置电机参数如图 4-6 所示。

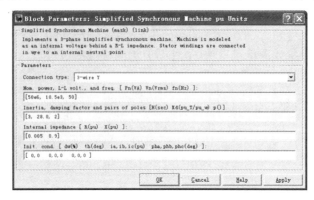

图 4-6　例 4.1 的同步电机参数设置

在常数模块 Pm 的对话框中输入 0.805，在常数模块 VLLrms 的对话框中输入 1.04(由 Powergui 计算得到的初始参数)。电机测量信号分离器分离第 4～9、11、12 路信号。选择器模块均选择 a 相参数通过。由于电机模块输出的转速为标幺值，因此使用了一个增益模块将标幺值表示的转速转换为有各单位 r/min 表示的转速，增益系数为

$$K = \frac{60f}{p} = \frac{60 \times 50}{2} = 1500 \tag{4-3}$$

两个 Fourier 分析模块均提取 50 Hz 的基频分量。

交流电压源 V_a、V_b 和 V_c 为频率是 50 Hz、幅值是 $10.5 \times \sqrt{2}/\sqrt{3}$ kV、相角相差 120°的正序三相电压。三相电压电流测量模块仅用作电路连接，因此内部无需选择任何变量。打开菜单[Simulation>Configuration Parameters]，在图 4-7 的"算法选择"(Solver options)窗口中选择"变步长"(variable-step)和"刚性积分算法(ode15s)"。

图 4-7　例 4.1 的系统仿真参数设置

(4) 仿真及结果。开始仿真，观察电机的转速、功率和转子角，波形如图 4-8 所示。

仿真开始时，发电机输出的电磁功率由 0 逐步增大，机械功率大于电磁功率。发电机在加速性过剩功率的作用下，转速迅速增大，随着功角 δ 的增大，发电机的电磁功率也增大，使得过剩功率减小。当 $t = 0.18$ s 时，在阻尼作用下，过剩功率成为减速性功率，转子转速

开始下降，但转速仍然大于 1500 r/min，因此功角 δ 继续增大，直到转速小于 1500 r/min 后 ($t = 0.5$ s)，功角开始减小，电磁功率也减小。$t = 1.5$ s 后，在电机的阻尼作用下，转速稳定在 1500 r/min，功率稳定在 0.8 p.u.，功角为 44°。仿真结果与理论计算一致。

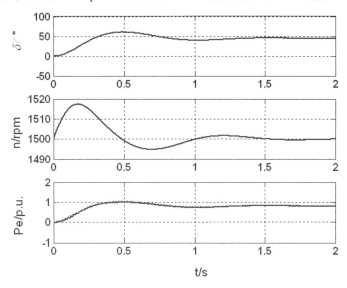

图 4-8　例 4.1 的仿真波形图

4.1.3　同步电机模块

SimPowerSystems 库中提供了三种同步电机模块，用于对三相隐极和凸极同步电机进行动态建模，其图标如图 4-9 所示。图 4-9(a)为标幺制(p.u.)下的基本同步电机模块，图 4-9(b)为标幺制(p.u.)下的标准同步电机模块，图 4-9(c)为国际单位制(SI)下的基本同步电机模块。

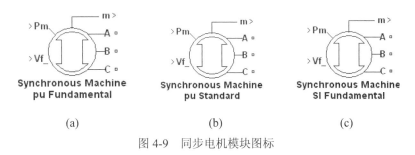

图 4-9　同步电机模块图标

(a) p.u.基本同步电机；(b) p.u.标准同步电机；(c) SI 基本同步电机

同步电机模块有 2 个输入端子、1 个输出端子和 3 个电气连接端子。

模块的第 1 个输入端子(Pm)为电机的机械功率。当机械功率为正时，表示同步电机运行方式为发电机模式；当机械功率为负时，表示同步电机运行方式为电动机模式。在发电机模式下，输入可以是一个正的常数，也可以是一个函数或者是原动机模块的输出；在电动机模式下，输入通常是一个负的常数或者函数。

模块的第 2 个输入端子(Vf)是励磁电压，在发电机模式下可以由励磁模块提供，在电动机模式下为一常数。

模块的 3 个电气连接端子(A,B,C)为定子电压输出。输出端子(m)输出一系列电机的内部信号，共由 22 路信号组成，如表 4-4 所示。

表 4-4　同步电机输出信号

输出	符　号	端　口	定　义	单　位
1～3	i_{sa}，i_{sb}，i_{sc}	is_abc	定子三相电流	A 或者 p.u.
4～5	i_{sq}，i_{sd}	is_qd	q 轴和 d 轴定子电流	A 或者 p.u.
6～9	i_{fd}，i_{kq1}，i_{kq2}，i_{kd}	ik_qd	励磁电流、q 轴和 d 轴阻尼绕组电流	A 或者 p.u.
10～11	φ_{mq}，φ_{md}	phim_qd	q 轴和 d 轴磁通量	Vs 或者 p.u.
12～13	V_q，V_d	vs_qd	q 轴和 d 轴定子电压	V 或者 p.u.
14	$\Delta\theta$	d_theta	转子角偏移量	rad
15	ω_m	wm	转子角速度	rad/s
16	P_e	Pe	电磁功率	VA 或者 p.u.
17	$\Delta\omega$	dw	转子角速度偏移	rad/s
18	θ	theta	转子机械角	rad
19	T_e	Te	电磁转矩	N·m 或者 p.u.
20	δ	Delta	功率角	N·m 或者 p.u
21，22	P_{eo}，Q_{eo}	Peo, Qeo	输出有功和无功功率	rad

通过"电机测量信号分离器"(Machines Measurement Demux)模块可以将输出端子 m 中的各路信号分离出来，典型接线如图 4-10 所示。

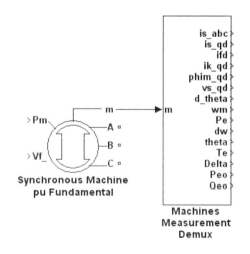

图 4-10　同步电机输出信号分离接线

同步电机输入和输出参数的单位与选用的同步电机模块有关。如果选用 SI 制下的同步电机模块，则输入和输出为国际单位制下的有名值(除了转子角速度偏移量 $\Delta\omega$ 以标幺值、转子角位移 θ 以弧度表示外)。如果选用 p.u. 制下的同步电机模块，输入和输出为标幺值。

双击同步电机模块，将弹出该模块的参数对话框，下面将对其一一进行说明。

1. SI 基本同步电机模块

SI 基本同步电机模块的参数对话框如图 4-11 所示。

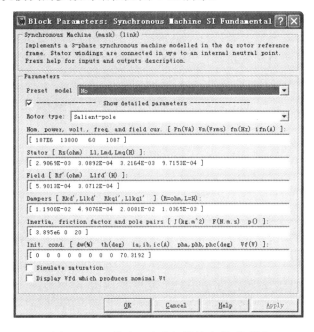

图 4-11　SI 基本同步电机模块参数对话框

在该对话框中含有如下参数：

(1) "预设模型"(Preset model)下拉框：选择系统设置的内部模型后，同步电机自动获取各项数据，如果不想使用系统给定的参数，请选择"No"。

(2) "显示详细参数"(Show detailed parameters)复选框：点击该复选框，可以浏览并修改电机参数。

(3) "绕组类型"(Rotor type)下拉框：定义电机的类型，分为隐极式(round)和凸极式(salient-pole)两种。

(4) "额定参数"(Nom. power, volt., freq. and field cur.)文本框：三相额定视在功率 P_n(单位：VA)、额定线电压有效值 V_n(单位：V)、额定频率 f_n(单位：Hz)和额定励磁电流 i_{fn}(单位：A)。

(5) "定子参数"(Stator)文本框：定子电阻 R_s(单位：Ω)，漏感 L_l(单位：H)，d 轴电枢反应电感 L_{md}(单位：H)和 q 轴电枢反应电感 L_{mq} (单位：H)。

(6) "励磁参数"(Field)文本框：励磁电阻 R'_f (单位：Ω)和励磁漏感 L'_{lfd} (单位：H)。

(7) "阻尼绕组参数"(Dampers)文本框：d 轴阻尼电阻 R'_{kd}(单位：Ω)，d 轴漏感 L'_{lfd} (单位：H)，q 轴阻尼电阻 R'_{kq1}(单位：Ω)和 q 轴漏感 L'_{lkq1} (单位：H)，对于实心转子，还需要输入反映大电机深处转子棒涡流损耗的阻尼电阻 R'_{kq2} (单位：Ω)和漏感 L'_{lkq2} (单位：H)。

(8) "机械参数"(Inertia, friction factor and pole pairs)文本框：转矩 J (单位：kg·m²)、衰减系数 F (单位：N·m·s/rad)和极对数 p。

(9) "初始条件"(Init. cond.)文本框：初始角速度偏移 $\Delta\omega$(单位：%)，转子初始角位移 th(单位：°)，线电流幅值 i_a、i_b、i_c(单位：A)，相角 pha、phb、phc(单位：°)和初始励磁电

压 V_f(单位：V)。

> **注意：**
>
> 　　可以用两种方法来设置励磁电压的初始值。若已知额定励磁电流，则可直接输入从转子侧看入的直流励磁电压。否则，可以用以下方法确定归算到定子侧的励磁电压值：
>
> 　　选中复选框"显示与额定输出电压 Vt 对应的励磁电压 Vfd"(Display Vfd which produces a nominal Vt)，将弹出提示框
>
>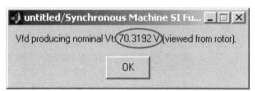
>
> 　　其中的 70.3192 V 即为从转子侧看入的初始励磁电压。

　　(10)"饱和仿真"(Simulate saturation)复选框：设置定子和转子铁芯是否饱和。若需要考虑定子和转子的饱和情况，则选中该复选框，在该复选框下将出现图 4-12 所示的文本框。

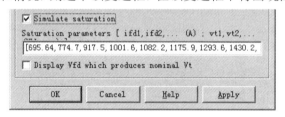

图 4-12　SI 基本同步电机模块饱和仿真复选框窗口

　　要求在该文本框中输入代表空载饱和特性的矩阵。先输入饱和后的励磁电流值，再输入饱和后的定子输出电压值，相邻两个电流/电压值之间用空格或","分隔，电流和电压值之间用"；"分隔。

　　例如，输入矩阵[695.64, 774.7, 917.5, 1001.6, 1082.2, 1175.9, 1293.6, 1430.2, 1583.7 ；9660, 10623, 12243, 13063, 13757, 14437, 15180, 15890, 16567]，将得到如图 4-13 所示的饱和特性曲线，曲线上的"*"点对应输入框中的一对[i_{fd}, V_t]。

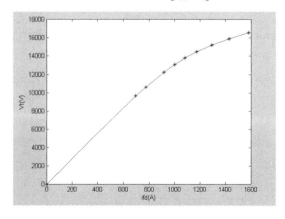

图 4-13　饱和特性曲线

2. p.u. 基本同步电机模块

p.u. 基本同步电机模块的参数对话框如图 4-14 所示。

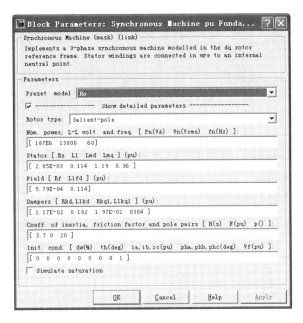

图 4-14　p.u. 基本同步电机模块参数对话框

该对话框结构与 SI 基本同步电机模块的对话框结构相似，不同之处有：

(1) "额定参数"(Nom. power, L-L volt., and freq.)文本框：与 SI 基本同步电机模块相比，该项内容中不含励磁电流。

(2) "定子参数"(Stator)文本框：与 SI 基本同步电机模块相比，该项参数为归算到定子侧的标幺值。

(3) "励磁参数"(Field)：与 SI 基本同步电机模块相比，该项参数为归算到定子侧的标幺值。

(4) "阻尼绕组参数"(Dampers)文本框：与 SI 基本同步电机模块相比，该项参数为归算到定子侧的标幺值。

(5) "机械参数"(Coeff. of inertia, friction factor and pole pairs)文本框：惯性时间常数 H(单位：s)、衰减系数 F(单位：p.u.)和极对数 p。

(6) "饱和仿真"(Simulate saturation)复选框：与 SI 基本同步电机模块类似，其中的励磁电流和定子输出电压均为标幺值；电压的基准值为额定线电压有效值；电流的基准值为额定励磁电流。

例如，对有名值：

i_{fn} = 1087 A；V_n = 13800 V；

i_{fd} = [695.64, 774.7, 917.5, 1001.6, 1082.2, 1175.9, 1293.6, 1430.2, 1583.7] A；

V_t = [9660, 10623, 12243, 13063, 13757, 14437, 15180, 15890, 16567] V。

变换后，有标幺值：

i_{fd*}=[0.6397, 0.7127, 0.8441, 0.9214, 0.9956, 1.082, 1.19, 1.316, 1.457]；

V_{t*} = [0.7, 0.7698, 0.8872, 0.9466, 0.9969, 1.046, 1.1, 1.151, 1.201]。

注意：

p.u.基本同步电机模块与 SI 基本同步电机模块的主要区别在于输入数据的单位，SI 基本同步电机模块输入的大部分参数为有名值，而 p.u. 基本同步电机模块要求输入标幺值。

3. p.u. 标准同步电机模块

p.u. 标准同步电机模块的参数对话框如图 4-15 所示。

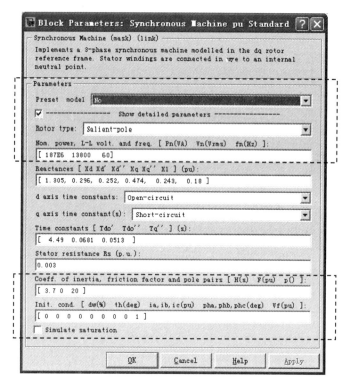

图 4-15　p.u. 标准同步电机模块参数对话框

在该对话框中，"预设模型"(Preset model)下拉框、"显示详细参数"(Show detailed parameters)复选框、"绕组类型"(Rotor type)下拉框、"额定参数"(Nom. power, L-L volt., and freq.)文本框、"机械参数"(Coeff. of inertia, friction factor and pole pairs)文本框、"初始条件"(Init. cond.)文本框、"饱和仿真"(Simulate saturation)复选框中的参数与 p.u. 基本同步电机相同(图 4-15 中虚线部分)。

除此之外，还含有如下参数：

(1) "电抗"(Reactances)文本框：d 轴同步电抗 X_d、暂态电抗 X_d'、次暂态电抗 X_d''，q 轴同步电抗 X_q、暂态电抗 X_q'(对于实心转子)、次暂态电抗 X_q''，漏抗 X_1，所有的参数均为标幺值。

(2) "直轴和交轴时间常数"(d axis time constants, q axis time constant)下拉框：定义 d 轴和 q 轴的时间常数类型，分为开路和短路两种。

(3)　"时间常数"(Time constants)文本框：d 轴和 q 轴的时间常数(单位：s)，包括 d 轴开路暂态时间常数(T'_{do})/短路暂态时间常数(T'_d)，d 轴开路次暂态时间常数(T''_{do})/短路次暂态时间常数(T''_d)，q 轴开路暂态时间常数(T'_{qo})/短路暂态时间常数(T'_q)，q 轴开路次暂态时间常数(T''_{qo})/短路次暂态时间常数(T''_q)，这些时间常数和时间常数列表框中的定义必须一致。

(4)　"定子电阻"(Stator resistance)文本框：定子电阻 R_s(单位：p.u.)。

注意：

以上参数中，初始值可以通过 Powergui 模块的潮流计算得到。其它参数大部分都是电机出厂时提供的规格参数。例如，对于型号为 QFS-50-2 的双水内冷 2 极汽轮发电机，出厂时提供的参数有：

额定容量(MW)		50
额定电压(kV)		10.5
额定功率因数($\cos\varphi$)		0.8
电抗(标幺值)	X_d	2.140
	X'_d	0.393
	X''_d	0.195
	X_2	0.238
定子电阻(Ω)		3.01×10^{-3}
时间常数(s)	T'_d	4.22
	T''_{do}	0.2089
$GD^2(\text{t}\cdot\text{m}^2)$	发电机	5.70
	汽轮机	8.74

一般手册上只给出反映电机转动部分质量和尺寸的 GD^2 值，对于 p.u. 同步电机模型，可以用下式计算惯性时间常数 H：

$$\{H\}_s = \frac{2.74\{GD^2\}_{\text{t}\cdot\text{m}^2}\{n^2\}_{(\text{r/min})^2}}{\{S_N\}_{\text{kVA}}}\times10^{-3}$$

【例 4.2】 额定值为 50 MVA、10.5 kV 的有阻尼绕组同步发电机与 10.5 kV 无穷大系统相连。发电机定子侧参数为 $R_s = 0.003$，$L_1 = 0.19837$，$L_{md} = 0.91763$，$L_{mq} = 0.21763$；转子侧参数为 $R_f = 0.00064$，$L_{1fd} = 0.16537$；阻尼绕组参数为 $R_{kd} = 0.00465$，$L_{1kd} = 0.0392$，$R_{kq1} = 0.00684$，$L_{1kq1} = 0.01454$。各参数均为标幺值，极对数 $p = 32$。稳态运行时，发电机供给的电磁功率由 0.8 p.u. 变为 0.6 p.u.，求发电机转速、功率角和电磁功率的变化。

解：(1)　理论分析。由已知，稳态运行时发电机的转速为

$$n = \frac{60f}{p} = 93.75 \quad \text{r/min} \tag{4-4}$$

利用凸极式发电机的功率特性方程

$$P_e = \frac{E_q V}{x_{d\Sigma}}\sin\delta + \frac{V^2}{2}\frac{x_{d\Sigma} - x_{q\Sigma}}{x_{d\Sigma}x_{q\Sigma}}\sin 2\delta \tag{4-5}$$

做近似估算。其中凸极式发电机电势 $E_q = 1.233$，无穷大母线电压 $V = 1$，系统纵轴总电抗 $x_{d\Sigma} = L_1 + L_{md} = 1.116$，系统横轴总电抗 $x_{q\Sigma} = L_1 + L_{mq} = 0.416$。

电磁功率为 $P_e = 0.8 \mathrm{p.u.}$ 时，通过功率特性方程计算得到功率角 δ 为

$$\delta = 18.35° \tag{4-6}$$

当电磁功率变为 $0.6 \mathrm{p.u.}$ 并重新进入稳态后，计算得到功率角 δ 为

$$\delta = 13.46° \tag{4-7}$$

(2) 按图 4-16 搭建仿真电路图，选用的各模块的名称及提取路径见表 4-5。

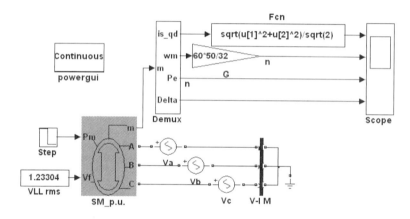

图 4-16　例 4.2 的仿真电路图

表 4-5　例 4.2 仿真电路模块的名称及提取路径

模 块 名	提 取 路 径
标幺制下的基本同步电机 SM_p.u.	SimPowerSystems/Machines
交流电压源 Va、Vb、Vc	SimPowerSystems/Electrical Sources
三相电压电流测量表 V-I M	SimPowerSystems/Measurements
电机测量信号分离器 Demux	SimPowerSystems/Machines
接地模块 Ground	SimPowerSystems/Elements
电力系统图形用户界面 powergui	SimPowerSystems
常数模块 VLLrms	Simulink/Sources
阶跃函数模块 Step	Simulink/Sources
增益模块 G	Simulink/Commonly Used Blocks
自定义函数模块 Fcn	Simulink/User-Defined Function
示波器 Scope	Simulink/Sinks

(3) 设置模块参数和仿真参数。双击同步电机模块，设置电机参数如图 4-17。图中，初

始条件是通过 Powergui 模块自动设置的，读者不妨直接将这些参数输入。关于 Powergui 的详细内容参见 5.1 节。

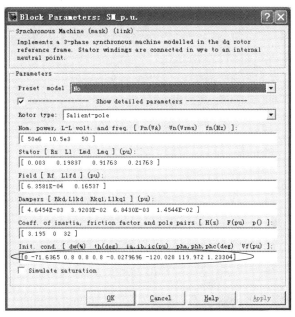

图 4-17　例 4.2 的同步电机参数设置

在常数模块 VLLrms 的对话框中输入 1.23304(由 Powergui 计算得到的初始参数)。将阶跃函数模块的初始值设为 0.8，然后在 0.6 s 时刻变为 0.6。电机测量信号分离器分离第 4、5、15、16、20 路信号。由于电机模块输出的转速为标幺值，因此使用了一个增益模块将标幺值表示的转速转换为有名单位 r/min 表示的转速，增益系数为

$$K = \frac{60f}{p} = \frac{60 \times 50}{32} = 93.75$$

交流电压源 V_a、V_b 和 V_c 为频率是 50 Hz、幅值是 $10.5 \times \sqrt{2} / \sqrt{3}$ kV、相角相差 120°的正序三相电压。三相电压电流测量表模块仅用作电路连接，因此内部无需选择任何变量。

打开菜单[Simulation>Configuration Parameters]，在图 4-18 的"算法选择"(Solver options)窗口中选择"变步长"(Variable-step)和"刚性积分算法(ode15s)"。

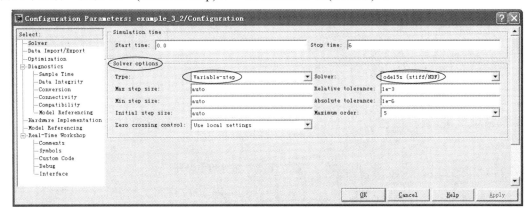

图 4-18　例 4.2 的系统仿真参数设置

(4) 仿真及结果。开始仿真，观察电机的转速、功率和转子角，波形如图 4-19 所示。

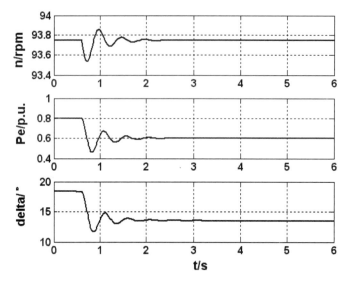

图 4-19　例 4.2 的仿真波形图

仿真开始时，发电机处于稳定状态，转速为 93.75 r/min，功率为 0.8 p.u.，功角为 18.35°。 $t = 0.6$ s 时，发电机上的机械功率忽然降到 0.6 p.u.，使得电磁功率瞬时大于机械功率，转速迅速降低，于是功角 δ 减小，发电机的电磁功率减小。$t = 0.72$ s 后，电磁功率小于 0.6 p.u.，产生加速性的过剩功率，转速开始增大，功角 δ 在转子的惯性作用下继续减小，直到转速大于 93.75 r/min 后，功角才开始增大，电磁功率也增大。最终在电机的阻尼作用下，转速稳定在 93.75 r/min，功率稳定在 0.6 p.u.，功角稳定在 13.46°。仿真结果与理论计算一致。

4.2　电力变压器模型

4.2.1　三相变压器等效电路

三相双绕组变压器和三绕组变压器的单相等效电路如图 4-20 所示。

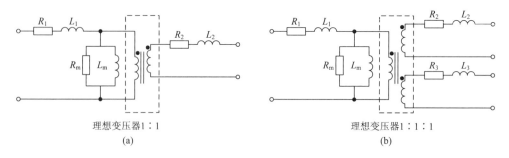

图 4-20　三相变压器单相等效电路图

(a) 双绕组；(b) 三绕组

该等效电路中，各绕组通过互感耦合线圈绕在同一个铁芯上。其中，R_1、R_2 和 R_3 为各绕组电阻，L_1、L_2 和 L_3 为各绕组漏感，R_m 和 L_m 为励磁支路的电阻和电感。若为饱和变压器，则 L_m 不再为恒定值，随电流变化而变化。

4.2.2　双绕组三相变压器模块

SimPowerSystems 库中提供的双绕组三相变压器模块可以对线性和铁芯变压器进行仿真，图标如图 4-21 所示。

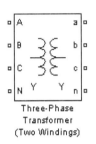

图 4-21　双绕组三相变压器模块图标

变压器一次、二次绕组的连接方法有以下五种：

(1) Y 型连接：3 个电气连接端口(A、B、C 或 a、b、c)；

(2) Yn 型连接：4 个电气连接端口(A、B、C、N 或 a、b、c、n)，绕组中线可见；

(3) Yg 型连接：3 个电气连接端口(A、B、C 或 a、b、c)，模块内部绕组接地；

(4) △(D11)型连接：3 个电气连接端口(A、B、C 或 a、b、c)，△绕组超前 Y 绕组 30°；

(5) △(D1) 型连接：3 个电气连接端口(A、B、C 或 a、b、c)，△绕组滞后 Y 绕组 30°。

不同的连接方式对应不同的图标。图 4-22 为四种典型连接方式的双绕组三相变压器图标，分别为△-△、△-Yg、Yg-Yn 和 Yn-△型连接。

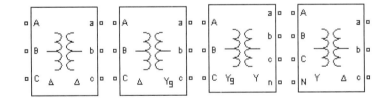

图 4-22　四种典型接线方式下的双绕组三相变压器图标

若对变压器的饱和特性进行仿真，模块的图标上出现饱和标记，如图 4-23 所示。

图 4-23　饱和双绕组三相变压器图标

该模块的电气端子分别为变压器一次绕组(ABC)和二次绕组(abc)。

双击双绕组三相变压器模块，将弹出该模块的参数对话框，如图 4-24 所示。

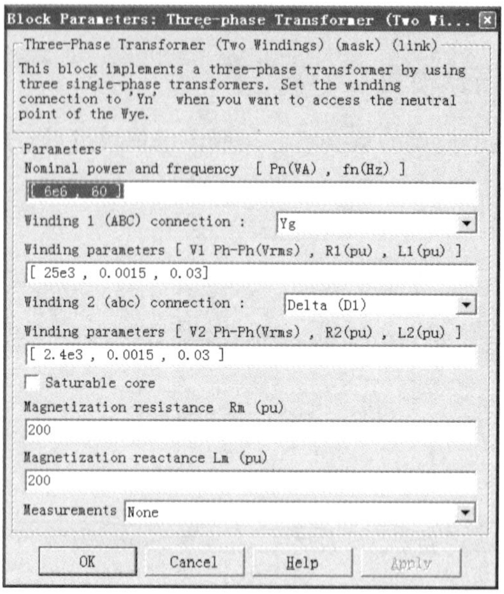

图 4-24　双绕组三相变压器模块参数对话框

在该对话框中含有如下参数：

(1) "额定功率和频率"(Nominal power and frequency)文本框：额定功率 P_n(单位：VA) 和额定频率 f_n(单位：Hz)。

(2) "一次绕组连接方式"(Winding 1 (ABC) connection)下拉框：一次绕组的连接方式。

(3) "一次绕组参数"(Winding parameters)文本框：额定线电压有效值(单位：V)、电阻(单位：p.u.)和漏感(单位：p.u.)。

(4) "二次绕组连接方式"(Winding 2 (abc) connection)下拉框：二次绕组的连接方式。

(5) "二次绕组参数"(Winding parameters)文本框：额定线电压有效值(单位：V)、电阻(单位：p.u.)和漏感(单位：p.u.)。

注意：

一次、二次绕组漏感和电阻的标幺值以额定功率和一次、二次侧各自的额定相电压为基准值。励磁电阻 R_m 和电感 L_m 以额定功率 P_n 和一次侧额定电压 V_n 为基准进行计算。基准电阻 R_{base} 和基准电感 L_{base} 的计算公式如下：

$$R_{base} = \frac{V_n^2}{P_n}$$

$$L_{base} = \frac{V_n^2}{P_n \times 2\pi f_n}$$

---

(6) "饱和铁芯"(Saturable core)复选框：对三相变压器的饱和特性进行仿真。

(7) "磁阻"(Magnetization resistance Rm)文本框：反映变压器铁芯的损耗，单位为 p.u.，若铁芯损耗取 0.2%，$R_m = 500$。

(8) "励磁电感"(Magnetization resistance Lm)文本框：该文本框只在未选中"饱和铁芯"复选框时出现，单位为 p.u.。

选中"饱和铁芯"复选框后，"励磁电感"文本框消失，被图 4-25 所示文本框取代。

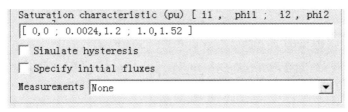

图 4-25　饱和铁芯复选框窗口

(9) "饱和特性"(Saturation characteristic)文本框：从坐标原点(0,0)开始指定电流—磁通特性曲线。

变压器的饱和特性用分段线性化的磁化曲线表示。

若不考虑铁芯剩磁作用，则磁化曲线如图 4-26(a)所示；若考虑铁芯剩磁作用，则相应的磁化曲线如图 4-26(b)所示。图中纵坐标是磁通 φ，横坐标为磁化电流 i。

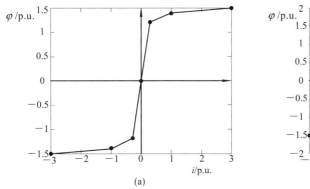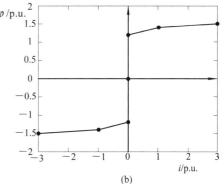

图 4-26　磁化曲线

(a) 无剩磁；(b) 有剩磁

参数对话框中，在每一个拐点处输入对应的电流和磁通值，电流和磁通用空格或","分割，两组电流和磁通值之间用";"分隔。

磁化电流和磁通都使用标幺值，基准值为

$$I_{\text{base}} = \frac{P_{\text{n}}}{V_1}\sqrt{2} \tag{4-8}$$

$$\varphi_{\text{base}} = \frac{V_1}{2\pi f_{\text{n}}}\sqrt{2} \tag{4-9}$$

其中，V_1 为一次侧额定相电压有效值。

(10) "磁滞"(Simulate hysteresis)复选框：实现对变压器磁滞现象的仿真，选中后，出现新文本框如图 4-27 所示。

☑ Simulate hysteresis
Hysteresis Data Mat file
'hysteresis'

图 4-27　变压器磁滞复选框窗口

图 4-27 中文本框内的文本指向含磁滞数据的数据文件 hysteresis.mat。打开 Powergui 模块中的"磁滞设计"(Hysteresis Design)工具，可以创建新文件或者对默认数据文件 hysteresis.mat 中的磁滞数据进行修改和保存。

(11)"磁通初始化"(Specify initial fluxes)复选框：选中后，出现新文本框如图 4-28 所示，其中变压器各相的初始磁通均为标幺值。

☑ Specify initial fluxes
[phi0A , phi0B , phi0C] (pu):
[0.8 , -0.8 , 0.7]

图 4-28　磁通初始化复选框窗口

(12)"测量参数"(Measurements)下拉框：对以下变量进行测量：

① "绕组电压"(Winding voltages)：测量三相变压器端电压；

② "绕组电流"(Winding currents)：测量流经三相变压器的电流；

③ "磁通和磁化电流"(Fluxes and magnetization currents)：测量磁通(单位：V·s)和变压器饱和时的励磁电流；

④ "所有变量"(All measurement)：测量三相变压器绕组端电压、电流、励磁电流和磁通。

从 SimPowerSystems 库的"测量子库"中复制"万用表模块"(Multimeter)到相应的模型文件中，可以在仿真过程中对选中的测量变量进行观察。选用万用表模块相当于在对应的测量元件内部并联电压表或者串联电流表模块。

SimPowerSystems 库提供的三相三绕组变压器模块图标如图 4-29 所示。

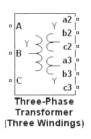

图 4-29　三相三绕组变压器模块图标

三相三绕组变压器模块实际上是由三个单相变压器模块根据不同的联接组别联接而成的，因此三相变压器的参数设置与三相双绕组变压器的参数设置类似，这里不再赘述。

【例 4.3】一台 Y-D11 连接的三相变压器，P_n = 180 kVA，V_{1n}/V_{2n} = 10 000 V/525 V。已知 R_1 = 0.4 Ω，R_2 = 0.035 Ω，X_1 = 0.22 Ω，X_2 = 0.055 Ω，R_m = 30 Ω，X_m = 310 Ω，铁芯饱

和特性曲线如图 4-30 所示。试分析变压器空载运行时一次侧的相电压、主磁通和空载电流
的波形。改变变压器的接线方式，分析结果。

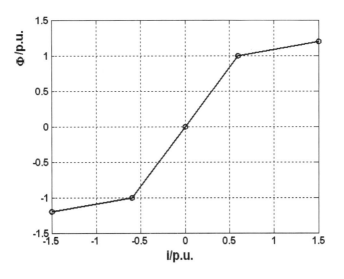

图 4-30   例 4.3 的铁芯饱和特性曲线

解：(1) 理论分析。空载时，由于变压器铁芯饱和，因此当相电压和主磁通是正弦时
空载电流为尖顶波，其中将含有较大的三次谐波和一系列高次谐波。但是，因为三相变压
器采用 Y-△连接，一次侧空载电流中三次谐波无法流通，又因为五次以上的谐波电流很
小可忽略不计，所以 Y 侧空载电流接近正弦波。由一次侧空载电流产生的主磁通波形为
平顶波，其中含有的三次谐波磁通分量在二次绕组的闭合三角形回路中产生三次谐波环
流，此环流将削弱主磁通中的三次谐波分量，因此空载电流、主磁通及其感应的电动势均
接近于正弦。

(2) 按图 4-31 搭建仿真电路图，选用的各模块名称及提取路径见表 4-6。

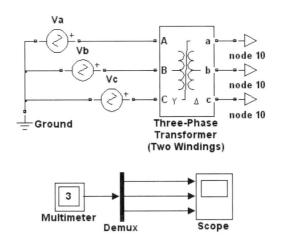

图 4-31   例 4.3 的仿真电路图

表 4-6　　例 4.3 仿真电路模块名称及提取路径

模 块 名	提 取 路 径
三相双绕组变压器	SimPowerSystems/Elements
交流电压源 Va、Vb、Vc	SimPowerSystems/Electrical Sources
接地模块 Ground	SimPowerSystems/Elements
中性点模块 node 10	SimPowerSystems/Elements
万用表模块 Multimeter	SimPowerSystems/Measurements
信号分离模块 Demux	Simulink/ Signal Routing
示波器 Scope	Simulink/Sinks

（3）设置模块参数和仿真参数。双击变压器模块，按图 4-32 设置参数。

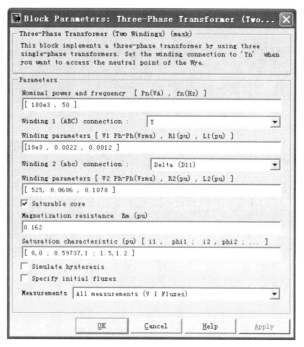

图 4-32　例 4.3 的变压器参数设置

其中，　　　　$R_{1*} = \dfrac{R_1}{\dfrac{V_{1n}^2}{P_n}} = 0.0022$ ，　$L_{1*} = \dfrac{L_1}{\dfrac{V_{1n}^2}{P_n 2\pi f_n}} = 0.0012$ ，　$R_{2*} = \dfrac{R_2}{\dfrac{V_{2n}^2}{P_n}} = 0.0686$ ，

$L_{2*} = \dfrac{L_2}{\dfrac{V_{2n}^2}{P_n 2\pi f_n}} = 0.1078$ ，　$R_{m*} = \dfrac{R_m}{\dfrac{V_{1n}^2}{P_n}} = 0.162$ ，　$L_{m*} = \dfrac{L_m}{\dfrac{V_{1n}^2}{P_n 2\pi f_n}} = 1.674$

双击万用表模块打开万用表参数设置窗口如图 4-33 所示。注意，由于在图 4-32 窗口中
选择对变压器上所有变量进行测量，因此图 4-33 窗口中可测量的参数包括各绕组端电压、
电流、励磁电流和磁通，选择变压器一次侧的 a 相电压、a 相主磁通和 a 相电流为测量变量。

交流电压源 V_a、V_b 和 V_c 为频率等于 50 Hz、幅值等于 $37 \times \sqrt{2}/\sqrt{3}$ kV、相角相差 120°

的正序三相电压。

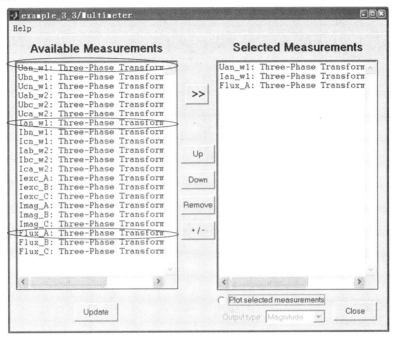

图 4-33　例 4.3 的万用表参数设置

打开菜单[Simulation>Configuration Parameters],在图 4-34 的"算法选择"(Solver options)窗口中选择"变步长"(Variable-step)和"刚性积分算法(ode15s)"。

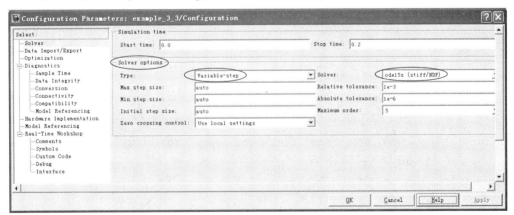

图 4-34　例 4.3 的系统仿真参数设置

(4) 仿真及结果。开始仿真,仿真波形如图 4-35 所示。图中波形从上至下分别为一次侧相电压、空载电流和主磁通。为了进行比较,在仿真得到的各个波形上叠加了理想正弦波。可见,空载相电流为正弦波,主磁通发生了很小的畸变但仍近似为正弦波。由于磁滞损耗的存在,主磁通滞后空载相电流一个铁耗角,由主磁通产生的感应电动势滞后主磁通 90°且波形发生畸变。此时,尽管电压源电压波形为理想正弦波,但变压器一次侧空载相电压并不是理想正弦波,而只是近似正弦波。可见仿真结果与理论分析一致。

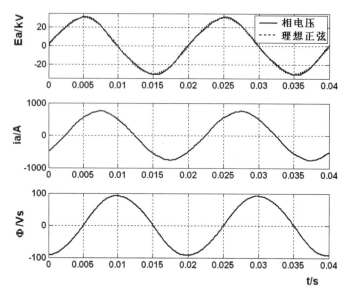

图 4-35　例 4.3 Y/△型接线仿真波形图

(5) 改变变压器接线方式。将变压器接线方式改变为 Y-Y 型，此时，由于二次绕组中也无法流通三次谐波电流，因此主磁通中三次谐波分量未减弱，该磁通将使感应电动势畸变为尖顶波。再次仿真，观察相电压、空载电流和主磁通波形，如图 4-36 所示。

由图可见，一次侧相电流仍然为正弦波，主磁通偏离理想正弦波而发生畸变(读者把图形放大后可以很清楚地看到畸变)，这个畸变被感应电动势波形放大，在电压幅值处($t = 0.005$ s)，感应电动势波形明显偏离理想正弦波形，呈现一个小尖顶。

将图 4-36 得到的感应电动势波形与图 4-35 中的感应电动势波形进行比较可知，Y-Y 型接线的变压器的主磁通和感应的电动势畸变更大一些，和理论一致。

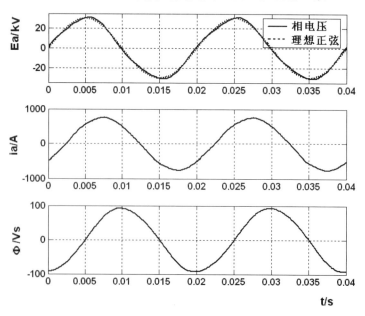

图 4-36　例 4.3 Y-Y 型接线仿真波形图

4.2.3　互感线圈

互感线圈也是一种简单的变压器模块，它由两个或三个有互感关系的耦合线圈组成，等效电路如图 4-37 所示。其中，R_1、R_2 和 R_3 为各绕组电阻；L_1、L_2 和 L_3 为各绕组自感；R_m 和 L_m 为耦合电阻和互感。

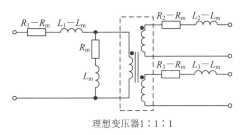

理想变压器$1:1:1$

图 4-37　互感线圈模块等效电路

SimPowerSystems 库中提供的互感线圈模块图标如图 4-38(a)所示。如果不设第三个线圈的自感，则模块成为两个有互感的线圈，模块图标变为图 4-38(b)所示。

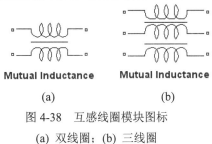

(a)　　　　　　　　　　(b)

图 4-38　互感线圈模块图标

(a) 双线圈；(b) 三线圈

双击互感线圈模块，将弹出该模块的参数对话框，如图 4-39 所示。该对话框中含有以下参数：

(1) "一次线圈自阻抗"(Winding 1 self impedance)文本框：电阻(单位：Ω)和自感(单位：H)。

(2) "二次线圈自阻抗"(Winding 2 self impedance)文本框：电阻(单位：Ω)和自感(单位：H)。

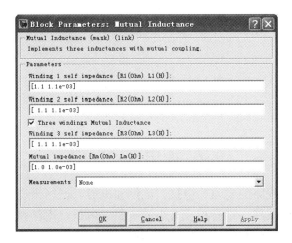

图 4-39　互感线圈模块参数对话框

(3) "三线圈耦合电感"(Three windings Mutual Inductance)复选框：选择是双线圈还是三线圈耦合电路，选择后将出现三次线圈参数文本框。

(4) "三次线圈自阻抗"(Winding 3 self impedance)文本框：电阻(单位：Ω)和自感(单位：H)。

(5) "耦合阻抗"(Mutual impedance)文本框：耦合电阻(单位：Ω)和互感(单位：H)。

可见：
　　互感线圈的两/三个线圈之间有互相独立的输入端和输出端。如果互感参数 R_m、L_m 都取零，则模型表示的是两/三个没有互感关系的独立线圈。

(6) "测量参数"(Measurements)下拉框：对以下变量进行测量。

① "线圈电压"(Winding voltages)：测量线圈端口电压；

② "线圈电流"(Winding currents)：测量流经线圈的电流；

③ "所有变量"(All measurement)：测量线圈端口电压和线圈上的电流。

选中的测量变量需要通过万用表模块进行观察。

4.2.4　其它

除了三相双绕组和三绕组变压器外，SimPowerSystems 库中还提供了其它一些变压器模块，如图 4-40 所示。这些模块包括"单相线性变压器"(Linear Transformer)、"单相饱和变压器"(Saturable Transformer)、"三相 6 端口变压器"(Three-Phase Transformer 12 Terminals)、"移相变压器"(Zigzag Phase-Shifting Transformer)。其基本参数均与三相双绕组变压器相似，读者可以根据自己的需要进行选择。

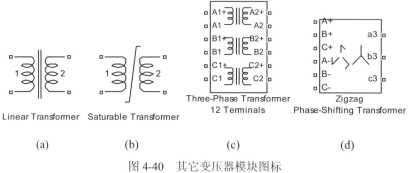

图 4-40　其它变压器模块图标

(a) 单相线性变压器；(b) 单相饱和变压器；(c) 三相 6 端口变压器；(d) 移相变压器

4.3　输电线路模型

输电线路的参数指线路的电阻、电抗、电纳和电导。严格来说，这些参数是均匀分布的，即使是极短的一段线路，都有相应大小的电阻、电抗、电纳和电导，因此精确的建模非常复杂。在输电线路不长且仅需分析线路端口状况，即两端电压、电流、功率时，通常可不考虑线路的这种分布参数特性，只是在个别情况下才需要用双曲函数研究具有均匀分布参数的线路。

4.3.1　输电线路等效电路

将参数均匀分布的输电线路看成由无数个长度为 dx 的小段组成,若每单位长度导线的电感及电阻分别为 L 和 R,每单位长度导线对地电容及电导分别为 C 和 G,则单相等值电路如图 4-41 所示。

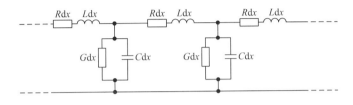

图 4-41　输电线路等效电路

尽管实际中的输电线路是分布参数线路,但在某些情况下,为了分析、计算的方便,也将输电线路等值为 RLC 串联或 PI 型电路模块。

4.3.2　RLC 串联支路模块

在电力系统中,对于电压等级不高的短线路(长度不超过 100 km 的架空线路),通常忽略线路电容的影响,用 RLC 串联支路来等效。SimPowerSystems 库提供的 RLC 串联支路如图 4-42 所示。

Series RLC Branch

图 4-42　RLC 串联支路图标

双击 RLC 串联支路模块,将弹出该模块的参数对话框,如图 4-43 所示。该对话框中含有以下参数:

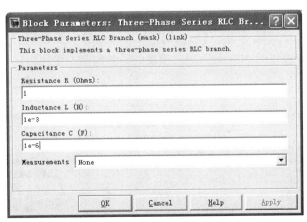

图 4-43　RLC 串联支路模块参数对话框

(1) "电阻"(Resistance R)文本框：电阻(单位：Ω)。

(2) "电感"(Inductance L)文本框：电感(单位：H)。

(3) "电容"(Capacitance C)文本框：电容(单位：F)。

(4) "测量参数"(Measurements)下拉框：对以下变量进行测量。

① "无"(None)：不测量任何参数；

② "支路电压"(Branch voltages)：测量支路电压；

③ "支路电流"(Branch currents)：测量支路电流；

④ "所有变量"(Branch voltages and currents)：测量支路电压和电流。

选中的测量变量需要通过万用表模块进行观察。

> 注意：
>
> SimPowerSystems 库还提供了并联 RLC 支路模块，但未提供单独的电阻、电感和电容元件，单个电阻 R、电感 L 和电容 C 需要通过对串联或并联 RLC 支路的设置得到。单个电阻、电感和电流元件的参数设置在串联和并联支路中是不同的，具体见表 4-7。
>
> 表4-7　串联 RLC 和并联 RLC 支路参数设置
>
> | 元　件 | 串联 RLC 支路 | | | 并联 RLC 支路 | | |
> |---|---|---|---|---|---|---|
> | 类　型 | R | L | C | R | L | C |
> | 单个电阻 | R | 0 | inf | R | inf | 0 |
> | 单个电感 | 0 | L | inf | inf | L | 0 |
> | 单个电容 | 0 | 0 | C | inf | inf | C |
>
> RLC 并联支路的参数对话框与 RLC 串联支路的参数对话框相同，只是其中参数设置稍有差别。

若需要考虑线路泄漏电流和电晕现象造成的功率损耗，就需要用到较为详细的输电线路模块。

4.3.3　PI 型等效电路模块

在电力系统中，对于长度大于 100 km 的架空线路以及较长的电缆线路，电容的影响一般是不能忽略的。因此，潮流计算、暂态稳定分析等计算中常使用 PI 型电路等效模块。SimPowerSystems 库中提供的 PI 型等效电路模块的等效电路及单相和三相图标如图 4-44 所示。

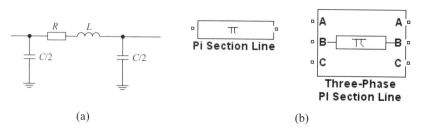

(a)　　　　　　　　　　　　　　　(b)

图 4-44　PI 型等效电路及其图标

(a) PI 型等效电路；(b) PI 型等效电路单相和三相图标

双击 PI 型等效电路模块，将弹出该模块的参数对话框，如图 4-45 所示。该对话框中含有以下参数：

(1) "基频"(Frequency used for RLC specification)文本框：仿真系统的基频，用于计算 RLC 参数值。

(2) "单位长度电阻"(Positive- and zero-sequence resistances)文本框：正序和零序电阻 $[R_1\ R_0]$(单位：ohms/km)。

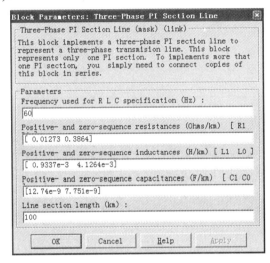

图 4-45　PI 型等效电路模块参数对话框

(3) "单位长度电感"(Positive- and zero-sequence inductance)文本框：正序和零序电感 $[L_1\ L_0]$(单位：H/km)。

(4) "单位长度电容"(Positive- and zero-sequence capacitance)文本框：正序和零序电容 $[C_1\ C_0]$ (单位：F/km)。

(5) "线路长度"(Line section length)文本框：线路长度(单位：km)。

长度不超过 300 km 的线路可用一个 PI 型电路来代替，对于更长的线路，可用串级联接的多个 PI 型电路来模拟。PI 型电路限制了线路中电压、电流的频率变化范围，对于研究基频下的电力系统以及电力系统与控制系统之间的相互关系，PI 型电路可达到足够的精度，但是对于研究开关开合时的瞬变过程等含高频暂态分量的问题时，就不能不考虑分布参数的特性了，这时应该使用分布参数线路模块。

4.3.4　分布参数线路模块

当分析线路的波过程以及进行更精确的分析时，通常使用线路的分布参数模块。SimPowerSystems 库中的分布参数线路模块基于 Bergeron 波传输方法。三相分布参数线路模块图标如图 4-46 所示。

双击分布参数线路模块，将弹出该模块的参数对话框，如图 4-47 所示。该对话框中含有以下参数：

(1) "相数"(Number of phases N)文本框：改变

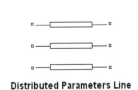

图 4-46　三相分布参数线路模块图标

分布参数线路的相数，可以动态改变该模块的图标。图 4-48 所示为单相和多相分布参数线路图标。

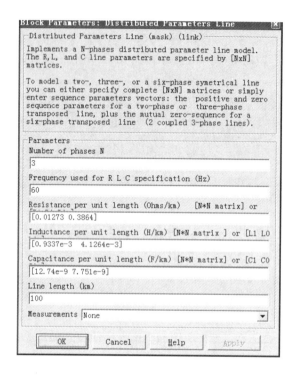

图 4-47　分布参数线路模块参数对话框

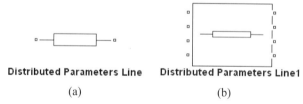

Distributed Parameters Line　　　**Distributed Parameters Line1**

(a)　　　　　　　　　　　(b)

图 4-48　单相和多相分布参数线路模块图标

(a) 单相；(b) 多相

(2)　"基频"(Frequency used for RLC specification)文本框：基本频率，用于计算 RLC 的参数值。

(3)　"单位长度电阻"(Resistance per unit length)文本框：用矩阵表示的单位长度电阻(单位：Ω/km)，对于两相或三相连续换位线路，可以输入正序和零序电阻$[R_1\ R_0]$；对于对称的六相线路，可以输入正序、零序和耦合电阻$[R_1\ R_0\ R_{0m}]$；对于 N 相非对称线路，必须输入表示各线路和线路间相互关系的 $N \times N$ 阶电阻矩阵。

(4)　"单位长度电感"(Inductance per unit length)文本框：用矩阵表示的单位长度电感(单位：H/km)，对于两相或三相连续换位线路，可以输入正序和零序电感$[L_1\ L_0]$；对于对称的六相线路，可以输入正序电感、零序电感和互感$[L_1\ L_0\ L_{0m}]$；对于 N 相非对称线路，必须输入表示各线路和线路间相互关系的 $N \times N$ 阶电感矩阵。

(5) "单位长度电容"(Capacitance per unit length)文本框：用矩阵表示的单位长度电容(单位：F/km)，对于两相或三相连续换位线路，可以输入正序和零序电容$[C_1\ C_0]$；对于对称的六相线路，可以输入正序、零序和耦合电容$[C_1\ C_0\ C_{0m}]$；对于 N 相非对称线路，必须输入表示各线路和线路间相互关系的 $N \times N$ 阶电容矩阵。

(6) "线路长度"(Line length)文本框：线路长度(单位：km)。

(7) "测量参数"(Measurements)列表框：对线路送端和受端的相电压进行测量。

选中的测量变量需要通过万用表模块进行观察。

实际上，由于导线和地之间的集肤效应，R 和 L 有极强的依频特性，分布参数线路模块也不能准确地描述线路 RLC 参数的依频特性，但和 PI 型等效电路模块相比，分布参数线路可以较好地描述波过程和波的反射现象。

【例 4.4】一条 300 kV、50 Hz、300 km 的输电线路，其 $z = (0.1 + j0.5)\ \Omega/\text{km}$，$y = j3.2 \times 10^{-6}\ \text{S/km}$。分析用集总参数、多段 PI 型等效参数和分布参数表示的线路阻抗的频率特性。

解：(1) 理论分析。由已知，$L = 0.0016\ \text{H}$，$C = 0.0102\ \mu\text{F}$，可得该线路传播速度为

$$v = \frac{1}{\sqrt{LC}} = 247.54 \quad \text{km/ms} \tag{4-10}$$

300 公里线路的传输时间为

$$T = \frac{300}{247.54} = 1.212\ \text{ms} \tag{4-11}$$

振荡频率为

$$f_{\text{osc}} = \frac{1}{T} = 825\ \text{Hz} \tag{4-12}$$

按理论分析，第一次谐振发生在 $1/4 f_{\text{osc}}$，即频率 206 Hz 处。之后，每 $206 + n \times 412$ Hz($n=1$, 2, …)，即 618，1031，1444，…处均发生谐振。

(2) 按图 4-49 搭建仿真单相电路图，选用的各模块的名称及提取路径见表 4-8。

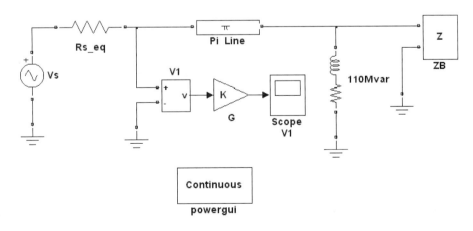

图 4-49　例 4.4 的仿真电路图

表 4-8　例 4.4 仿真电路模块

模 块 名	提 取 路 径
交流电压源 Vs	SimPowerSystems/Electrical Sources
串联 RLC 支路 Rs_eq	SimPowerSystems/Elements
PI 型等效电路 Pi Line	SimPowerSystems/Elements
串联 RLC 负荷 110Mvar	SimPowerSystems/Elements
接地模块 Ground	SimPowerSystems/Elements
电压测量模块 V1	SimPowerSystems/Measurements
阻抗测量模块 ZB	SimPowerSystems/Measurements
增益模块 G	Simulink/Commonly Used Blocks
示波器 Scope V1	Simulink/Sinks
电力系统图形用户界面 powergui	SimPowerSystems

(3) 设置模块参数和仿真参数。设置 PI 型输电线路参数如图 4-50 所示。交流电压源 V_s 的频率等于 50 Hz、幅值等于 $300 \times \sqrt{2}/\sqrt{3}$ kV、相角为 $0°$。等效阻抗 R_{s_eq} 的电阻为 $2.0\,\Omega$、电感为 $20/(100\pi)$ H。串联 RLC 负荷大小为 $0.37 + j110$ MVA，额定电压有效值为 $300/\sqrt{3}$ kV。

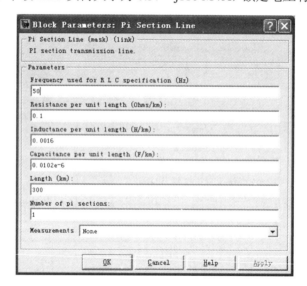

图 4-50　例 4.4 的 PI 型输电线路参数设置

打开菜单[Simulation>Configuration Parameters]，在图 4-51 的"算法选择"(Solver options) 窗口中选择"变步长"(Variable-step)和"刚性积分算法"(ode15s)。

(4) 仿真及结果。开始仿真，双击 Powergui 模块，出现图 4-52(a)所示窗口。在该窗口中单击"阻抗依频特性测量"(Impedance vs Frequency Measurement)按键，出现新窗口如图 4-52(b)所示。该窗口中，只有一个默认的阻抗测量模块 ZB，选择频率范围为[0:2:1500](从 0 Hz 到 1500 Hz，步长为 2 Hz)，纵坐标选为对数坐标。按图 4-52(b)所示设置参数后，单击"显示/保留"(Display/Save)按键，出现阻抗的依频特性如图 4-53 所示。

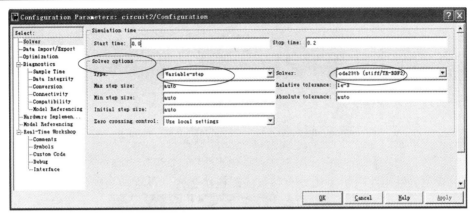

图 4-51　例 4.4 的系统仿真参数设置

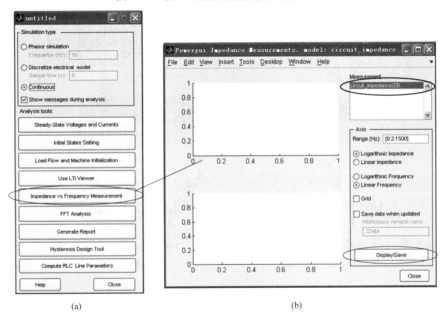

(a)　　　　　　　　　　　　　　　　　　　(b)

图 4-52　例 4.4 的 Powergui 主窗口和阻抗依频特性窗口

(a) Powergui 主窗口；(b) 阻抗依频特性窗口

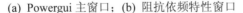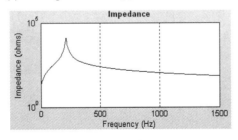

图 4-53　例 4.4 的阻抗依频特性(1 段 PI 型线路)

由于输电线路仅由一段 PI 型电路组成，为集总参数，因此该阻抗依频特性仅反映了第一次谐振的频率。

打开 PI 形电路对话框，将 PI 形电路的段数变为 10，用同样的方法可以得到用 10 段

PI 形电路表示输电线路时的阻抗依频特性，如图 4-54 所示。

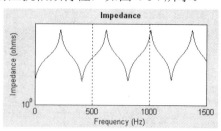

图 4-54　例 4.4 的阻抗依频特性(10 段 PI 型线路)

删除 PI 型等效电路模块，用分布参数线路模块替代，设置参数如图 4-55 所示。

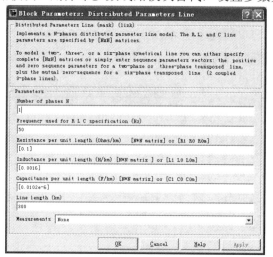

图 4-55　例 4.4 的分布参数线路模块参数设置

对分布参数线路模块表示下的系统进行仿真。图 4-56 为用三种方法得到的阻抗频率特性。由图可见，单段 PI 型电路模块只在较低的频率范围内与分布参数模块频率特性一致，而用 10 段 PI 型电路构成的线路模型可以在更宽的频率范围内与分布参数模型频率特性保持一致，这说明用多个 PI 型电路可以更精确地反映线路的实际情况。此外，实际中大地不是理想导体，导致了输电线路的参数(RLC)不是常数，而是随频率的变化而变化，即线路参数是依频的，这需要用依频的线路参数模型对线路进行等效。现有的 MATLAB/SIMULINK 还不能很好地仿真线路参数的依频特性。

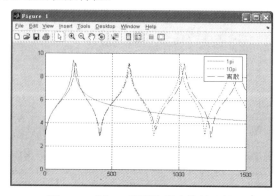

图 4-56　例 4.4 的阻抗频率特性比较

4.4　负　荷　模　型

电力系统的负荷相当复杂，不但数量大、分布广、种类多，而且其工作状态带有很大的随机性和时变性，连接各类用电设备的配电网结构也可能发生变化。因此，如何建立一个既准确又实用的负荷模型，至今仍是一个尚未很好解决的问题。

通常负荷模型分为静态模型和动态模型，其中静态模型表示稳态下负荷功率与电压和频率的关系；动态模型反映电压和频率急剧变化时负荷功率随时间的变化。常用的负荷等效电路有含源等效阻抗支路、恒定阻抗支路和异步电动机等效电路。负荷模型的选择对分析电力系统动态过程和稳定问题都有很大的影响。在潮流计算中，负荷常用恒定功率表示，必要时也可以采用线性化的静态特性。在短路计算中，负荷可表示为含源阻抗支路或恒定阻抗支路。稳定计算中，综合负荷可表示为恒定阻抗或不同比例的恒定阻抗和异步电动机的组合。

4.4.1　静态负荷模块

SimPowerSystems 库中提供了四种静态负荷模块，分别为"单相串联 RLC 负荷"(Series RLC Load)、"单相并联 RLC 负荷"(Parallel RLC Load)、"三相串联 RLC 负荷"(Three-Phase Series RLC Load)和"三相并联 RLC 负荷"(Three-Phase Parallel RLC Load)，其图标如图 4-57 所示。

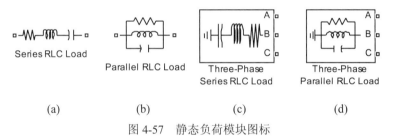

图 4-57　静态负荷模块图标

(a) 单相串联 RLC 负荷；(b) 单相并联 RLC 负荷；(c) 三相串联 RLC 负荷；(d) 三相并联 RLC 负荷

单相串联和并联 RLC 负荷模块分别对串联和并联的线性 RLC 负荷进行模拟。在指定的频率下，负荷阻抗为常数，负荷吸收的有功和无功功率与电压的平方成正比。

三相串联和并联 RLC 负荷模块分别对串联和并联的三相平衡 RLC 负荷进行模拟。在指定的频率下，负荷阻抗为常数，负荷吸收的有功和无功功率与电压的平方成正比。

静态负荷模块的参数对话框比较简单，这里不展开说明了。注意在三相串联 RLC 负荷模块中，有一个用于三相负荷结构选择的下拉框，说明见表 4-9。

表 4-9　三相串联 RLC 负荷模块内部结构

结　　构	解　　释
Y(grounded)	Y 型连接，中性点内部接地
Y(floating)	Y 型连接，中性点内部悬空
Y(neutral)	Y 型连接，中性点可见
Delta	△型连接

4.4.2　三相动态负荷模块

SimPowerSystems 库中提供的"三相动态负荷"(Three-Phase Dynamic Load)模块,其图标如图 4-58 所示。

三相动态负荷模块是对三相动态负荷的建模,其中有功和无功功率可以表示为正序电压的函数或者直接受外部信号的控制。由于不考虑负序和零序电流,因此即使在负荷电压不平衡的条件下,三相负荷电流仍然是平衡的。

三相动态负荷模块有 3 个电气连接端子,1 个输出端子。3 个电气连接端子(A, B, C)分别与外电路的三相相连。如果该模块的功率受外部信号控制,该模块上还将出现第 4 个输入端子,用于外部控制有功和无功功率。输出端子(m)输出 3 个内部信号,分别是正序电压 V(单位:p.u.)、有功功率 P(单位:W)和无功功率 Q(单位:Var)。

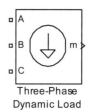

图 4-58　三相动态负荷模块图标

当负荷电压小于某一指定值 V_{min} 时,负荷阻抗为常数。如果负荷电压大于该指定值 V_{min},有功和无功功率按以下公式计算:

$$P(s) = P_0 \left(\frac{V}{V_0}\right)^{n_p} \frac{(1+T_{p1}s)}{(1+T_{p2}s)} \tag{4-13}$$

$$Q(s) = Q_0 \left(\frac{V}{V_0}\right)^{n_q} \frac{(1+T_{q1}s)}{(1+T_{q2}s)} \tag{4-14}$$

其中,V_0 为初始正序电压;P_0、Q_0 是与 V_0 对应的有功和无功功率;V 为正序电压;n_p、n_q 为控制负荷特性的指数(通常为 1~3);T_{p1}、T_{p2} 为控制有功功率的时间常数;T_{q1}、T_{q2} 为控制无功功率的时间常数。

对于电流恒定的负荷,设置 $n_p = 1$,$n_q = 1$;对于阻抗恒定的负荷,设置 $n_p = 2$,$n_q = 2$。初始值 V_0、P_0 和 Q_0 可以通过 Powergui 模块计算得到。

4.4.3　异步电动机模块

1. 异步电动机等效电路

SimPowerSystems 中异步电动机模块用四阶状态方程描述电动机的电气部分,其等效电路如图 4-59 所示。

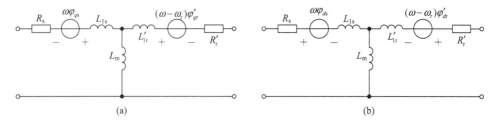

图 4-59　异步电动机等效电路

(a) d 轴等效电路;(b) q 轴等效电路

该等效电路中，所有参数均归算到定子侧，其中，R_s、L_{ls} 为定子绕组的电阻和漏感；R_r'、L_{lr}' 为转子绕组的电阻和漏感；L_m 为励磁电感；φ_{ds}、φ_{qs} 为定子绕组 d 轴和 q 轴磁通分量；φ_{dr}'、φ_{qr}' 为转子绕组 d 轴和 q 轴磁通分量。

转子运动方程表示如下：

$$\begin{cases} \dfrac{\mathrm{d}\omega_m}{\mathrm{d}t} = \dfrac{1}{2H}(T_e - F\omega_m - T_m) \\[2mm] \dfrac{\mathrm{d}\theta_m}{\mathrm{d}t} = \omega_m \end{cases} \tag{4-15}$$

其中，T_m 为加在电动机轴上的机械力矩；T_e 为电磁力矩；θ_m 为转子机械角位移；ω_m 为转子机械角速度；H 为机组惯性时间常数；F 为考虑 d、q 绕组在动态过程中的阻尼作用以及转子运动中的机械阻尼后的定常阻尼系数。

2. 异步电动机模块

如图 4-60 所示，异步电动机模块分为标幺制(p.u.)下和国际单位制(SI)下的两种模块。

异步电动机模块有 1 个输入端子、1 个输出端子和 6 个电气连接端子。

输入端子(Tm)为转子轴上的机械转矩，可直接连接 SIMULINK 信号。机械转矩为正，表示异步电机运行方式为电动机模式；机械转矩为负，表示异步电机运行方式为发电机模式。

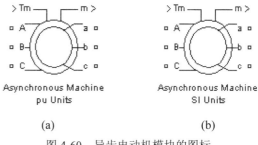

图 4-60　异步电动机模块的图标
(a) 标幺制；(b) 国标单位制

输出端子(m)输出一系列电机的内部信号，由 21 路信号组成，其构成如表 4-10 所示。

表 4-10　异步电动机输出信号

输　出	符　号	端　口	定　义	单　位
1-3	i_{ra}, i_{rb}, i_{rc}	ir_abc	转子电流	A 或者 p.u.
4-5	i_d, i_q	ir_qd	q 轴和 d 轴转子电流	A 或者 p.u.
6-7	φ_{rq}, φ_{rd}	phir_qd	q 轴和 d 轴转子磁通	V·s 或者 p.u.
8-9	V_{rq}, V_{rd}	vr_qd	q 轴和 d 轴转子电压	V 或者 p.u.
10-12	i_{sa}, i_{sb}, i_{sc}	is_abc	定子电流	A 或者 p.u.
13-14	i_{sd}, i_{sq}	is_qd	q 轴和 d 轴定子电流	A 或者 p.u.
15-16	φ_{sq}, φ_{sd}	phis_qd	q 轴和 d 轴定子磁通	V·s 或者 p.u.
17-18	V_{sq}, V_{sd}	vs_qd	q 轴和 d 轴定子电压	V 或者 p.u.
19	ω_m	wm	转子角速度	rad/s
20	T_e	Te	电磁转矩	N·m 或者 p.u.
21	θ_m	Thetam	转子角位移	rad

电气连接端子(A、B、C)为电机的定子电压输入，可直接连接三相电压；电气连接端子(a、b、c)为转子电压输出，一般直接短接或者连接到其它附加电路中。

通过"电机测量信号分离器"(Machines Measurement Demux)模块可以将输出端子中的

各路信号分离出来，典型接线如图 4-61 所示。

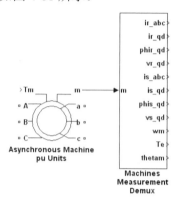

图 4-61   异步电动机输出信号分离接线

注意：

异步电动机定子或转子绕组的中性点是不可见的，通常假定为 Y 型连接。因此若定子侧和理想电压源相连，必须用 Y 型连接或△型连接，如图 4-62 所示。

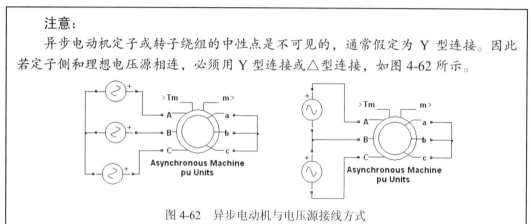

图 4-62   异步电动机与电压源接线方式

双击异步电动机模块，将弹出该模块的参数对话框，如图 4-63 所示。

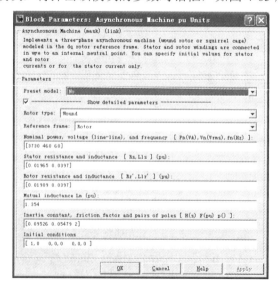

图 4-63   异步电动机模块参数对话框

在该对话框中含有如下参数：

(1) "预设模型"(Preset model)下拉框：选择系统设置的内部模型，同步电机将自动获取各项参数，如果不想使用系统给定的参数，请选择"No"。

(2) "显示详细参数"(Show details parameters)复选框：点击该复选框，可以浏览并修改电机参数。

(3) "绕组类型"(Rotor type)下拉框：定义转子的结构，分为"绕线式"(Wound)和"鼠笼式"(Squirrel-cage)两种。后者的输出端 a、b、c 由于直接在模块内部短接，因此图标上不可见。

(4) "参考轴"(Reference frame)下拉框：定义该模块的参考轴，将输入电压从 abc 系统变换到指定参考轴下，将输出电流从指定参考轴下变换到 abc 系统。可以选择以下三种变换方式：

① "转子参考轴"(Rotor)：Park 变换；

② "固定参考轴"(Stationary)：Clarke 变换或 $\alpha\beta$ 变换；

③ "同步旋转轴"(Synchronous)：同步旋转。

> **注意：**
> 选择不同的参考轴将影响 d、q 轴上电压电流的波形，同时也影响仿真的速度，有时甚至影响仿真的结果。因此：① 转子电压不平衡或不连续，而定子电压平衡时，推荐使用转子参考轴；② 定子电压不平衡或不连续，而转子电压平衡或为零时，推荐使用定子参考轴；③ 所有电源均平衡且连续，推荐使用定子或同步旋转轴。

(5) "额定参数"(Nominal power, voltage(line-line), and frequency)文本框：额定视在功率 P_n(单位：VA)、线电压有效值 V_n(单位：V)、频率 f_n(单位：Hz)。

(6) "定子参数"(Stator resistance and inductance)文本框：定子电阻 R_s(单位：Ω 或 p.u.)和漏感 L_{ls}(单位：H 或 p.u.)。

(7) "转子参数"(Rotor resistance and inductance)文本框：转子电阻 R'_r(单位：Ω 或 p.u.)和漏感 L'_{lr}(单位：H 或 p.u.)。

> **注意：**
> 转子参数用标幺制表示时，表示归算到定子侧的值。

(8) "互感"(Mutual inductance)文本框：L_m(单位：H 或 p.u.)。

(9) "机械参数"(Inertia constant, friction factor and pairs of poles)文本框：对于 SI 异步电动机模块，该项参数包括转动惯量 J(单位：kg · m^2)、阻尼系数 F(单位：N·m·s)和极对数 p 三个参数；对于 p.u. 异步电动机模块，该项参数包括惯性时间常数 H(单位：s)、阻尼系数 F(单位：p.u.)和极对数 p 三个参数。

(10) 初始条件(Initial conditions)：初始转差率 s，转子初始角位移 th(单位：°)，定子电流幅值 i_{as}、i_{bs}、i_{cs}(单位：A 或 p.u.)和相角 $phase_{as}$、$phase_{bs}$、$phase_{cs}$(单位：°)。

【例 4.5】一台三相四极鼠笼型转子异步电动机，额定功率 $P_n = 10$ kW，额定电压 $V_{1n} = 380$ V，额定转速 $n_n = 1455$ r/min，额定频率 $f_n = 50$ Hz。已知定子每相电阻 $R_s = 0.458$ Ω，漏抗 $X_{1s} = 0.81$ Ω，转子每相电阻 $R'_r = 0.349$ Ω，漏抗 $X'_{1r} = 1.467$ Ω，励磁电抗 $X_m = 27.53$ Ω。

求额定负载运行状态下的定子电流、转速和电磁力矩。当 $t = 0.2$ s 时，负载力矩增大到 100 N·m，求变化后的定子电流、转速和电磁力矩。

解: (1) 理论分析。采用异步电动机的 T 形等效电路进行计算，等效电路如图 4-64。图中，$R_s + X_{1s}$ 为定子绕组的漏阻抗；X_m 为励磁电抗；$R_r' + X_{1r}'$ 为折算后转子绕组的漏阻抗；s 为转差率。

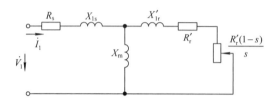

图 4-64 异步电动机 T 形等效电路

由题意，得转差率 s 为

$$s = \frac{n_1 - n_n}{n_1} = \frac{1500 - 1455}{1500} = 0.03 \tag{4-16}$$

式中，同步转速 $n_1 = 60f_n/p = 1500$ r/min。

定子额定相电流为

$$\dot{I}_1 = \frac{\dot{V}_1}{R_s + jX_{1s} + \dfrac{jX_m \times (R_r' + R_r'(1-s)/s + jX_{1r}')}{jX_m + (R_r' + R_r'(1-s)/s + jX_{1r}')}}$$

$$= \frac{380\angle 0° / \sqrt{3}}{0.458 + j0.81 + \dfrac{j27.53 \times (0.349/0.03 + j1.467)}{j27.53 + 0.349/0.03 + j1.467}} \tag{4-17}$$

$$= 19.68\angle -31.5° \quad \text{A}$$

此时的额定输入功率为

$$P_1 = \sqrt{3} \times 380 \times 19.68 \times \cos 31.5 = 11\,044 \quad \text{W} \tag{4-18}$$

定子铜耗为

$$P_{Cu} = 3 \times 19.68^2 \times 0.349 = 405 \quad \text{W} \tag{4-19}$$

对应的电磁转矩为

$$T_e = \frac{P_1 - P_{Cu}}{\Omega} = \frac{(11\,044 - 405) \times 60}{2\pi \times 1500} = 67.7 \quad \text{N·m} \tag{4-20}$$

当负荷转矩增大到 100 N·m 时，定子侧电流增大，电机转速下降以满足电磁转矩增加到 100 N·m。简化计算可得变化后的定子侧相电流

$$I = \frac{T_e \times \Omega + P_{Cu}}{\sqrt{3}V_1 \times \cos 31.5} = 28.7 \quad \text{A} \tag{4-21}$$

(2) 按图 4-65 搭建仿真电路图，选用的各模块的名称及提取路径见表 4-11。

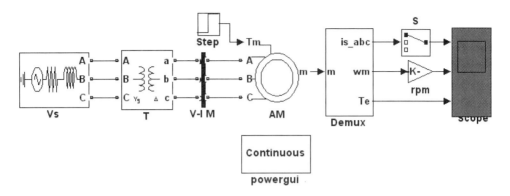

图 4-65　例 4.5 的仿真电路图

表 4-11　例 4.5 仿真电路模块的名称及提取路径

模 块 名	提 取 路 径
SI 下异步电机 AM	SimPowerSystems/Machines
三相电压源 Vs	SimPowerSystems/Electrical Sources
三相双绕组变压器 T	SimPowerSystems/Elements
三相电压电流测量表 V-I M	SimPowerSystems/Measurements
电机测量信号分离器 Demux	SimPowerSystems/Machines
阶跃函数模块 Step	Simulink/Sources
选择器模块 S	Simulink/Signal Routing
增益模块 rpm	Simulink/Commonly Used Blocks
示波器 Scope	Simulink/Sinks
电力系统图形用户界面 powergui	SimPowerSystems

(3) 设置模块参数和仿真参数。双击三相电压源模块，设置参数如图 4-66 所示。双击双绕组变压器模块，设置参数如图 4-67 所示。

图 4-66　例 4.5 的三相电压源参数设置

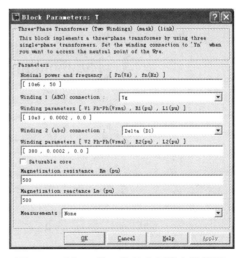

图 4-67　例 4.5 的双绕组变压器参数设置

双击异步电动机模块，设置参数如图 4-68 所示。其中初始条件需要由 Powergui 模块计算得到。在学习如何使用 Powergui 设置初始值之前，建议读者将上述初始条件直接输入。

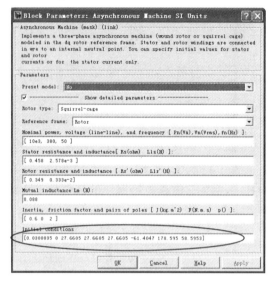

图 4-68　例 4.5 的异步电动机参数设置

将阶跃函数模块的初始值设为 67.7642，0.2 s 时变为 100。电机测量信号分离器分离第 10～12 路、第 19 路和第 20 路信号。选择器模块选择 a 相电流。由于电机模块输出的转速单位为 rad/s，因此使用了一个增益模块将有名单位 rad/s 转换为习惯的有名单位 r/min，增益系数为 $K=60/(2\pi)$。

三相电压电流测量模块仅仅用作电路连接，因此内部无需选择任何变量。

(4) 仿真及结果。开始仿真，观察定子电流、转速和电磁力矩的波形如图 4-69 所示。

由图 4-69 可见，稳态时，电磁力矩为 67.7 Nm，转速为 1455 r/min，定子额定相电流有效值为 $27.8/\sqrt{2}=19.66$ A；$t=0.2$ s 时，负荷力矩增大；经过 0.2 s 后，系统重新进入稳态，对应的电磁力矩增大到 100 Nm，电机转速下降到 1428 r/min，定子额定相电流有效值为 $40.6/\sqrt{2}=28.71$ A。该结果与理论分析结果误差小于 0.4%，基本一致。

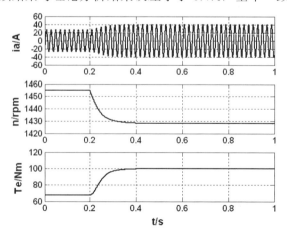

图 4-69　例 4.5 的仿真波形图

4.4.4　直流电机模块

SimPowerSystems 库中直流电机模块的图标如图 4-70。

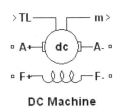

DC Machine

图 4-70　直流电机模块图标

直流电机模块有 1 个输入端子、1 个输出端子和 4 个电气连接端子。电气连接端子 F+ 和 F− 与直流电机励磁绕组相连。A+ 和 A− 与电机电枢绕组相连。输入端子(TL)是电机负载转矩的输入端。输出端子(m)输出一系列的电机内部信号，由 4 路信号组成，如表 4-12 所示。通过"信号数据流模块库"(Signal Routing)中的"信号分离"(Demux)模块可以将输出端子 m 中的各路信号分离出来。

表 4-12　直流电机输出信号

输　出	符　号	定　义	单　位
1	ω_m	电机转速	rad/s
2	i_a	电枢电流	A
3	i_f	励磁电流	A
4	T_e	电磁转矩	N·m

直流电机模块是建立在他励直流电机基础上的，可以通过励磁和电枢绕组的并联和串联组成并励或串励电机。直流电机模块可以工作在电动机状态，也可以工作在发电机状态，这完全由电机的转矩方向确定。

双击直流电机模块，将弹出该模块的参数对话框，如图 4-71 所示。在该对话框中含有如下参数：

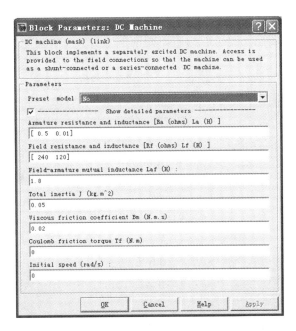

图 4-71　直流电机模块参数对话框

(1) "预设模型"(Preset model)下拉框：选择系统设置的内部模型，电机将自动获取各项参数，如果不想使用系统给定的参数，请选择"No"。

(2) "显示详细参数"(Show details parameters)复选框：点击该复选框，可以浏览并修改电机参数。

(3) "电枢电阻和电感"(Armature resistance and inductance)文本框：电枢电阻 R_a(单位：Ω)和电枢电感 L_a(单位：H)。

(4) "励磁电阻和电感"(Field resistance and inductance)文本框：励磁电阻 R_f(单位：Ω)和励磁电感 L_f(单位：H)。

(5) "励磁和电枢互感"(Field-armature mutual inductance)文本框：互感 L_{af}(单位：H)。

(6) "转动惯量"(Total inertia J)文本框：转动惯量 J(单位：kg·m^2)。

(7) "粘滞摩擦系数"(Viscous friction coefficient)文本框：直流电机的总摩擦系数 B_m(单位：N·m·s.)。

(8) "干摩擦矩阵"(Coulomb friction torque)文本框：直流电机的干摩擦矩阵常数 T_f(单位：N·m)。

(9) "初始角速度"(Initial speed)文本框：指定仿真开始时直流电机的初始速度(单位：rad/s)。

【例 4.6】 一台直流并励电动机，铭牌额定参数为：额定功率 P_n = 17 kW，额定电压 V_n = 220 V，额定电流 I_n = 88.9 A，额定转速 n_n = 3000 r/min，电枢回路总电阻 R_a = 0.087 Ω，励磁回路总电阻 R_f = 181.5 Ω。电动机转动惯量 J = 0.76 kg·m^2。试对该电动机的直接启动过程进行仿真。

解：(1) 计算电动机参数。励磁电流 I_f 为

$$I_f = \frac{V_n}{R_f} = \frac{220}{185.1} = 1.21 \text{ A} \tag{4-22}$$

励磁电感在恒定磁场控制时可取为零，则电枢电阻 R_a = 0.087 Ω，电枢电感估算为

$$L_a = 19.1 \times \frac{CV_n}{2pn_nI_n} = 19.1 \times \frac{0.4 \times 220}{2 \times 1 \times 3000 \times 88.9} = 0.0032 \text{ H} \tag{4-23}$$

其中，p 为极对数；C 为计算系数，补偿电机 C = 0.1，无补偿电机 C = 0.4。

因为电动势常数 C_e 为

$$C_e = \frac{V_n - R_aI_n}{n_n} = \frac{220 - 0.087 \times 88.9}{3000} = 0.0708 \text{ V} \cdot \text{min/r} \tag{4-24}$$

转矩常数 K_E 为

$$K_E = \frac{60}{2\pi}C_e = \frac{60}{2\pi} \times 0.0708 = 0.676 \text{ V} \cdot \text{s} \tag{4-25}$$

因此有电枢互感 L_{af} 为

$$L_{af} = \frac{K_E}{I_f} = \frac{0.676}{1.21} = 0.56 \text{ H} \tag{4-26}$$

额定负载转矩 T_L 为

$$T_L = 9.55C_eI_N = 9.55 \times 0.0708 \times 88.9 = 60.1 \text{ N} \cdot \text{m} \tag{4-27}$$

(2) 按图 4-72 搭建仿真电路图，选用的各模块的名称及提取路径见表 4-13。

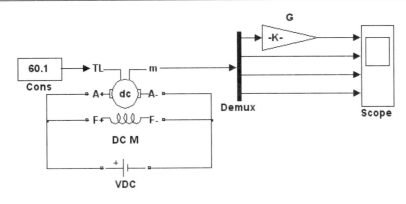

图 4-72　例 4.6 的仿真电路图

表 4-13　例 4.6 仿真电路模块的名称及提取路径

模 块 名	提 取 路 径
直流电机 DCM	SimPowerSystems/Machines
直流电压源 VDC	SimPowerSystems/Electrical Sources
常数模块 Cons	Simulink/Sources
信号分离模块 Demux	Simlink/Signal Routing
增益模块 G	Simulink/Commonly Used Blocks
示波器 Scope	Simulink/Sinks

(3) 设置模块参数和仿真参数。双击直流电机模块，设置参数如图 4-73 所示。

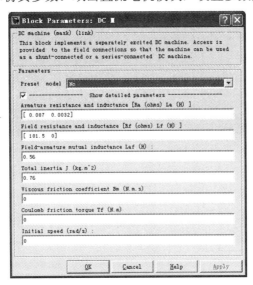

图 4-73　例 4.6 的直流电机参数设置

在电源 VDC 模块对话框中输入 220，在常数模块 Cons 对话框中输入 60.1。

打开菜单[Simulation>Configuration Parameters]，在图 4-74 的"算法选择"(Solver options)窗口中选择"变步长"(Variable-step)和"算法(ode45s)"，同时设置仿真结束时间为 1 s。

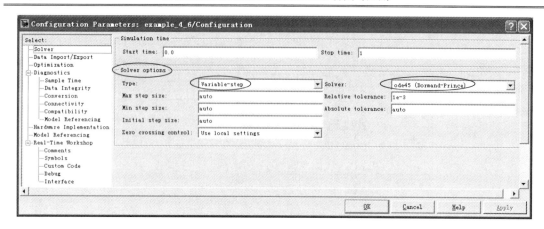

图 4-74　例 4.6 的系统仿真参数设置

（4）仿真及结果。开始仿真，观察定子电流、转速和电磁力矩，波形如图 4-75 所示。图中波形依次为电动机转速、电枢电流、励磁电流和电磁转矩。可见，电机带负荷启动时启动电流很大，最大可达 2500 A。在启动 0.4 s 后，转速达到 3000 r/min，电流下降为额定值 89 A 左右。

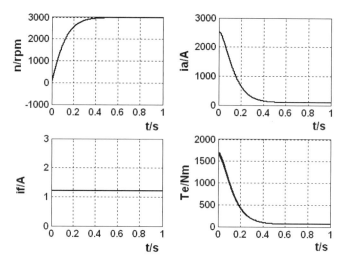

图 4-75　例 4.6 的仿真波形图

习　题

4-1　SimPowerSystems 库中提供了哪几种同步发电机模型？各模型间有什么联系和区别？复制这些模块到新模型文件中，熟悉各模块的参数设置。

4-2　SimPowerSystems 库中提供了哪几种电力变压器模型？复制这些模块到新模型文件中，熟悉各模块的参数设置。

4-3　SimPowerSystems 库中提供了哪几种输电线路模型？复制这些模块到新模型文件

中，熟悉各模块的参数设置。

4-4　SimPowerSystems 库中提供了哪几种负荷模型？复制这些模块到新模型文件中，熟悉各模块的参数设置。

4-5　一台三相隐极式同步电机，额定电压 $V_n = 400$ V，额定电流 $I_n = 23$ A，额定功率因数 $\cos\varphi_n = 0.8$(超前)，定子绕组为 Y 接，同步电抗 $X_c = 10.4$ Ω，忽略定子电阻。设计电路，使得这台电机运行在额定状态且功率因数为 $\cos\varphi_n = 0.8$(超前)，求空载电势 E_0、功率角 θ_n 和电磁功率 P_m。

4-6　一台三相凸极式同步电动机，定子绕组为 Y 接，额定电压为 380 V，纵轴同步电抗 $X_d = 6.06$ Ω，横轴同步电抗 $X_q = 3.43$ Ω。设计电路，使得系统的相电动势为 $E_0 = 250$ V，$\theta = 28°$，观察电磁功率 P_m。

4-7　一台单相降压变压器额定容量为 200 kVA，额定电压为 1000/230 V，原边参数 $R_1 = 0.1$ Ω，$X_1 = 0.16$ Ω，$R_m = 5.5$ Ω，$X_m = 63.5$ Ω。设计电路，观察空载与满载运行时原边和副边电压电流的大小和相位关系。(满载运行时原边电流滞后电压 30°。)

4-8　一台三相变压器 Y-Y 接，额定数据为 $P_n = 200$ kVA，1000/400 V。原边接额定电压，副边接三相对称负载，每相负载阻抗为 $Z_L = 0.96 + j0.48$ Ω，变压器每相短路阻抗 $Z_k = 0.15 + j0.35$ Ω。设计电路，观察该变压器原边电流、副边电流、副边电压的变化。

第 5 章　电力电子电路仿真分析

5.1　电力电子开关模块

SIMULINK 的 SimPowerSystems 库提供了常用的电力电子开关模块、各种整流、逆变电路模块以及时序逻辑驱动模块。SIMULINK 库中的各种信号源可以直接驱动这些开关单元和模块，因此使用这些元件组建电力电子电路并进行计算机数值仿真很方便。为了真实再现实际电路的物理状态，MATLAB 对几种常用电力电子开关元件的开关特性分别进行了建模，这些开关模型采用统一结构来表示，如图 5-1 所示。

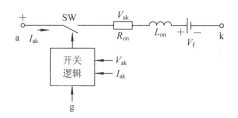

图 5-1　电力电子开关模块

图 5-1 中，开关元件主要由理想开关 SW、电阻 R_{on}、电感 L_{on}、直流电压源 V_f 组成的串联电路和开关逻辑单元来描述。各种电力电子开关元件的区别在于开关逻辑和串联电路参数的不同，其中开关逻辑决定了各种器件的开关特征；模块的串联电阻 R_{on} 和直流电压源 V_f 分别用来反映电力电子器件的导通电阻和导通时的电压降；串联电感 L_{on} 限制了器件开关过程中的电流升降速度，同时对器件导通或关断时的变化过程进行模拟。

由于电力电子器件在使用时一般都并联有缓冲电路，因此 MATLAB 电力电子开关模块中也并联了简单的 RC 串联缓冲电路，缓冲电路的阻值和电容值可以在参数对话框中设置，更复杂的缓冲电路则需要另外建立。有的器件(如 MOSFET)模块内部还集成了寄生二极管，在使用中需要加以注意。

由于 MATLAB 的电力电子开关模块中含有电感，因此有电流源的性质，在没有连接缓冲电路时不能直接与电感或电流源连接，也不能开路工作。含电力电子模块的电路或系统仿真时，仿真算法一般采用刚性积分算法，如 ode23tb、ode15s，这样可以得到较快的仿真速度。如果需要离散化电路，必须将电感值设为 0。

电力电子开关模块一般都带有一个测量输出端 m，通过它可以输出器件上的电压和电流值，不仅观测方便，而且可以为器件的耐压性能和电流的选择提供依据。

5.1.1　二极管模块

1. 原理与图标

图 5-2 所示为二极管模块的电路符号和静态伏安特性。当二极管正向电压 V_{ak} 大于门槛电压 V_f 时，二极管导通；当二极管两端加以反向电压或流过管子的电流降到 0 时，二极管关断。

图 5-2　二极管模块的电路符号和静态伏安特性

(a) 电路符号；(b) 静态伏安特性

SimPowerSystems 库提供的二极管模块图标如图 5-3 所示。

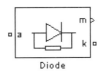

图 5-3　二极管模块图标

2. 外部接口

二极管模块有 2 个电气接口和 1 个输出接口。2 个电气接口(a，k)分别对应于二极管的阳极和阴极。输出接口(m)输出二极管的电流和电压测量值[I_{ak}，V_{ak}]，其中电流单位为 A，电压单位为 V。

3. 参数设置

双击二极管模块，弹出该模块的参数对话框，如图 5-4 所示。在该对话框中含有如下参数：

(1) "导通电阻"(Resistance Ron)文本框：单位为 Ω，当电感值为 0 时，电阻值不能为 0。

(2) "电感"(Inductance Lon)文本框：单位为 H，当电阻值为 0 时，电感值不能为 0。

(3) "正向电压"(Forward voltage Vf)文本框：单位为 V，当二极管正向电压大于 V_f 后，二极管导通。

(4) "初始电流"(Initial current Ic)文本框：单位为 A，设置仿真开始时的初始电流值。通常将初始电流值设为 0，表示仿真开始时二极管为关断状态。设置初始电流值大于 0，表示仿真开始时二极管为导通状态。如果初始电流值非 0，则必须设置该线性系统中所有状态变量的初值。对电力电子变换器中的所有状态变量设置初始值是很麻烦的事情，所以该选项只适用于简单电路。

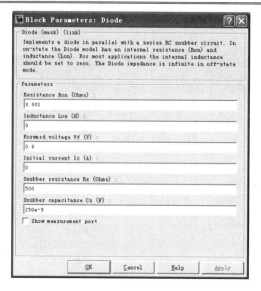

图 5-4　二极管模块参数对话框

(5) "缓冲电路阻值"(Snubber resistance Rs)文本框：并联缓冲电路中的电阻值，单位为 Ω。缓冲电阻值设为 inf 时将取消缓冲电阻。

(6) "缓冲电路电容值"(Snubber capacitance Cs)文本框：并联缓冲电路中的电容值，单位为 F。缓冲电容值设为 0 时，将取消缓冲电容；缓冲电容值设为 inf 时，缓冲电路为纯电阻性电路。

(7) "测量输出端"(Show measurement port)复选框：选中该复选框，出现测量输出接口 m，可以观测二极管的电流和电压值。

【例 5.1】如图 5-5 所示，构建简单的二极管整流电路，观测整流效果。其中电压源频率为 50 Hz，幅值为 100 V，电阻 R 为 1 Ω，二极管模块采用默认参数。

　　解：(1) 按图 5-5 搭建仿真电路模型，选用的各模块的名称及提取路径见表 5-1。

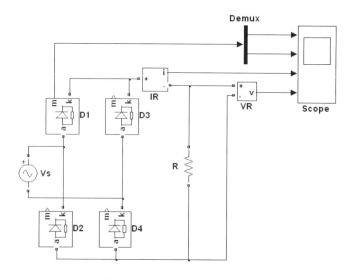

图 5-5　例 5.1 的仿真电路图

表 5-1　例 5.1 仿真电路模块的名称及提取路径

模 块 名	提 取 路 径
二极管模块 D1、D2、D3、D4	SimPowerSystems/Power Electronics
交流电压源 Vs	SimPowerSystems/Electrical Sources
串联 RLC 支路 R	SimPowerSystems/Elements
电压表模块 VR	SimPowerSystems/Measurements
电流表模块 IR	SimPowerSystems/Measurements
信号分离模块 Demux	Simulink/Signal Routing
示波器 Scope	Simulink/Sinks

(2) 设置参数和仿真参数。二极管模块采用图 5-4 所示的默认参数。交流电压源 V_s 的频率等于 50 Hz、幅值等于 100 V。串联 RLC 支路为纯电阻电路，其中 $R = 1\ \Omega$。

打开菜单[Simulation>Configuration Parameters]，选择 ode23tb 算法，同时设置仿真结束时间为 0.2 s。

(3) 仿真及结果。开始仿真。在仿真结束后双击示波器模块，得到二极管 D_1 和电阻 R 上的电流电压如图 5-6 所示。图中波形从左至右、从上向下依次为二极管电流、二极管电压、电阻电流、电阻电压。

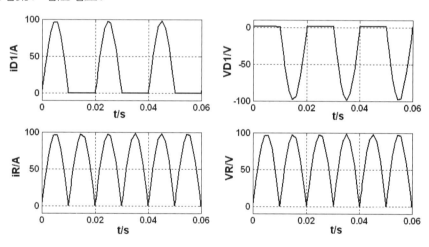

图 5-6　例 5.1 的仿真波形图

5.1.2　晶闸管模块

1. 原理与图标

晶闸管是一种由门极信号触发导通的半导体器件，图 5-7 所示为晶闸管模块的电路符号和静态伏安特性。当晶闸管承受正向电压($V_{ak} > 0$)且门极有正的触发脉冲($g > 0$)时，晶闸管导通。触发脉冲必须足够宽，才能使阳极电流 I_{ak} 大于设定的晶闸管擎住电流 I_1，否则晶闸管仍要转向关断。导通的晶闸管在阳极电流下降到 $0(I_{ak} = 0)$ 或者承受反向电压时关断，同样晶闸管承受反向电压的时间应大于设置的关断时间，否则，尽管门极信号为 0，晶闸管也可能导通。这是因为关断时间是表示晶闸管内载流子复合的时间，是晶闸管阳极电流降到 0 到晶闸管能重新施加正向电压而不会误导通的时间。

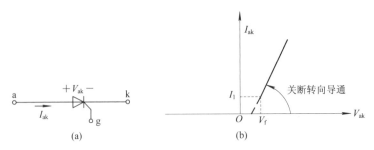

图 5-7　晶闸管模块的电路符号和静态伏安特性

(a) 电路符号；(b) 静态伏安特性

SimPowerSystems 库提供的晶闸管模块一共有两种：一种是详细的模块(Detailed Thyristor)，需要设置的参数较多；另一种是简化的模块(Thyristor)，参数设置较简单。晶闸管模块的图标如图 5-8。

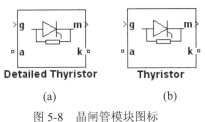

图 5-8　晶闸管模块图标

(a) 详细模块；(b) 简化模块

2. 外部接口

晶闸管模块有 2 个电气接口、1 个输入接口和 1 个输出接口。2 个电气接口(a，k)分别对应于晶闸管的阳极和阴极。输入接口(g)为门极逻辑信号。输出接口(m)输出晶闸管的电流和电压测量值[I_{ak}，V_{ak}]，其中电流单位为 A，电压单位为 V。

3. 参数设置

双击晶闸管模块，弹出该模块的参数对话框，如图 5-9 所示。在该对话框中含有如下参数(以详细模块为例)：

(1) "导通电阻"(Resistance Ron)文本框：单位为 Ω，当电感值为 0 时，电阻值不能为 0。

(2) "电感"(Inductance Lon)文本框：单位为 H，当电阻值为 0 时，电感值不能为 0。

(3) "正向电压"(Forward voltage Vf)文本框：晶闸管的门槛电压 V_f，单位为 V。

(4) "擎住电流"(Latching current I1)文本框：单位为 A，简单模块没有该项。

(5) "关断时间"(Turn-off time Tq)文本框：单位为 s，它包括阳极电流下降到 0 的时间和晶闸管正向阻断的时间。简单模块没有该项。

(6) "初始电流"(Initial current Ic)文本框：单位为 A，当电感值大于 0 时，可以设置仿真开始时晶闸管的初始电流值，通常设为 0 表示仿真开始时晶闸管为关断状态。如果电流初始值非 0，则必须设置该线性系统中所有状态变量的初值。对电力电子变换器中的所有状态变量设置初始值是很麻烦的事情，所以该选项只适用于简单电路。

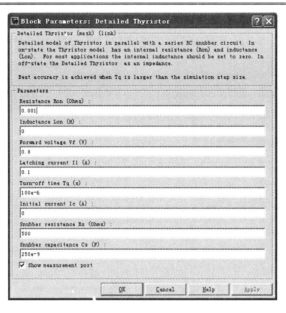

图 5-9　晶闸管模块参数对话框

(7) "缓冲电路阻值"(Snubber resistance Rs)文本框：并联缓冲电路中的电阻值，单位为 Ω。缓冲电阻值设为 inf 时将取消缓冲电阻。

(8) "缓冲电路电容值"(Snubber capacitance Cs)文本框：并联缓冲电路中的电容值，单位为 F。缓冲电容值设为 0 时，将取消缓冲电容；缓冲电容值设为 inf 时，缓冲电路为纯电阻性电路。

(9) "测量输出端"（Show measurement port）复选框：选中该复选框，出现测量输出端口 m，可以观测晶闸管的电流和电压值。

【例 5.2】如图 5-10 所示，构建单相桥式可控整流电路，观测整流效果。晶闸管模块采用默认参数。

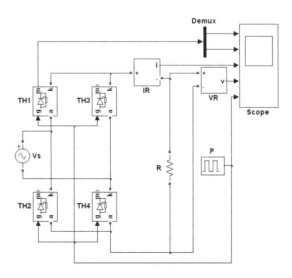

图 5-10　例 5.2 的仿真电路图

解：(1) 按图 5-10 搭建仿真电路模型，选用的各模块的名称及提取路径见表 5-2。

表 5-2　例 5.2 仿真电路模块的名称及提取路径

模 块 名	提 取 路 径
晶闸管模块 TH1、TH2、TH3、TH4	SimPowerSystems/Power Electronics
交流电压源 Vs	SimPowerSystems/Electrical Sources
串联 RLC 支路 R	SimPowerSystems/Elements
脉冲发生器模块 P	Simulink/Sources
电压表模块 VR	SimPowerSystems/Measurements
电流表模块 IR	SimPowerSystems/Measurements
信号分离模块 Demux	Simulink/Signal Routing
示波器 Scope	Simulink/Sinks

(2) 设置模块参数和仿真参数。晶闸管的触发脉冲通过简单的"脉冲发生器"(Pulse Generator)模块产生，脉冲发生器的脉冲周期取为 2 倍的系统频率，即 100 Hz。晶闸管的控制角 α 以脉冲的延迟时间 t 来表示，取 $\alpha = 30°$，对应的时间 $t = 0.02 \times 30/360 = 0.01/6$ s。脉冲宽度用脉冲周期的百分比表示，默认值为 50%。双击脉冲发生器模块，按图 5-11 设置参数。晶闸管模块采用图 5-9 所示的默认设置。交流电压源 V_s 的频率等于 50 Hz、幅值等于 100 V。串联 RLC 支路为纯电阻电路，其中 $R = 1$ Ω。

图 5-11　例 5.2 的脉冲发生器模块参数设置

打开菜单[Simulation>Configuration Parameters]，选择 ode23tb 算法，同时设置仿真结束时间为 0.2 s。

(3) 仿真及结果。开始仿真。在仿真结束后双击示波器模块，得到晶闸管 TH1 和电阻 R 上的电流、电压如图 5-12 所示。图中波形从上向下依次为晶闸管电流、晶闸管电压、电阻电流、电阻电压和脉冲信号。

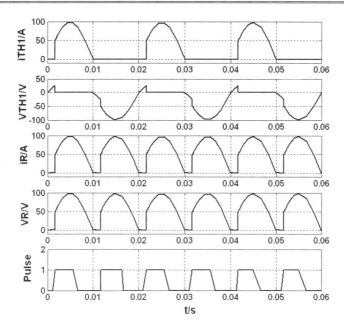

图 5-12　例 5.2 的仿真波形图

5.1.3　可关断晶闸管模块

1. 原理与图标

可关断晶闸管(GTO)是通过门极信号触发导通和关断的半导体器件。与普通晶闸管一样，GTO 可被正的门极信号(g>0)触发导通。与普通晶闸管的区别是，普通的晶闸管导通后，只有等到阳极电流过 0 时才能关断，而 GTO 可以在任何时刻通过施加等于 0 或负的门极信号实现关断。图 5-13(a)所示为 GTO 模块的电路符号。

SIMULINK 提供的 GTO 模块在端口电压大于门槛电压 V_f 且门极信号大于 0(g>0)时导通，在门极信号等于 0 或负(g≤0)时关断。但它的电流并不立即衰减为 0，因为 GTO 的电流衰减过程需要时间。GTO 的电流衰减过程对晶闸管的关断损耗有很大影响，所以在模块中考虑了关断特性。电流衰减过程被近似分为两段：当门极信号变为 0 后，电流从 I_{max} 下降到 $0.1I_{max}$ 所用的下降时间 T_f；从 $0.1I_{max}$ 降到 0 的拖尾时间 T_t。当电流 I_{ak} 降为 0 时，GTO 彻底关断。电流的下降时间和拖尾时间可以在参数对话框中设置。GTO 模块的开关特性如图 5-13(b)所示。

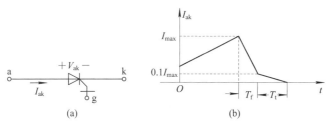

图 5-13　可关断晶闸管模块的电路符号和开关特性

(a) 电路符号；(b) 开关特性

SimPowerSystems 库提供的 GTO 模块图标如图 5-14 所示。

Gto

图 5-14　可关断晶闸管模块的图标

2. 外部接口

GTO 模块有 2 个电气接口、1 个输入接口和 1 个输出接口。2 个电气接口(a，k)分别对应于可关断晶闸管的阳极和阴极。输入接口(g)为门极输入信号。输出接口(m)输出 GTO 的电流和电压测量值[I_{ak}，V_{ak}]，其中电流单位为 A，电压单位为 V。

3. 参数设置

双击 GTO 模块，弹出该模块的参数对话框，如图 5-15 所示。该对话框中含有如下参数：

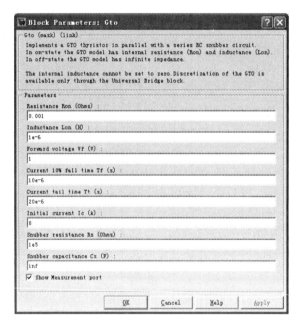

图 5-15　可关断晶闸管模块参数对话框

(1)"导通电阻"(Resistance Ron)文本框：单位为 Ω，当电感值为 0 时，电阻值不能为 0。

(2)"电感 (Inductance Lon)文本框：单位为 H，当电阻值为 0 时，电感值不能为 0。

(3)"正向电压"(Forward voltage Vf)文本框：GTO 的门槛电压，单位为 V。

(4)"电流减小到 10%时的下降时间"(Current 10% fall time Tf)文本框：单位为 s。

(5)"拖尾时间"(Current tail time Tt)文本框：从 $0.1I_{max}$ 降到 0 的时间，单位为 s。

(6)"初始电流"(Initial current Ic)文本框：与晶闸管相同。

(7) "缓冲电路阻值"(Snubber resistance Rs)文本框：并联缓冲电路中的电阻值，单位为 Ω。缓冲电阻值设为 inf 时将取消缓冲电阻。

(8) "缓冲电路电容值"(Snubber capacitance Cs)文本框：并联缓冲电路中的电容值，单位为 F。缓冲电容值设为 0 时，将取消缓冲电容；缓冲电容值设为 inf 时，缓冲电路为纯电阻性电路。

(9) "测量输出端"（Show Measurement port)复选框：选中该复选框，出现测量输出口 m，可以观测 GTO 的电流和电压值。

> **注意：**
> GTO 模块不能被离散化，如果需要离散化电路，建议采用通用桥式电路或三电平桥式电路。

【例 5.3】如图 5-16 所示，构建降压变换器电路，观测降压效果。GTO 模块采用默认参数。二极管去掉缓冲电路，控制信号频率为 500 Hz，占空比为 0.6。

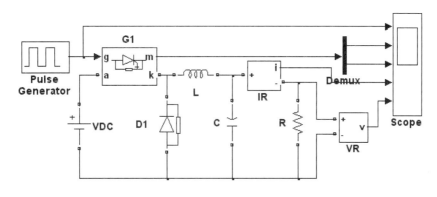

图 5-16　例 5.3 的仿真电路图

解：(1) 按图 5-16 搭建仿真电路模型，选用的各模块的名称及提取路径见表 5-3。

表 5-3　例 5.3 仿真电路模块的名称及提取路径

模 块 名	提 取 路 径
可关断晶闸管模块 G1	SimPowerSystems/Power Electronics
二极管模块 D1	SimPowerSystems/Power Electronics
直流电压源 VDC	SimPowerSystems/Electrical Sources
串联 RLC 支路 R、L、C	SimPowerSystems//Elements
脉冲发生器模块 Pulse Generator	Simulink/Sources
电压测量模块 VR	SimPowerSystems/Measurements
电流测量模块 IR	SimPowerSystems/Measurements
信号分离模块 Demux	Simulink/ Signal Routing
示波器 Scope	Simulink/Sinks

(2) 设置模块参数和仿真参数。双击脉冲发生器模块，按图 5-17 设置参数。双击二极管模块，按图 5-18 设置参数。可关断晶闸管模块采用图 5-15 所示的默认设置。直流电压源 V_{DC} 的幅值等于 100 V。串联 RLC 支路中，电阻 $R = 1\ \Omega$，电感 $L = 0.5\ \text{mH}$，电容 $C = 300\ \text{pF}$。

打开菜单[Simulation>Configuration Parameters]，选择 ode23tb 算法，同时设置仿真结束时间为 0.01 s。

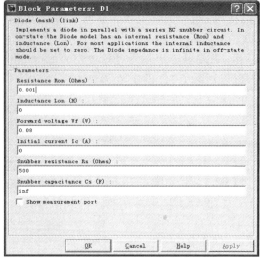

图 5-17　例 5.3 的脉冲发生器模块参数设置　　　　图 5-18　例 5.3 的二极管模块参数设置

(3) 仿真及结果。开始仿真。在仿真结束后双击示波器模块，得到可关断晶闸管 G_1 和电阻 R 上的电流电压如图 5-19 所示。图中波形从上向下分别为脉冲信号、可关断晶闸管电流、可关断晶闸管电压、电阻电流和电阻电压。

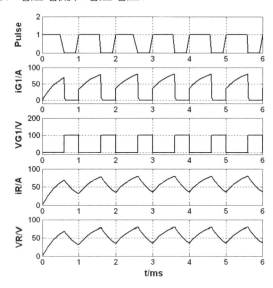

图 5-19　例 5.3 的仿真波形图

5.1.4　电力场效应晶体管模块

1. 原理与图标

电力场效应晶体管(MOSFET)是一种在漏极电流大于 0 时，受栅极信号($g>0$)控制的半导体器件。它具有开关频率高、导通压降小等特点，在电力电子电路中使用广泛。MOSFET 一般有结型和绝缘栅型两种结构，但 SimPowerSystems 库中的 MOSFET 模块并不区分这两种模块，也没有 P 沟道和 N 沟道之分，仅反映了 MOSFET 的开关特性。MOSFET 模块在门极信号为正$(g>0)$且漏极电流大于 0 时导通，在门极信号为 0 时关断。如果漏极电流为负且门极信号为 0，则 MOSFET 模块在电流过 0 时关断。MOSFET 模块上反向并联了一个二极管模块，当 MOSFET 模块反向偏置时二极管模块导通，因此在外特性上，正向导通时导通电阻是 R_{on}，反向导通时导通电阻是二极管模块的内电阻 R_d。MOSFET 模块的电路符号及外特性如图 5-20 所示。

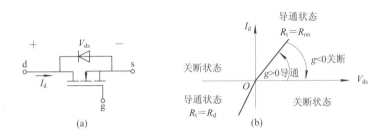

图 5-20　电力场效应晶体管模块的电路符号及外特性

(a) 电路符号；(b) 外特性

SimPowerSystems 库提供的 MOSFET 模块的图标如图 5-21 所示。

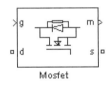

图 5-21　电力场效应晶体管模块的图标

2. 外部连接接口

MOSFET 模块有 2 个电气接口、1 个输入接口和 1 个输出接口。2 个电气接口(d，s)分别对应于 MOSFET 的漏极和源极。输入接口(g)为栅极控制信号。输出接口(m)输出 MOSFET 的电流和电压测量值$[I_d，V_{ds}]$，其中电流单位为 A，电压单位为 V。

3. 参数设置

双击 MOSFET 模块，弹出该模块的参数对话框，如图 5-22 所示。该对话框中含有如下参数：

(1) "导通电阻"(Resistance Ron)文本框：单位为 Ω。

(2) "电感"(Inductance Lon)文本框：单位为 H，电感值不能为 0。

(3) "内接二极管电阻"(Internal diode resistance Rd)文本框：单位为 Ω，二极管模块导通时的内接电阻值。

(4) "初始电流"(Initial current Ic)文本框：与晶闸管相同。

(5) "缓冲电路阻值"(Snubber resistance Rs)文本框：并联缓冲电路中的电阻值，单位

为 Ω。缓冲电阻值设为 inf 时将取消缓冲电阻。

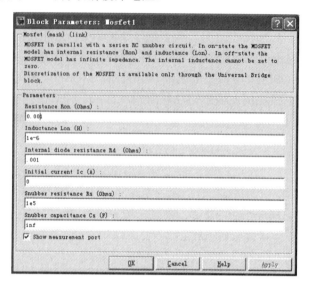

图 5-22　电力场效应晶体管模块参数对话框

(6)　"缓冲电路电容值"(Snubber capacitance Cs)文本框：并联缓冲电路中的电容值，单位为 F。缓冲电容值设为 0 时，将取消缓冲电容；缓冲电容值设为 inf 时，缓冲电路为纯电阻性电路。

(7)　"测量输出端"(Show measurement port)复选框：选中该复选框，出现测量输出端口 m，可以观测 MOSFET 的电流和电压值。

> 注意：
> 　MOSFET 模块不能被离散化，如果需要离散化电路，建议使用通用桥式电路或三电平桥式电路。

【例 5.4】如图 5-23 所示，构建零电流准谐振开关换流器电路，观测零电流切换效果。为了避免谐振电感、电流源和 MOSFET 直接串联，在电感 L 上并联了一个 1000 Ω 的电阻。控制信号频率为 2 MHz，占空比为 0.2。

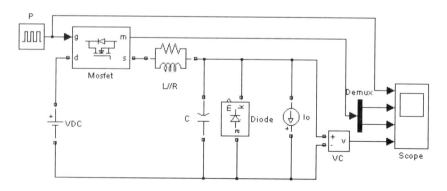

图 5-23　例 5.4 的仿真电路图

解: (1) 按图 5-23 搭建仿真电路模型,选用的各模块的名称及提取路径见表 5-4。

表 5-4 例 5.4 仿真电路模块的名称及提取路径

模 块 名	提 取 路 径
电力场效应晶体管模块 Mosfet	SimPowerSystems/Power Electronics
二极管模块 Diode	SimPowerSystems/Power Electronics
直流电压源 VDC	SimPowerSystems/Electrical Sources
电流源 Io	SimPowerSystems/Electrical Sources
串联 RLC 支路 C	SimPowerSystems/Elements
并联 RLC 支路 L//R	SimPowerSystems/Elements
脉冲发生器模块 P	Simulink/Sources
电压表模块 VC	SimPowerSystems/Measurements
信号分离模块 Demux	Simulink/ Signal Routing
示波器 Scope	Simulink/Sinks

(2) 设置模块参数和仿真参数。双击电力场效应晶体管模块,按图 5-24 设置参数。双击脉冲发生器模块,按图 5-25 设置参数。

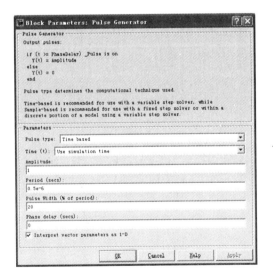
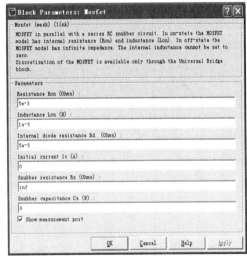

图 5-24 例 5.4 的电力场效应晶体管模块参数设置　　图 5-25 例 5.4 的脉冲发生器模块参数设置

双击二极管模块,按图 5-26 设置参数。双击电流源模块,按图 5-27 设置参数。直流电压源 V_{DC} 的幅值等于 24 V。串联 RLC 支路为纯容性电路,其中电容 $C = 0.03$ μF。并联 RLC 支路中,$L = 0.02$ μH,$R = 1000$ Ω。

打开菜单[Simulation>Configuration Parameters],选择 ode23tb 算法,同时设置仿真结束时间为 0.002 ms。

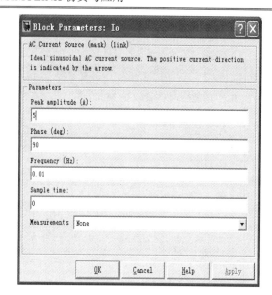

图 5-26　例 5.4 的二极管模块参数设置　　　　图 5-27　例 5.4 的电流源模块参数设置

(3) 仿真及结果。开始仿真。在仿真结束后双击示波器模块，得到电力场效应晶闸管 MOSFET 和电容 C 上的电流和电压，如图 5-28 所示。图中波形从左向右、从上向下依次为脉冲信号、电力场效应晶闸管电流、电力场效应晶闸管电压、电容电压。

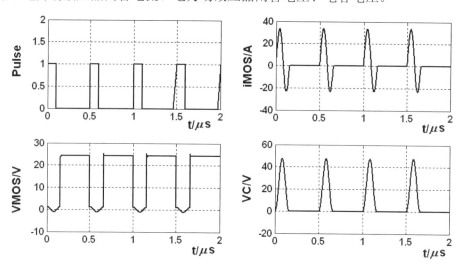

图 5-28　例 5.4 的仿真波形图

5.1.5　绝缘栅极双极性晶体管模块

1. 原理与图标

绝缘栅极双极性晶体管(Insulted Gate Bipolar Transistor，IGBT)是一种受栅极信号控制的半导体器件。它出现在 20 世纪 80 年代中期，由于结合了场效应晶体管和电力晶体管的优点，因此具有驱动功率小，开关速度快，通流能力强的特点，目前已经成为中小功率电力电子设备的主导器件。IGBT 模块的电路符号及外特性如图 5-29 所示。

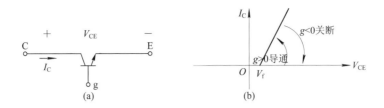

图 5-29　绝缘栅极双极性晶体管模块的电路符号及外特性

(a) 电路符号；(b) 外特性

　　IGBT 模块在集电极—发射极间电压 V_{CE} 为正且大于 V_f、门极信号为正($g > 0$)时导通。即使集电极—发射极间电压为正，但门极信号为 $0(g = 0)$，IGBT 也要关断。如果 IGBT 集电极—发射极间电压为负($V_{CE} < 0$)，则 IGBT 关断。但对于商品 IGBT 来说，因为其内部已并联了反向二极管，所以 IGBT 并没有反向阻断能力。

　　IGBT 模块的开关特性如图 5-30 所示。IGBT 在关断时，有电流下降和电流拖尾两段时间，下降时间内电流减小到最大电流的 10%，经过拖尾时间后 IGBT 完全关断。IGBT 的电流下降时间和拖尾时间可以在参数对话框中设置。

　　IGBT 模块上并联了 RC 缓冲电路，缓冲电阻和电容的设置与其它器件相同。

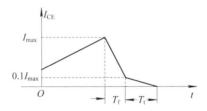

图 5-30　绝缘栅极双极性晶体管模块的开关特性

SimPowerSystems 库提供的 IGBT 模块的图标如图 5-31 所示。

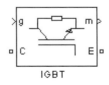

图 5-31　绝缘栅极双极性晶体管模块的图标

2. 外部接口

　　该模块有 2 个电气接口、1 个输入接口和 1 个输出接口。2 个电气接口(C，E)分别对应于 IGBT 的集电极和发射极。输入接口(g)为门极控制信号，控制 IGBT 模块的导通和关断。输出接口(m)输出 IGBT 模块的电流和电压测量值[I_C，V_{CE}]，其中电流单位为 A，电压单位为 V。

3. 参数设置

双击 IGBT 模块，弹出该模块的参数对话框，如图 5-32 所示。该对话框中含有如下参数：

(1) "导通电阻" (Resistance Ron)文本框：单位为 Ω。

(2) "电感" (Inductance Lon)文本框：单位为 H，电感值不能为 0。

(3) "正向电压" (Forward voltage Vf)文本框：IGBT 模块的门槛电压 V_f，单位为 V。

(4) "电流减小到 10%时的下降时间" (Current 10% fall time Tf)文本框：单位为 s。

(5) "拖尾时间" (Current tail time Tt)文本框：单位为 s。

(6) "初始电流" (Initial current Ic)文本框：与晶闸管相同。

(7) "缓冲电路阻值" (Snubber resistance Rs)文本框：并联缓冲电路中的电阻值，单位为 Ω。缓冲电阻值设为 inf 时，将取消缓冲电阻。

(8) "缓冲电路电容值" (Snubber capacitance Cs)文本框：并联缓冲电路中的电容值，单位为 F。缓冲电容值设为 0 时，将取消缓冲电容；缓冲电容值为 inf 时，缓冲电路为纯电阻性电路。

(9) "测量输出端" (Show measurement port)复选框：选中该复选框，出现测量输出端口 m，可以观测 IGBT 的电流和电压值。

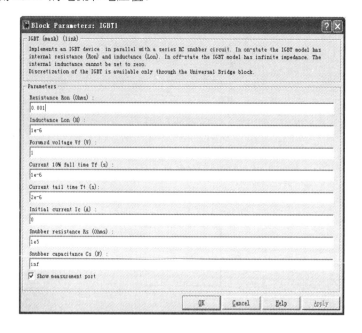

图 5-32　绝缘栅极双极性晶体管模块参数对话框

注意：
单个的 IGBT 模块不能被离散化，但用通用桥模块或三级桥模块构成的 IGBT/Diode 桥电路可以被离散化。

【例 5.5】如图 5-33 所示，构建升压变换器电路，观测升压效果。IGBT 模块采用默认参数。二极管并联有一个值为 10^5 Ω 的纯电阻性缓冲电路。控制信号频率为 10 kHz，占空比为 0.5。

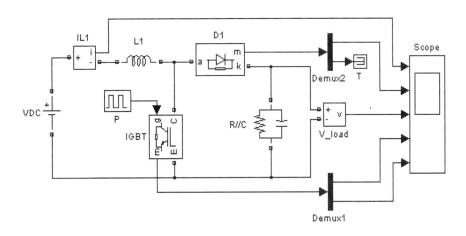

图 5-33　例 5.5 的仿真电路图

解：(1) 按图 5-33 搭建仿真电路模型，选用的各模块的名称及提取路径见表 5-5。

表 5-5　例 5.5 仿真电路模块的名称及提取路径

模块名	提取路径
绝缘栅极双极性晶体管模块 IGBT	SimPowerSystems/Power Electronics
二极管模块 D1	SimPowerSystems/Power Electronics
直流电压源 VDC	SimPowerSystems/Electrical Sources
串联 RLC 支路 L1	SimPowerSystems/Elements
并联 RLC 支路 R//C	SimPowerSystems/Elements
脉冲发生器模块 P	Simulink/Sources
电压表模块 V_load	SimPowerSystems/Measurements
电流表模块 IL1	SimPowerSystems/Measurements
信号分离模块 Demux1、Demux2	Simulink/ Signal Routing
示波器 Scope	Simulink/Sinks
信号终结模块 T	Simulink/Sinks

(2) 设置模块参数和仿真参数。双击脉冲发生器模块，按图 5-34 设置参数。双击二极管模块，按图 5-35 设置参数。绝缘栅极双极性晶体管模块采用图 5-32 所示的 SIMULINK 的默认设置。直流电压源 V_{DC} 的幅值等于 100 V。串联 RLC 支路为纯感性电路，其中电感 $L_1 = 400$ μH。并联 RLC 支路中，$L = inf$，$R = 50$ Ω，$C = 25$ μF。

打开菜单[Simulation>Configuration Parameters]，选择 ode23tb 算法，同时设置仿真结束时间为 20 ms。

(3) 仿真及结果。开始仿真。在仿真结束后双击示波器模块，得到绝缘栅极双极性晶体管 IGBT 和并联 RLC 元件 R//C 上的电流电压如图 5-36 所示。图中波形从上向下依次为电感电流、二极管电流、负荷电压、绝缘栅极双极性晶体管电流和电压。

图 5-34　例 5.5 的脉冲发生器模块参数设置　　　图 5-35　例 5.5 的二极管模块参数设置

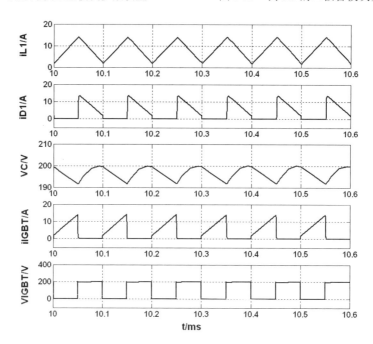

图 5-36　例 5.5 的仿真波形图

5.1.6　理想开关模块

1. 原理与图标

　　理想开关是 SIMULINK 特设的一种电子开关，其模块的电路符号如图 5-37(a)所示。理想开关的特点是导通和关断受门极控制，开关导通时电流可以双向通过。当门极信号 $g = 0$ 时，无论开关承受正向还是反向电压，开关都关断；当门极信号 $g > 0$ 时，无论开关承受正向还是反向电压，开关都导通。在门极触发时开关动作是瞬时完成的。理想开关模块的伏安特性如图 5-37(b)所示。

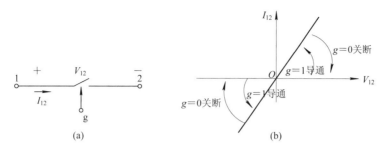

图 5-37　理想开关模块的电路符号和伏安特性

(a) 电路符号；(b) 伏安特性

SimPowerSystems 库提供的理想开关模块的图标如图 5-38 所示。

图 5-38　理想开关模块的图标

2. 外部接口

理想开关模块有 2 个电气接口、1 个输入接口和 1 个输出接口。2 个电气接口(1，2)与电路直接连接。输入接口(g)输入开关导通或关断的控制信号。输出接口(m)输出理想开关的电流和电压测量值[I_{12}，V_{12}]，其中电流单位为 A，电压单位为 V。

3. 参数设置

双击理想开关模块，弹出该模块的参数对话框，如图 5-39 所示。该对话框中含有如下参数：

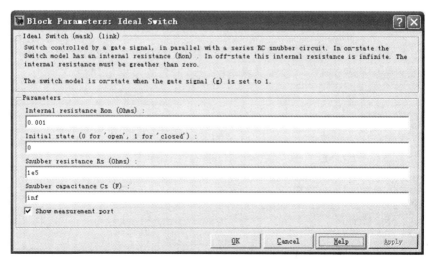

图 5-39　理想开关模块参数对话框

(1) "内部电阻"(Internal resistance Ron)文本框：单位为 Ω，电阻值不能为 0。

(2) "初始状态"(Initial state)文本框：0 为关断，1 为导通。

(3) "缓冲电路阻值" (Snubber resistance Rs)文本框：并联缓冲电路中的电阻值，单位为 Ω。缓冲电阻值设为 inf 时，将取消缓冲电阻。

(4) "缓冲电路电容值"(Snubber capacitance Cs)文本框：并联缓冲电路中的电容值，单位为 F。缓冲电容值设为 0 时，将取消缓冲电容；缓冲电容值设为 inf 时，缓冲电路为纯电阻性电路。

(5) "测量输出端"(Show measurement port)复选框：选中该复选框，出现测量输出端口 m，可以观测理想开关模块的电流和电压值。

> **注意：**
> 　理想开关模块相当于一个电流源，在没有缓冲电路时不能和电感、电流源串联或者直接开路。

【例 5.6】如图 5-40 所示，构建理想开关电路，观测理想开关的投切效果。开关未并联缓冲电路，导通时电阻为 0.01 Ω，开关初始为合闸状态，0.06 s 时开关断开，0.165 s 时重合闸成功。

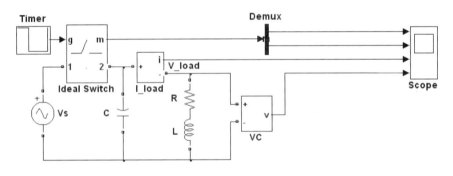

图 5-40　例 5.6 的仿真电路图

解： (1) 按图 5-40 搭建仿真电路模型，选用的各模块的名称及提取路径见表 5-6。

表 5-6　例 5.6 仿真电路模块的名称及提取路径

模 块 名	提 取 路 径
理想开关模块 Ideal Switch	SimPowerSystems/Power Electronics
电压源 Vs	SimPowerSystems/Electrical Sources
串联 RLC 支路 R、L、C	SimPowerSystems/Elements
电压表模块 Vc	SimPowerSystems/Measurements
电流表模块 I_load	SimPowerSystems/Measurements
信号分离模块 Demux	Simulink/ Signal Routing
示波器 Scope	Simulink/Sinks
定时器模块 Timer	SimPowerSystems/Extra Library/Control Blocks

(2) 设置模块参数和仿真参数。双击理想开关模块，按图 5-41 设置参数。双击定时器模块，按图 5-42 设置开关初始为合闸状态，0.06 s 时开关断开，0.165 s 时再次合闸。

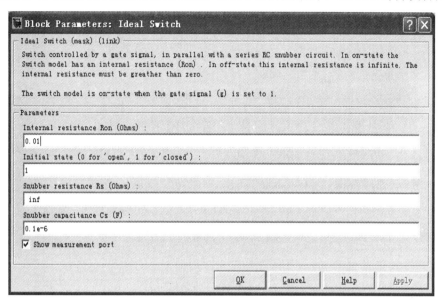

图 5-41　例 5.6 的理想开关模块参数设置

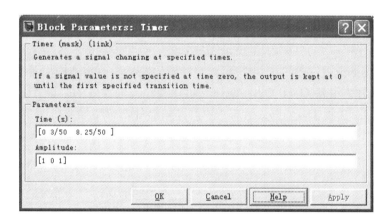

图 5-42　例 5.6 的定时器模块参数设置

电压源 V_s 的有效值为 120 V，频率为 50 Hz。串联 RLC 支路中，电阻 $R = 10\ \Omega$，电感 $L = 0.1$ H，电容 $C = 10\ \mu\text{F}$。

打开菜单[Simulation>Configuration Parameters]，选择 ode23tb 算法，同时设置仿真结束时间为 20 ms。

(3) 仿真及结果。开始仿真。在仿真结束后双击示波器模块，得到理想开关和 RL 支路上的电流电压如图 5-43 所示。图中波形从左至右、从上向下依次为理想开关电流、理想开关电压、负荷电流、负荷电压。从仿真波形图上可以清楚观察到电流最大时断开开关导致的负荷过电压和电压最大时投入重合闸的冲击电流。

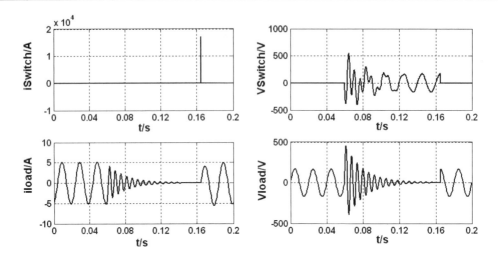

图 5-43　例 5.6 的仿真波形图

5.2　桥式电路模块

5.2.1　三电平桥式电路模块

1. 原理与图标

SimPowerSystems 库提供的三电平桥式电路模块图标和单相结构如图 5-44 所示。该模块每一相由 4 个开关设备(Q_{1A}、Q_{2A}、Q_{3A}、Q_{4A})、4 个反向并联的二极管(D_{1A}、D_{2A}、D_{3A}、D_{4A})和 2 个箝位二极管(D_{5A}、D_{6A})组成,所有开关器件均忽略导通时间、下降时间和拖尾时间。

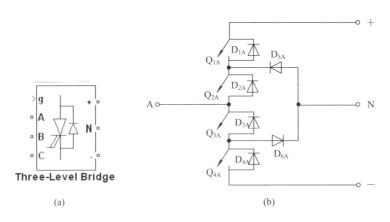

图 5-44　三电平桥式电路模块

(a) 图标；(b) 单相结构

2. 外部接口

三电平桥式电路模块有 6 个电气接口和 1 个输入接口。电气接口 A、B、C 用于连接三相电源或整流变压器的三相输出。电气接口"+"和"−"连接直流侧正负极。箝位中性点 N 用于外电路的连接。输入接口(g)用于接入开关设备的触发信号。

3. 参数设置

双击三电平桥式电路模块，弹出该模块的参数对话框，如图 5-45 所示。该对话框中含有如下参数：

(1) "桥臂个数"(Number of bridge arms)下拉框：决定桥的拓扑结构，可选 1、2、3 三种桥臂数。

(2) "缓冲电路阻值"(Snubber resistance Rs)文本框：并联缓冲电路中的电阻值，单位为 Ω。缓冲电阻值设为 inf 时，将取消缓冲电阻。

(3) "缓冲电路电容值"(Snubber capacitance Cs)文本框：并联缓冲电路中的电容值，单位为 F。缓冲电容值设为 0 时，将取消缓冲电容；缓冲电容值为 inf 时，缓冲电路为纯电阻性电路。

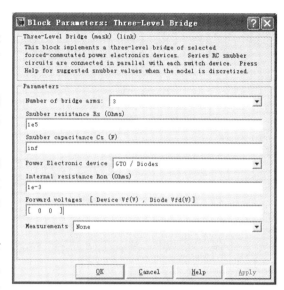

图 5-45　三电平桥式电路模块参数对话框

注意：

如果强迫换流器件上加有触发信号，则三电平桥式电路模块可以只带有纯电阻缓冲电路。如果强迫换流器件上不加触发信号，则整个模块将成为一个二极管整流器，在这种情况下，必须适当设置 R_s 和 C_s 的值。如果模块被离散化，则可以用以下公式对 R_s 和 C_s 的值进行估算：

$$R_s > 2\frac{T_s}{C_s}$$

$$C_s < \frac{P_n}{1000(2\pi f)V_n^2}$$

其中，P_n 为单相或三相变换器的额定功率；V_n 为交流侧额定线电压；f 为基频；T_s 为采样时间。

R_s 和 C_s 的值按以下两个原则确定：

(1) 电力电子器件关断时，缓冲电路中的基频漏电流小于额定电流的 0.1%；

(2) 缓冲电路中的时间常数 RC 大于两倍的采样时间 T_s。注意，保证离散桥电路数值稳定性的 R_s 和 C_s 的值与实际电路中的值不同。

(4) "电力电子开关"(Power Electronic device)下拉框：选择三电平桥式电路中的电力

电子开关种类，有 4 种开关可供选择，即 GTO-Diode、Mosfet-Diode、IGBT-Diode 和理想开关。不同的开关对应不同的图标。图 5-44(a)所示的图标是 GTO 桥，MOSFET 桥、IGBT 桥和理想开关桥式电路的图标如图 5-46 所示。若选中理想开关桥式电路，对应的电路结构也发生了改变，如图 5-47 所示。

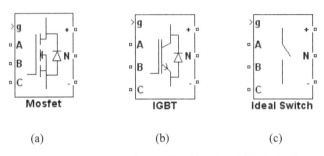

图 5-46　不同电力电子器件下的三电平桥式电路图标
(a) MOSFET；(b) IGBT；(c) 理想开关

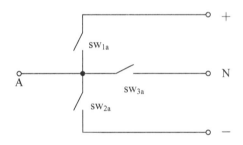

图 5-47　理想开关三电平桥式电路单相结构图

(5) "内部电阻"(Internal resistance Ron)文本框：电力电子开关和二极管的内部电阻，单位为 Ω。

(6) "正向电压"(Forward voltage)文本框：当电力电子开关为 IGBT 和 GTO 时，该项需要输入 IGBT 和 GTO 的门槛电压 V_f 和反向并联的二极管门槛电压 V_{fd}，单位均为 V。

(7) "测量参数"(Measurements)下拉框：对以下变量进行测量。

① 无(None)：不测量任何变量。

② 所有器件电流(All device currents)：测量流经开关器件和二极管的电流。如果定义了缓冲电路，测量值仅为流过开关器件的电流。

③ 相电压和直流电压(Phase-to-Neutral and DC voltages)：测量三电平桥式电路模块交流和直流侧的端口电压。

④ 所有变量(All voltage and currents)：测量三电平桥式电路模块中全部有定义的电压和电流。

选中的测量变量需要通过万用表模块进行观察。测量变量用模块名做后缀，例如，I_{Q1A} 表示 Q_{1A} 的电流值。表 5-7 所示为三相三电平桥式电路的测量变量符号。

表 5-7　三相三电平桥式电路测量变量符号

测量项目	变量符号	
	GTO,IGBT,MOSFET	理想开关
器件电流	$I_{Q1A}, I_{Q2A}, I_{Q3A}, I_{Q4A}$ $I_{Q1B}, I_{QB}, I_{Q3B}, I_{Q4B}$ $I_{Q1C}, I_{Q2C}, I_{Q3C}, I_{Q4C}$ $I_{D1A}, I_{D2A}, I_{D3A}, I_{D4A}, I_{D5A}, I_{D6A}$ $I_{D1B}, I_{D2B}, I_{D3B}, I_{D4B}, I_{D5B}, I_{D6B}$ $I_{D1C}, I_{D2C}, I_{D3C}, I_{D4C}, I_{D5C}, I_{D6C}$	$I_{sw1A}, I_{sw2A}, I_{sw3A}$ $I_{sw1B}, I_{sw2B}, I_{sw3B}$ $I_{sw1C}, I_{sw2C}, I_{sw3C}$
终端电压	$V_{AN}, V_{BN}, V_{CN}, V_{DC+}, V_{DC-}$	$V_{AN}, V_{BN}, U_{CN}, V_{DC+}, V_{DC-}$

　　三电平桥式电路的触发信号是一组向量，向量的维数由桥臂的个数决定。表 5-8 所示为触发信号向量。

表 5-8　触发信号向量

结构	触 发 信 号
1 臂	$[Q_{1A}, Q_{2A}, Q_{3A}, Q_{4A}]$
2 臂	$[Q_{1A}, Q_{2A}, Q_{3A}, Q_{4A}, Q_{1B}, Q_{2B}, Q_{3B}, Q_{4B}]$
3 臂	$[Q_{1A}, Q_{2A}, Q_{3A}, Q_{4A}, Q_{1B}, Q_{2B}, Q_{3B}, Q_{4B}, Q_{1C}, Q_{2C}, Q_{3C}, Q_{4C}]$

　　注意，若是理想开关电路，则信号 Q_1 驱动 sw_1，信号 Q_4 驱动 sw_2，信号 Q_2 和信号 Q_3 的"与"逻辑结果驱动 sw_3。

5.2.2　通用桥式电路模块

1. 原理与图标

SimPowerSystems 库提供了通用桥式电路模块，图标如图 5-48(a)所示(以晶闸管开关为例)。该模块既可以用作整流，也可以用作逆变，通过对该模块的设置还可以改变相数和电力电子开关类型。

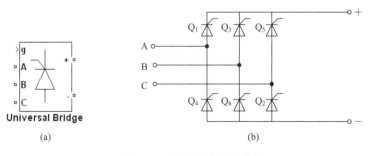

图 5-48　通用桥式电路模块

(a) 图标；(b) 三相结构

2. 外部接口

通用桥式电路模块有 5 个电气接口和 1 个输入接口。电气接口 A、B、C 用于连接三相电源或整流变压器的三相输出，电气接口"＋"和"－"连接直流侧正负极。输入接口(g)接入触发信号。触发信号的排列顺序必须与通用桥式电路中电力电子器件的序号一致。对于二极管和晶闸管桥，脉冲顺序和自然换相顺序相同。对于其它的强迫换流开关桥，脉冲分别触发三相桥的上桥臂和下桥臂开关器件。

3. 参数设置

双击通用桥式电路模块，弹出该模块的参数对话框，如图 5-49 所示。该对话框中含有如下参数：

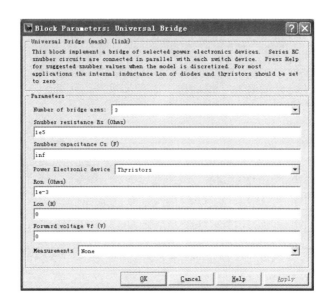

图 5-49　通用桥式电路模块参数对话框

(1) "桥臂个数"(Number of bridge arms)下拉框：决定桥的拓扑结构，可选 1、2、3 三种桥臂数。

(2) "缓冲电路阻值"(Snubber resistance Rs)文本框：并联缓冲电路中的电阻值，单位为 Ω；缓冲电阻值设为 inf 时，将取消缓冲电阻。

(3) "缓冲电路电容值"(Snubber capacitance Cs)文本框：并联缓冲电路中的电容值，单位为 F。缓冲电容值设为 0 时，将取消缓冲电容；缓冲电容值为 inf 时，缓冲电路为纯电阻性电路。

> 注意：
> 为了避免系统离散化过程中的数值振荡，需要指定二极管和晶闸管桥中缓冲电路 R_s 和 C_s 的值。R_s 和 C_s 的取值与三电平桥式电路的取值方法相同。

(4) "电力电子开关"(Power Electronic device)下拉框：选择通用桥式电路中的电力电子开关种类，有 6 种开关可供选择，即二极管、晶闸管、GTO-Diode、MOSFET-Diode、IGBT-Diode 和理想开关。不同的开关对应不同的图标。图 5-48(a)所示的图标为晶闸管桥，二极管桥、MOSFET 桥、IGBT 桥和理想开关桥电路模块的图标和对应的三相结构分别如

图 5-50～图 5-52 所示。

> **注意：**
> 　　通用桥式电路中的开关器件为自然换相器件时，器件按导通顺序编号；如果通用桥式电路中的开关器件为强迫换流器件，器件的编号不代表导通顺序。

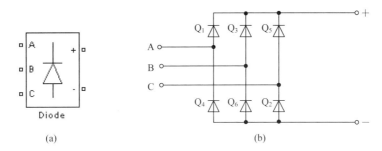

图 5-50　二极管通用桥式电路模块

(a) 图标；(b) 三相结构

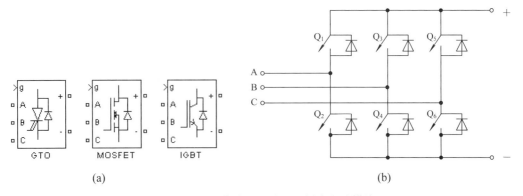

图 5-51　强迫换流设备的通用桥式电路模块

(a) 图标；(b) 三相结构

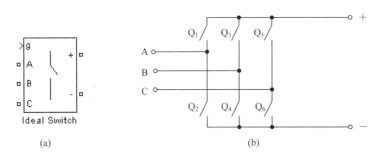

图 5-52　理想开关通用桥式电路模块

(a) 图标；(b) 三相结构

　　(5) "内部电阻"(Ron)文本框：电力电子开关内部电阻值，单位为 Ω。

　　(6) "内部电感"(Lon)文本框：二极管和晶闸管的内部电感值，单位为 H。如果模块被离散化，该参数必须设置为 0。

(7) "正向电压"(Forward voltage Vf)文本框：当电力电子开关为 IGBT 和 GTO 时，需要在该项中输入 IGBT 和 GTO 的门槛电压 V_f 和反向并联的二极管门槛电压 V_{fd}，单位为 V；当电力电子开关为 MOSFET 和理想开关时，该项不可见。

(8) "关断时间"文本框：IGBT 和 GTO 的下降时间 T_f 和拖尾时间 T_t，单位为 s。当电力电子开关选为 IGBT 和 GTO 时，该项可见。

(9) "测量参数"(Measurements)下拉框：对以下变量进行测量。

① 无(None)：不测量任何变量。

② 设备电压(Device voltages)：测量 6 个开关器件的端口电压。

③ 设备电流(Device currents)：测量流经 6 个开关器件的电流。如果定义了反向并联二极管，则测量的电流值为开关器件和二极管中的电流之和，其中正电流表示电流流经开关器件，负电流表示电流流经二极管电路。如果定义了缓冲电路，则测量值仅为流过开关器件的电流。

④ 线电压和直流电压(UAB UBC UCA UDC voltages)：测量通用桥式电路模块交流和直流侧的电压。

⑤ 所有变量(All voltage and currents)：测量通用桥式电路模块中全部有定义的电压和电流。

选中的测量变量需要通过万用表模块进行观察。测量变量符号如表 5-9 所示。

表 5-9　三相桥电路测量变量符号

测量项目	变　量　符　号
设备电压	V_{sw1}, V_{sw2}, V_{sw3}, V_{sw4}, V_{sw5}, V_{sw6}
支路电流	I_{sw1}, I_{sw2}, I_{sw3}, I_{sw4}, I_{sw5}, I_{sw6}
终端电压	V_{AB}, V_{BC}, V_{CA}, V_{DC}

> **注意：**
> 通用桥式模块在仿真过程中可以被离散化，而用单个强迫换流器件组成的桥式电路不能被离散化计算。

【例 5.7】如图 5-53 所示，利用通用桥式电路模块构建三相桥式全控整流电路，观察整流器在不同负载、不同触发角时的输出电压、电流波形，并测量电压平均值。

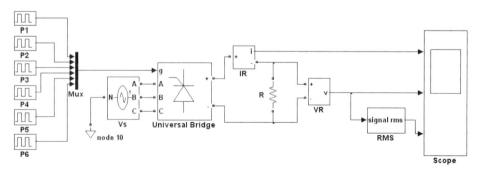

图 5-53　例 5.7 的仿真电路图

解：(1) 按图 5-53 搭建仿真电路模型，选用的各模块的名称及提取路径见表 5-10。

表 5-10　例 5.7 仿真电路模块的名称及提取路径

模 块 名	提 取 路 径
通用桥式电路模块 Universal Bridge	SimPowerSystems/Electrical Sources
可编程三相电压源 Vs	SimPowerSystems/Power Electricnics
串联 RLC 支路 R	SimPowerSystems/Elements
中性点模块 node 10	SimPowerSystems/Elements
电压表模块 VR	SimPowerSystems/Measurements
电流表模块 IR	SimPowerSystems/Measurements
信号合成模块 Mux	Simulink/Signal Routing
脉冲发生器 P1、P2、P3、P4、P5、P6	Simulink/Sources
有效值测量模块 RMS	SimPowerSystems/Extra Library/Measurements
示波器 Scope	Simulink/Sinks

通用桥式电路模块有专用的脉冲发生器模块，在没有学习到该模块前，不妨用简单的脉冲发生器构建触发单元，以加深对通用桥式电路结构的理解。

(2) 设置模块参数和仿真参数。设置三相电压源 Vs 的线电压有效值为 220×sqrt(3)，频率为 50 Hz，初始相角为 0。串联 RLC 支路为纯电阻性电路，其中电阻 $R = 2\,\Omega$。通用桥式电路模块采用默认参数。

双击脉冲发生器模块 P1，按图 5-54 设置参数。

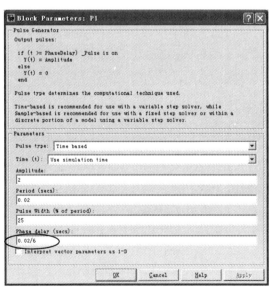

图 5-54　例 5.7 的脉冲发生器模块参数设置

脉冲发生器模块 P2、P3、P4、P5、P6 的相位延迟时间分别设置为 0.04/6、0.06/6、0.08/6、0.10/6、0.12/6，其它设置与 P1 相同。

打开菜单[Simulation>Configuration Parameters]，选择 ode23tb 算法，同时设置仿真结束时间为 0.06 s。

　　(3) 仿真及结果。开始仿真。在仿真结束后双击示波器模块，得到整流器的电流波形、输出电压和电压平均值如图 5-55 所示。

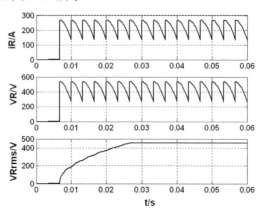

图 5-55　例 5.7 的仿真波形图

　　由图可见，观测到的整流电压平均值与计算值 $V_d = 2.34V_s \cos\alpha = 2.34 \times 220 \times \cos60° = 445\ V$ 一致。

　　读者可以自己动手，改变触发角、负荷的电阻、电感大小，重新仿真，并观察波形的变化。

5.3　驱动电路模块

　　电力电子器件工作时需要有正确的门极控制信号，产生控制信号的驱动电路是电力电子线路必不可少的组成部分。由于晶闸管和其它自关断电力电子器件的驱动要求不同，因此 SimPowerSystems 库提供了两种驱动模块，一种适用于晶闸管电路，另一种适用于强迫换流器件电路。

5.3.1　同步 6 脉冲发生器

1. 原理与图标

　　同步 6 脉冲发生器(Synchronized 6-Pulse Generator)用于产生三相桥式整流电路晶闸管的触发脉冲。其模块图标如图 5-56 所示。

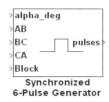

图 5-56　同步 6 脉冲发生器模块图标

2. 外部接口

　　同步 6 脉冲发生器模块有 5 个输入端和 1 个输出端。

　　输入端 alpha_deg 是移相控制角输入端，单位是"°"。该控制角可与"常数"模块相连，也可与控制电路输出信号相连。

输入端 AB、BC、CA 用于接入线电压 V_{AB}、V_{BC} 和 V_{CA} 的同步测量信号。

输入端 Block 是 6 脉冲发生器模块的使能端，用于控制触发脉冲的输出，在该端口置 0 时，有脉冲输出；置 1 时，则没有脉冲输出。该端口可以用作过电流保护和直流逆变系统中整流器工作状态的选择。

输出端 pulses 输出晶闸管 6 个触发脉冲信号。

3. 参数设置

双击同步 6 脉冲发生器模块，弹出该模块的参数对话框，如图 5-57 所示。该对话框中含有如下参数：

(1) "同步电压频率"(Frequency of synchronisation voltages)文本框：通常就是晶闸管主电路的三相电源频率，单位为 Hz。

(2) "脉冲宽度"(Pulse width)文本框：单位为"°"。

(3) "双脉冲触发"(Double pulsing)复选框：点击该复选框，发生器发出间隔 60° 的双脉冲。

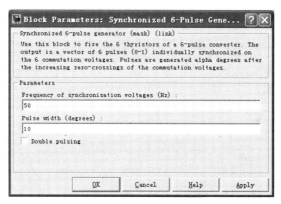

图 5-57　同步 6 脉冲发生器模块参数对话框

> **注意：**
>
> 三相桥式整流电路有两种触发方式，即宽脉冲触发和双脉冲触发。
>
> 如果没有选中"双脉冲触发"复选框，则发生器按宽脉冲触发方式输出脉冲。该方式下，晶闸管换相电压过 0 后经过触发延迟角的延迟，便产生一个触发信号。因此，一周期内共产生 6 个触发信号，每个触发信号的间隔是 60°。宽脉冲触发脉冲宽度必须大于 60°。
>
> 双脉冲触发方式是在单脉冲触发方式的基础上，在每次下一个晶闸管触发的同时给前一个晶闸管补一个脉冲，以保证在电流断续时，整流器上、下桥臂都各有一个晶闸管同时导通。

【例 5.8】设计电路，用同步 6 脉冲发生器触发例 5.7 的电路，并得到与例 5.7 同样的整流器输出电压、电流波形和电压平均值。观察同步 6 脉冲发生器的输出波形。

解：(1) 按图 5-58 搭建仿真电路模型，选用的各模块的名称及提取路径见表 5-11。

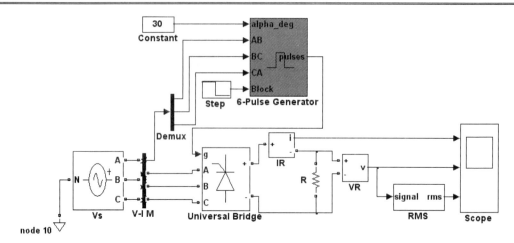

图 5-58　例 5.8 的仿真电路图

表 5-11　例 5.8 仿真电路模块的名称及提取路径

模 块 名	提 取 路 径
同步 6 脉冲发生器 6-Pulse Generator	SimPowerSystems/Extra Library/Control Blocks
通用桥式电路模块 Universal Bridge	SimPowerSystems/Electrical Sources
可编程三相电压源 Vs	SimPowerSystems/Power Electricnics
串联 RLC 支路 R	SimPowerSystems/Elements
中性点模块 node 10	SimPowerSystems/Elements
电压表模块 VR	SimPowerSystems/Measurements
电流表模块 IR	SimPowerSystems/Measurements
三相电压电流测量表 V-I M	SimPowerSystems/Measurements
信号分离模块 Demux	Simulink/Signal Routing
阶跃函数模块 Step	Simulink/Sources
常数模块 Constant	Simulink/Sources
有效值测量模块 RMS	SimPowerSystems/Extra Library/Measurements
示波器 Scope	Simulink/Sinks

(2) 设置模块参数和仿真参数。主电路的参数与例 5.7 一致。以下主要关心同步 6 脉冲发生器的参数设置。

主电路上的三相电压电流测量模块 V-I M 的输出为三相线电压有效值，因此，移相控制角设置为 30°。使能端口的阶跃函数模块 Step 初始值为 1，在 0.04/6 s 后变为 0。

双击同步 6 脉冲发生器模块，按图 5-59 设置参数。

打开菜单[Simulation>Configuration Parameters]，选择 ode23tb 算法，同时设置仿真结束

时间为 0.06 s。

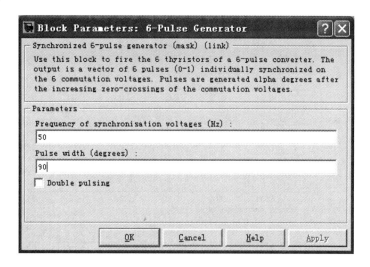

图 5-59　例 5.8 的同步 6 脉冲发生器模块参数设置

（3）仿真及结果。开始仿真。在仿真结束后双击示波器模块，仿真波形和图 5-55 完全相同。

图 5-60 和图 5-61 分别是同步 6 脉冲发生器模块在宽脉冲触发和双脉冲触发方式下的触发脉冲波形。

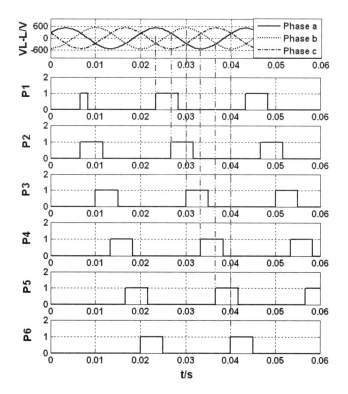

图 5-60　例 5.8 的宽脉冲触发脉冲波形

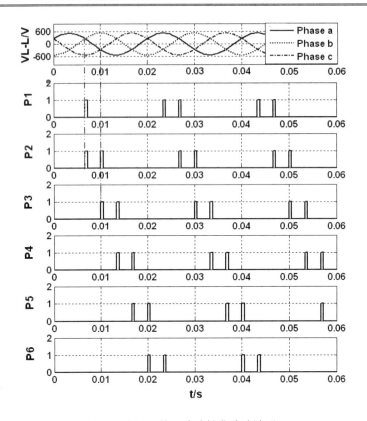

图 5-61　例 5.8 的双脉冲触发脉冲波形

5.3.2　同步 12 脉冲发生器

1. 原理与图标

同步 12 脉冲发生器(Synchronized 12-Pulse Generator)用于产生两组同步 6 脉冲信号以触发十二相变换器的开关器件，其模块图标如图 5-62 所示。

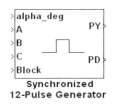

十二相变换器一般由两组三相桥式电路串联或并联组成，整流变压器可采用 Y/Y-△或△/Y-△连接。

图 5-62　12 脉冲发生器模块图标

2. 外部接口

同步 12 脉冲发生器模块有 5 个输入端和 2 个输出端。

输入端 alpha_deg 是移相控制角输入端，单位是"°"。该控制角可与"常数"模块相连，也可与控制电路输出信号相连。控制角与同步 6 脉冲发生器一样，既可以是固定值，也可以是变化值。

输入端 A、B、C 用于接入同步相电压 V_A、V_B 和 V_C 的测量信号，V_A、V_B 和 V_C 为整流变压器一次侧的相电压。

输入端 Block 是同步 12 脉冲发生器模块的使能端，用于控制触发脉冲的输出，在该端口置 0 时，有脉冲输出；置 1 时，则没有脉冲输出。

同步 12 脉冲发生器模块的两个输出端输出两组脉冲信号，每组各有 6 个脉冲，其中 PY 输出端输出的脉冲信号用于触发与变压器二次侧 Y 型绕组连接的三相桥式变换器，PD 输出端输出的脉冲用于触发与变压器二次侧 Δ 型绕组连接的三相桥式变换器。PD 侧脉冲信号滞后 PY 侧脉冲信号 30°。

同步 12 脉冲发生器与同步 6 脉冲发生器一样，有宽脉冲和双脉冲两种触发方式，它的参数设置与 6 脉冲发生器的参数设置相同。

【例 5.9】如图 5-63 所示，构建 12 相变换器电路，观测 12 相变换器的各开关器件上的电压和直流侧电压，观察同步 12 脉冲发生器的输出波形。

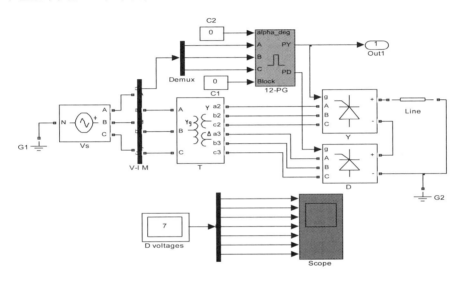

图 5-63　例 5.8 的仿真电路图

解：(1) 按图 5-63 搭建仿真电路模型，选用的各模块的名称及提取路径见表 5-12。

表 5-12　例 5.9 仿真电路模块的名称及提取路径

模　块　名	提　取　路　径
同步 12 脉冲发生器 12-PG	SimPowerSystems/Extra Library/Control Blocks
通用桥式电路模块 Y 和 D	SimPowerSystems/Power Electricnics
可编程三相电压源 Vs	SimPowerSystems/Electrical Sources
分布参数线路模块 Line	SimPowerSystems/Elements
三相双绕组变压器模块 T	SimPowerSystems/Elements
接地模块 G1 和 G2	SimPowerSystems/Elements
三相电压电流测量表 V-I M	SimPowerSystems/Measurements
信号分离模块 Demux	Simulink/Signal Routing
常数模块 C1 和 C2	Simulink/Sources
万用表模块 D Voltage	SimPowerSystems/ Measurements
示波器 Scope	Simulink/Sinks

(2) 设置模块参数和仿真参数。双击三相双绕组变压器模块，按图 5-64 设置参数。双

击通用桥式电路模块 Y，按图 5-65 设置参数。双击通用桥式电路模块 D，按图 5-66 设置参数。双击分布参数线路模块，按图 5-67 设置参数。

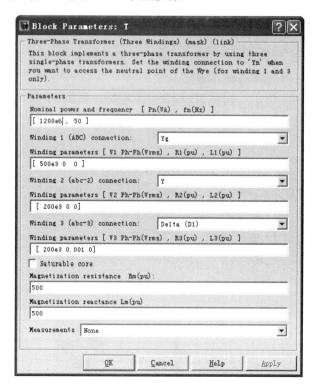

图 5-64　例 5.9 的三相双绕组变压器模块参数设置

图 5-65　例 5.9 的通用桥式电路模块 Y 参数设置

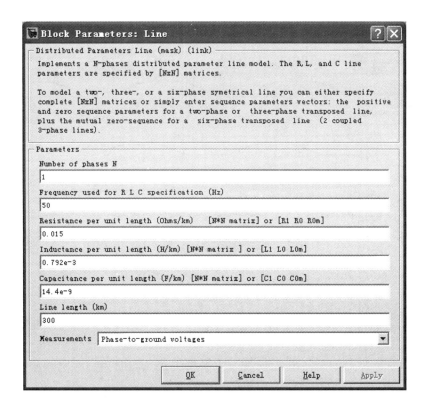

图 5-66　例 5.9 的通用桥式电路模块 D 参数设置

图 5-67　例 5.9 的分布参数线路模块参数设置

　　设置 12 脉冲发生器的同步频率为 50 Hz，脉宽为 20°，宽触发方式。三相电压源 V_s 的线电压有效值为 500 kV，频率为 50 Hz，初始相角为 0°。主电路上的三相电压电流测量模块 V-I M 输出相电压有效值。两个常数模块均设置为 0。万用表模块中，选择观测通用桥式电路模块 D 的 6 个开关器件上的电压值和 12 相整流器直流侧的直流电压值。

　　打开菜单 [Simulation>Configuration Parameters]，选择 ode23tb 算法，同时设置仿真结束时间为 0.05 s。

　　(3) 仿真及结果。开始仿真。在仿真结束后双击示波器模块，仿真波形如图 5-68 所示。图中波形从上向下依次为通用桥式电路模块 D 开关器件 1～6 上的电压和十二相整流器直流侧电压。可见，观测到的整流侧电压平均值与计算值 $V_d = 6\sqrt{2}\, V_s \cos\alpha/\pi = 540$ kV 一致。

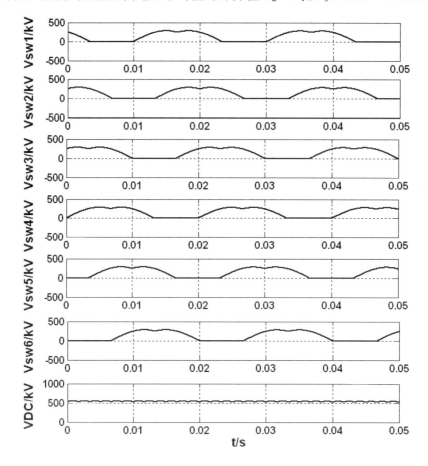

图 5-68　例 5.9 的仿真波形图

　　读者可以自己动手，观测通用桥式电路模块 Y 上的电压波形，或者改变触发角，重新仿真，并观察波形的变化。

　　图 5-69 和图 5-70 分别是同步 12 脉冲发生器模块 PY 和 PD 端口在宽脉冲触发方式下的触发脉冲波形。

　　从 PY 和 PD 端口的触发脉冲波形可以看到，PD 端口的触发脉冲滞后 PY 端口的触发脉冲 30°。

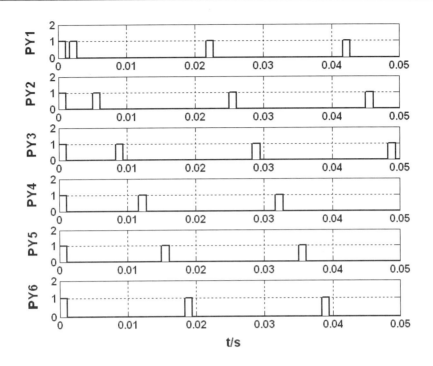

图 5-69　例 5.9 的脉冲发生器 PY 端口触发波形

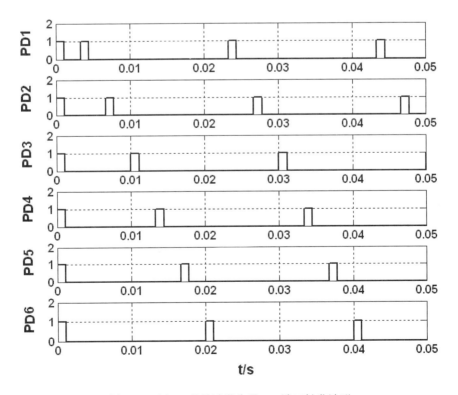

图 5-70　例 5.9 的脉冲发生器 PD 端口触发波形

5.3.3 PWM 脉冲发生器

1. 原理与图标

PWM 脉宽调制方式在逆变器控制中使用很广泛，并且在整流电路中也开始得到应用。SimPowerSystems 库的 PWM 脉冲发生器向二电平的变换器提供 PWM 脉冲。

PWM 脉冲发生器产生的脉冲路数由受控的桥式电路桥臂决定。单相桥式电路需要 2 路触发脉冲。第 1 路脉冲触发上桥臂开关器件，第 2 路脉冲触发下桥臂开关器件，如图 5-71 所示。

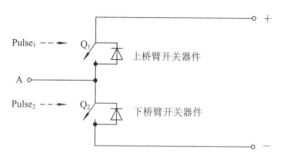

图 5-71 单相桥式电路与脉冲的关系

二相桥式电路需要 4 路触发脉冲。第 1、3 路脉冲触发上桥臂开关器件，第 2、4 路脉冲触发下桥臂开关器件，如图 5-72 所示。

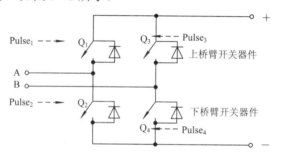

图 5-72 二相桥式电路与脉冲的关系

三相桥式电路需要 6 路触发脉冲。第 1、3、5 路脉冲触发上桥臂的开关器件，第 2、4、6 路脉冲触发下桥臂开关器件，如图 5-73 所示。

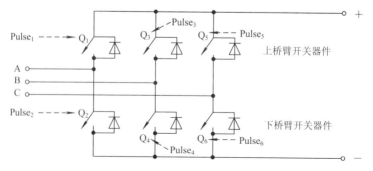

图 5-73 三相桥式电路与脉冲的关系

若是双三相桥式电路，则需要 12 路触发脉冲。1～6 路用于触发第一个三相桥式电路，7～12 路用于触发第二个三相桥式电路。每个桥臂上的两个触发脉冲通过三角波(载波)与参考调制波的比较而获得(见图 5-74)。图中，当正弦调制波信号大于三角载波信号时，第一路脉冲置"1"，第二路脉冲置"0"；当三角载波信号大于正弦调制波时，第一路脉冲置"0"，第二路脉冲置"1"。显然，两路脉冲互补。

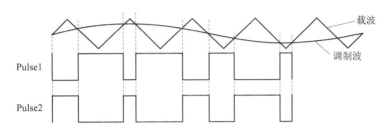

图 5-74   PWM 脉宽调制原理

SimPowerSystems 库提供的 PWM 脉冲发生器模块的图标如图 5-75 所示。

图 5-75   PWM 脉冲发生器模块的图标

2. 外部接口

PWM 脉冲发生器模块有 1 个输入端和 1 个输出端。

当调制信号为外部产生方式时，输入端 Signal(s)需要接入正弦参考信号。当触发单相半桥(一桥臂)、单相全桥(二桥臂)变换器时，该参考信号为单相正弦参考信号；当触发单个或两个三相变换器(三桥臂)桥时，该参考信号为三相正弦参考信号。

当 PWM 模块选择为内部产生方式时，该输入端不需要与任何信号连接。

输出端可以分别输出 2、4、6、12 路触发脉冲，用于触发单相半桥(一桥臂)、单相全桥(二桥臂)、三相桥式(三桥臂)和双三相桥式电路中的全控型器件(MOSFET、GTO、IGBT)。

3. 参数设置

双击 PWM 脉冲发生器模块，弹出该模块的参数对话框，如图 5-76 所示。该对话框中含有如下参数：

(1) "发生器模式"(Generator Mode)下拉框：PWM 脉冲发生器的输出脉冲路数，可以选择半桥 2 路脉冲、全桥 4 路脉冲、三相桥 6 路脉冲和双三相桥 12 路脉冲。

(2) "载波频率"(Carrier Frequency)文本框：设置三角波的频率，单位为 Hz，三角波的幅值固定为 1。

(3) "内部生成调制信号"(Internal generation of modulating signal)复选框：点击该复选框，调制信号由模块内部自动产生；否则，必须使用外部信号产生调制信号。

选中"内部生成调制信号"复选框后，将同时出现"调制度"、"频率"和"相角"三个文本框。

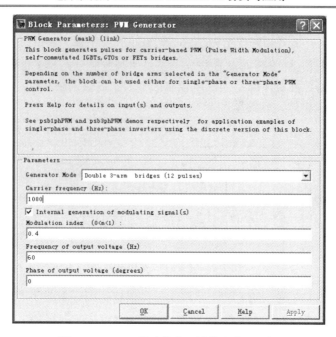

图 5-76　PWM 脉冲发生器模块参数对话框

> **注意:**
>
> 　　PWM 调制波有两种产生方式,一种是由 PWM 脉冲发生器自动生成,另一种由外部输入。点击"内部生成调制信号"复选框,则选中了内调制信号生成模式。此时,调制波固定为正弦波,即 SPWM 调制方式,设置的调制度、输出电压的频率和输出电压的相位三项参数决定了内部产生的调制正弦波的幅值、相角和频率。未点击该复选框,意味着选择外部输入调制信号,调制波的频率和相位由外部输入的信号决定,但是外部输入的信号幅值不能大于 1。

　　(4) "调制度"(Modulation index)文本框:内部参考信号的幅值,必须在[0,1]之间,用于控制变换器桥交流侧输出电压基频分量的幅值。

　　(5) "输出电压的频率"(Frequency of output voltage)文本框:内部参考信号的频率,用于控制变换器桥交流侧输出电压的频率,单位为 Hz。

　　(6) "输出电压的相位"(Phase of output voltage)文本框:内部参考信号的相位,用于控制变换器桥交流侧输出电压的相角,单位为"°"。

　　【例 5.10】如图 5-77 所示,构建以 PWM 脉冲发生器触发的三相 3 桥臂通用桥式电路,观测变压器一次侧和二次侧的电压波形。

　　解: (1) 按图 5-77 搭建仿真电路模型,选用的各模块的名称及提取路径见表 5-13。

　　(2) 设置模块参数和仿真参数。设置直流电压源 V_s 的幅值为 400 V。双击通用桥式电路模块 UB,按图 5-78 设置参数。双击 PWM 脉冲发生器模块,按图 5-79 设置参数。

　　因此,通用桥式模块 UB 交流侧的线电压幅值为 $V_d = 0.85 \times \sqrt{3} \times 400/2 = 294$ V。

　　双击三相双绕组变压器模块,按图 5-80 设置参数。双击负荷模块 Load,按图 5-81 设置参数。

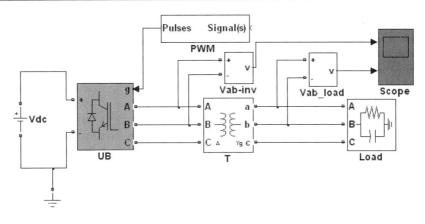

图 5-77　例 5.10 的仿真电路图

表 5-13　例 5.10 仿真电路模块的名称及提取路径

模 块 名	提 取 路 径
PWM 脉冲发生器 PWM	SimPowerSystems/Extra Library/Control Blocks
通用桥式电路模块 UB	SimPowerSystems/Power Electricnics
直流电压源 Vdc	SimPowerSystems/Electrical Sources
三相双绕组变压器模块 T	SimPowerSystems/Elements
三相并联 RLC 负荷 Load	SimPowerSystems/Elements
接地模块 G	SimPowerSystems/Elements
电压测量模块 Vab_inv 和 Vab_load	SimPowerSystems/Measurements
示波器 Scope	Simulink/Sinks

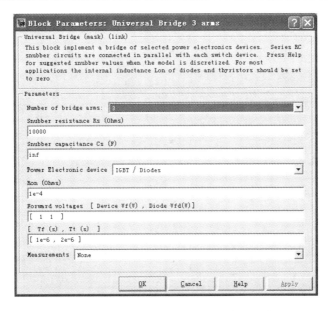

图 5-78　例 5.10 的通用桥式电路模块 UB 参数设置

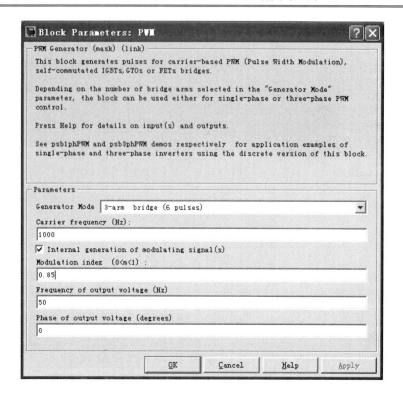

图 5-79　例 5.10 的 PWM 脉冲发生器模块参数设置

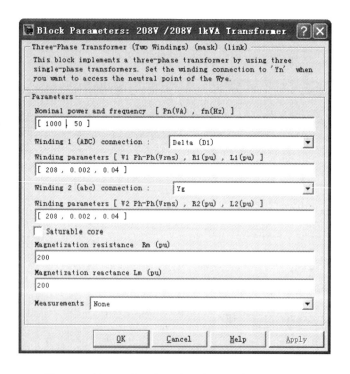

图 5-80　例 5.10 的三相双绕组变压器模块参数设置

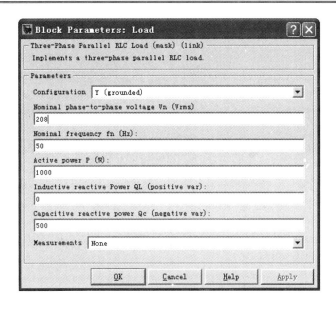

图 5-81　例 5.10 的负荷模块 Load 参数设置

打开菜单[Simulation>Configuration Parameters>Solver]，选择 ode23tb 算法，同时设置仿真结束时间为 0.1 s。

(3) 仿真及结果。开始仿真。在仿真结束后双击示波器模块，仿真波形如图 5-82 所示。图中波形依次为变压器电源侧波形和变压器负荷侧波形。可见，观测到的负荷侧线电压幅值与理论计算值 294 V 一致。

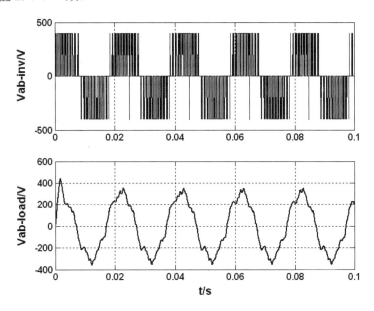

图 5-82　例 5.10 的仿真波形图

读者可以自己动手，观测通用桥式电路模块 Y 上的电压波形，或者改变触发角，重新仿真，并观察波形的变化。

习　题

5-1　利用电力二极管设计一个单相半波整流电路，观察负荷和二极管上的电压和电流变化。

5-2　利用晶闸管设计一个单相半波整流电路，观察负荷和晶闸管上的电压和电流变化。

5-3　利用可关断晶闸管设计一个单相半波整流电路，观察负荷和可关断晶闸管上的电压和电流变化。

5-4　利用 IGBT 元件设计一个 Boost 变换器电路，设计不同的脉冲触发方式，观察负荷和 IGBT 上的电压和电流变化。

5-5　利用通用桥式电路模块、同步装置和脉冲触发器模块设计三相桥式整流电路，观察负荷和通用桥式电路上的电压和电流变化。

5-6　按题 5-6 图构建基于 PWM 技术的逆变器仿真电路，设计相关元件参数，并运行得到合理波形。

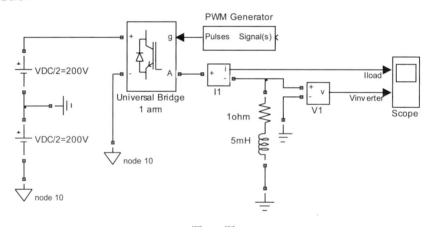

题 5-6 图

5-7　按题 5-7 图设计晶闸管单相交流调压器的仿真电路。其中，各元件参数设置如下：交流电压峰值为 100 V，初相位为 0，频率为 50 Hz。

晶闸管参数为 $R_{on} = 0.001\ \Omega$，$L_{on} = 0\ H$，$V_f = 0$，$R_s = 20\ \Omega$，$C_s = 4\ \mu F$，RC 缓冲电路中 $L_{on} = 0.01\ H$。

负载 RLC 支路为电阻性负载，其中 $R = 2\ \Omega$，$L = 0H$，$C = inf$。

脉冲发生器 pulse 和 pulse1 模块中的脉冲周期为 0.02 s，脉冲宽度为脉宽的 10%，脉冲高度为 12，脉冲移相角通过"相位角延迟"对话框设置。

5-8　按题 5-8 图搭建降压变换器仿真电路，合理设计各元件的参数，观察仿真效果。

5-9　按题 5-9 图搭建升压—降压式变换器仿真电路，合理设计各元件的参数，观察仿真效果。

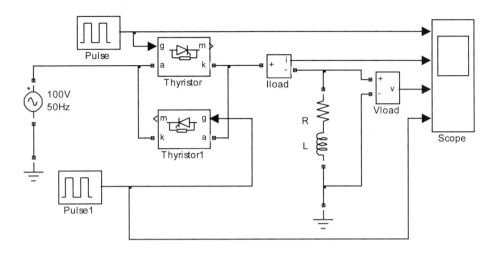

题 5-7 图

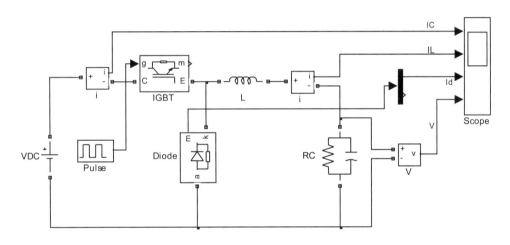

题 5-8 图

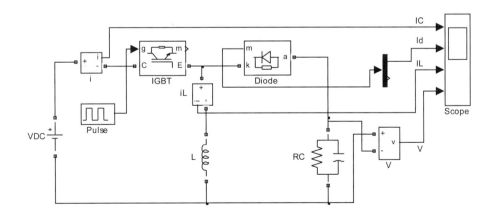

题 5-9 图

5-10　按题 5-10 图搭建零电流准谐振开关变换器仿真电路，合理设计各元件的参数，观察仿真效果。

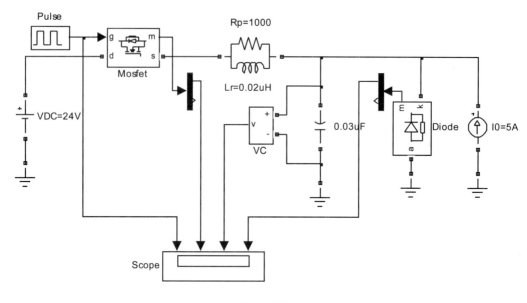

题 5-10 图

第 6 章　电力系统稳态与暂态仿真

6.1　Powergui 模块

Powergui 模块为电力系统稳态与暂态仿真提供了有用的图形用户分析界面。通过 Powergui 模块，可以对系统进行可变步长连续系统仿真、定步长离散系统仿真和相量法仿真，并实现以下功能：

(1) 显示测量电压、测量电流和所有状态变量的稳态值；

(2) 改变仿真初始状态；

(3) 进行潮流计算并对包含三相电机的电路进行初始化设置；

(4) 显示阻抗的依频特性图；

(5) 显示 FFT 分析结果；

(6) 生成状态—空间模型并打开"线性时不变系统"(LTI)时域和频域的视窗界面；

(7) 生成报表，该报表中包含测量模块、电源、非线性模块和电路状态变量的稳态值，并以后缀名.rep 保存；

(8) 设计饱和变压器模块的磁滞特性。

6.1.1　主窗口功能简介

MATLAB 提供的 Powergui 模块在 SimPowerSystems 库中，图标如图 6-1 所示。

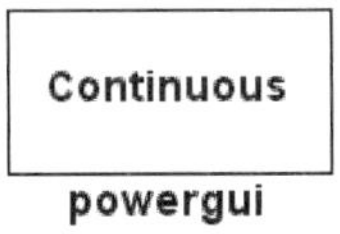

图 6-1　Powergui 模块图标

双击 Powergui 模块图标将弹出该模块的主窗口，如图 6-2 所示。该主窗口包含"仿真类型"(Simulation Type)和"分析工具"(Analysis Tools)两块内容，简介如下。

1. 仿真类型

1)　"相量法仿真"(Phasor simulation)单选框

点击该单选框后，在该单选框下方的"频率"(Frequency)文本框中输入指定的频率，进行相量法分析。若未选中该单选框，"频率"文本框显示为灰色。

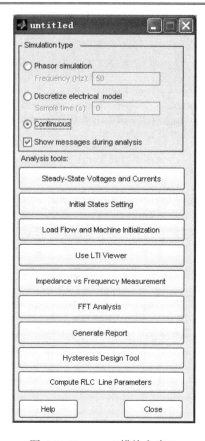

图 6-2　Powergui 模块主窗口

2)　"离散系统仿真"(Discretize electrical model)单选框

点击该单选框后，在"采样时间"(Sample time)文本框中输入指定的采样时间$(T_s>0)$，按指定的步长对离散化系统进行分析。若采样时间等于 0，表示不对数据进行离散化处理，采用连续算法分析系统。若未选中该单选框，"采样时间"文本框显示为灰色。

3)　"连续系统仿真"(Continuous)单选框

点击该单选框后，采用连续算法分析系统。

4)　"显示分析信息"(Show message during analysis)复选框

选中该复选框后，命令窗口中将显示系统仿真过程中的相关信息。

2. 分析工具

1)　"稳态电压电流分析"(Steady-State Voltages and Currents)按键

打开稳态电压电流分析窗口，显示模型文件的稳态电压和电流。

2)　"初始状态设置"(Initial States Setting)按键

打开初始状态设置窗口，显示初始状态，并允许对模型的初始电压和电流进行更改。

3)　"潮流计算和电机初始化"(Load Flow and Machine Initialization)按键

打开潮流计算和电机初始化窗口。

4)　"LTI 视窗"(Use LTI Viewer)按键

打开窗口，使用"控制系统工具箱"(Control System Toolbox)的 LTI 视窗。

5)　"阻抗依频特性测量"(Impedance vs. Frequency Measurement)按键

打开窗口，如果模型文件中含阻抗测量模块，该窗口中将显示阻抗依频特性图。

6)　"FFT 分析"(FFT Analysis)按键

打开 FFT 分析窗口。

7)　"报表生成"(Generate Report)按键

打开窗口，产生稳态计算的报表。

8)　"磁滞特性设计工具"(Hysteresis Design Tool)按键

打开窗口，对饱和变压器模块和三相变压器模块的铁芯进行磁滞特性设计。

9)　"计算 RLC 线路参数"(Compute RLC Line Parameters)按键

打开窗口，通过导线型号和杆塔结构计算架空输电线的 RLC 参数。

6.1.2　稳态电压电流分析窗口

打开"稳态电压电流分析"窗口如图 6-3 所示。该窗口中含有以下内容：

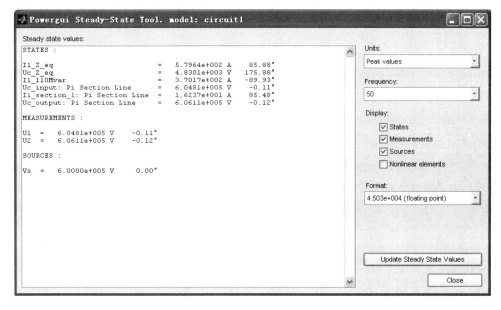

图 6-3　"稳态电压电流分析"窗口

(1)　"稳态值"(Steady state value)列表框：显示模型文件中指定的电压、电流稳态值。

(2)　"单位"(Units)下拉框：选择将显示的电压、电流值是"峰值"(Peak)还是"有效值"(RMS)。

(3)　"频率"(Frequency)下拉框：选择将显示的电压、电流相量的频率。该下拉框中列出模型文件中电源的所有频率。

(4)　"状态"(States)复选框：显示稳态下电容电压和电感电流的相量值。默认状态为不选。

(5)　"测量"(Measurements)复选框：显示稳态下测量模块测量到的电压、电流相量值。默认状态为选中。

(6)　"电源"(Sources)复选框：显示稳态下电源的电压、电流相量值。默认状态为不选。

(7) "非线性元件"(Nonlinear elements)复选框：显示稳态下非线性元件的电压、电流相量值。默认状态为不选。

(8) "格式"(Format)下拉框：在下拉列表框中选择要观测的电压和电流的格式。"浮点格式"(floating point)以科学计数法显示 5 位有效数字；"最优格式"(best of)显示 4 位有效数字并且在数值大于 9999 时以科学计数法表示；最后一个格式直接显示数值大小，小数点后保留 2 位数字。默认格式为"浮点格式"。

(9) "更新稳态值"(Update Steady State Values)按键：重新计算并显示稳态电压、电流值。

注意：

SIMULINK 的信号线有明显的输入输出方向，但是 SimPowerSystems 库中的物理模块的电气接口没有明显的方向。这时测量出的电压和电流的正方向由模块的方向决定。例如，表 6-1 列出了单相或三相 RLC 模块、避雷器模块和单相或三相断路器模块的电压和电流正方向。

表 6-1　电气模块电压和电流正方向

模块方向	测量电流正方向	测量电压正方向
右	左→右	左→右
左	右→左	右→左
下	上→下	上→下
上	下→上	下→上

在 SimPowerSystems/Elememts 库中的模块的原始方向是从左到右(对水平放置的模块)和从上到下(对垂直放置的模块)。对于单相变压器模块，电压正方向总是从上侧端口指到下侧端口，电流正方向总是指向上侧端口。对于三相变压器，电压和电流正方向由万用表模块中信号的后缀决定。

6.1.3　初始状态设置窗口

仿真时，常常希望仿真开始时系统处于稳态，或者仿真开始时系统处于某种初始状态，这时，就可以使用"初始状态设置"按键。打开"初始状态设置"窗口如图 6-4 所示。该窗口中含有以下内容：

(1) "初始状态"(Initial state values for simulation)列表框：显示模型文件中状态变量的名称和初始值。

(2) "设置到指定状态"(Set selected state)文本框：对"初始状态"列表框中选中的状态变量进行初始值设置。

(3) "设置所有状态量"(Reset all States)：选择从"稳态"(To Steady State)或者"零初始状态"(To Zero) 开始仿真。

(4) "加载状态"(Reload States)：选择从"指定的文件"(From File)中加载初始状态或直接以"当前值"(From Diagram)作为初始状态开始仿真。

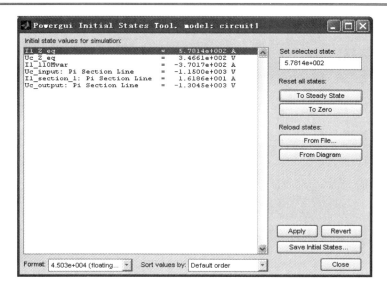

图 6-4　"初始状态设置"窗口

(5) "应用"(Apply)按键：用设置好的参数进行仿真。

(6) "返回"(Revert)按键：返回到"初始状态设置"窗口打开时的原始状态。

(7) "保存初始状态"(Save Initial States…)按键：将初始状态保存到指定的文件中。

(8) "格式"(Format)下拉框：选择观测的电压和电流的格式。格式类型见 6.1.2 节。默认格式为"浮点格式"。

(9) "分类"(Sort values by)下拉框：选择初始状态值的显示顺序。"默认顺序"(Default order)是按模块在电路中的顺序显示初始值；"状态序号"(State number)是按状态空间模型中状态变量的序号来显示初始值；"类型"(Type)是按电容和电感来分类显示初始值。默认格式为"默认顺序"。

6.1.4　潮流计算和电机初始化窗口

打开"潮流计算和电机初始化"窗口如图 6-5 所示。该窗口中含有以下内容：

(1) "电机潮流分布"(Machines load flow)列表框：显示"电机"(Machines)列表框中选中电机的潮流分布。

(2) "电机"(Machines)列表框：显示简化同步电机、同步电机、非同步电机和三相动态负荷模块的名称。选中该列表框中的电机或负荷后，才能进行参数设置。

(3) "节点类型"(Bus type)下拉框：选择节点类型。对于"PV 节点"(P&V Generator)，可以设置电机的端口电压和有功功率；对于"PQ 节点"(P&Q Generator)，可以设置电机的有功和无功功率；对于"平衡节点"(Swing Bus)，可以设置终端电压 UAN 的有效值和相角，同时需要对有功功率进行预估。

如果选择了非同步电机模块，则仅需要输入电机的机械功率；如果选择了三相动态负荷模块，则需要设置该负荷消耗的有功和无功功率。

(4) "终端电压 UAB"(Terminal voltage UAB)文本框：对选中电机的输出线电压进行设置(单位：V)。

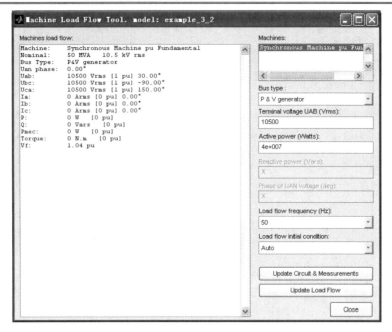

图 6-5　潮流计算和电机初始化窗口

(5)　"有功功率"(Active power)文本框：设置选中的电机或负荷的有功功率(单位：W)。

(6)　"预估的有功功率"(Active power guess)文本框：如果电机的节点类型为平衡节点的话，设置迭代起始时刻电机的有功功率。

(7)　"无功功率"(Reactive power)文本框：设置选中的电机或负荷的无功功率(单位：var)。

(8)　"电压 UAN 的相角"(Phase of UAN voltage)文本框：当电机的节点类型为平衡节点时，该文本框被激活。指定选中电机 a 相相电压的相角。

(9)　"负荷频率"(Load flow frequency)下拉框：对潮流计算的频率进行设置，通常为60 Hz 或者 50 Hz。

(10)　"负荷潮流初始状态"(Load flow initial condition)下拉框：常常选择默认设置"自动"(Auto)，使得迭代前系统自动调节负荷潮流初始状态。如果选择"从前一个结果开始"(Start from previous solution)，则负荷潮流的初始值为上次仿真结果。如果改变电路参数、电机的功率分布和电压后负荷潮流不收敛，就可以选择这个选项。

(11)　"更新电路和测量结果"(Update Circuit & Measurements)按键：更新电机列表，更新电压相量和电流相量，更新"电机潮流分布"列表框中的功率分布。其中的电机电流是最近一次潮流计算的结果。该电流值储存在电机模块的"初始状态参数"(Initial conditions)文本框中。

(12)　"更新潮流分布"(Update Load Flow)按键：根据给定的参数进行潮流计算。

6.1.5　LTI 视窗

打开"LTI 视窗"窗口如图 6-6 所示。该窗口中含有以下内容：

(1)　"系统输入"(System inputs)列表框：列出电路状态空间模型中的输入变量，选择需要用到 LTI 视窗的输入变量。

(2) "系统输出"(System outputs)列表框：列出电路状态空间模型中的输出变量，选择需要用到 LTI 视窗的输出变量。

(3) "打开新的 LTI 视窗"(Open New LTI Viewer)按键：产生状态空间模型并打开选中的输入和输出变量的 LTI 视窗。

(4) "打开当前 LTI 视窗"(Open in current LTI Viewer)按键：产生状态空间模型并将选中的输入和输出变量叠加到当前 LTI 视窗。

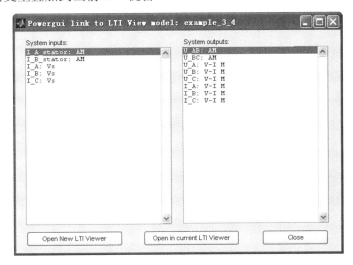

图 6-6　"LTI 视窗"窗口

6.1.6　阻抗依频特性测量窗口

打开"阻抗依频特性测量"窗口如图 6-7 所示。

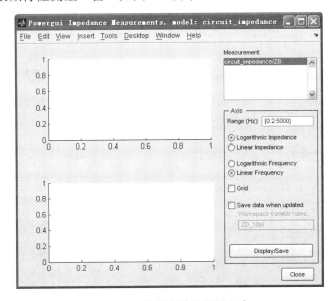

图 6-7　"阻抗依频特性测量"窗口

该窗口中含有以下内容：

(1) 图表：窗口左上侧的坐标系表示阻抗—频率特性，左下侧的坐标系表示相角—频率特性。

(2) "测量模块"(Measurement)列表框：列出模型文件中的阻抗测量模块，选择需要显示依频特性的阻抗测量模块。使用"Ctrl"键可选择多个阻抗显示在同一个坐标中。

(3) "范围"(Range)文本框：指定频率范围(单位：Hz)。该文本框中可以输入任意有效的 MATLAB 表达式。

(4) "对数阻抗"(Logarithmic Impedance)单选框：坐标系纵坐标的阻抗以对数值形式表示。

(5) "线性阻抗"(Linear Impedance)单选框：坐标系纵坐标的阻抗以线性形式表示。

(6) "对数频率"(Logarithmic Frequency)单选框：坐标系横坐标的频率以对数值形式表示。

(7) "线性频率"(Linear Frequency)单选框：坐标系横坐标的频率以线性形式表示。

(8) "网格"(Grid)复选框：选中该复选框，阻抗—频率特性图和相角—频率特性图上将出现网格。默认设置为无网格。

(9) "更新后保存数据"(Save data when updated)复选框：选中该复选框后，该复选框下面的"工作间变量名"(Workspace variable name)文本框被激活，数据以该文本框中显示的变量名被保存在工作间中。复数阻抗和对应的频率保存在一起。其中频率保存在第 1 列，阻抗保存在第 2 列。默认设置为不保存。

(10) "显示/保存"(Display/Save)按键：开始阻抗依频特性测量并显示结果，如果选择了"更新后保存数据"(Save data when updated)复选框，数据将保存到指定位置。

6.1.7 FFT 分析窗口

打开"FFT 分析"窗口如图 6-8 所示。

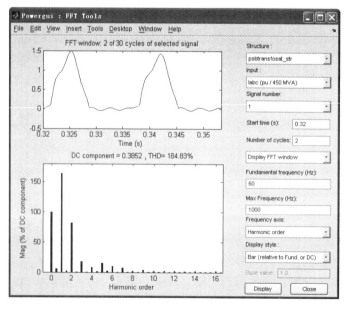

图 6-8 "FFT 分析"窗口

该窗口中含有以下内容：

(1) 图表：窗口左上侧的图形表示被分析信号的波形，窗口左下侧的图形表示该信号的 FFT 分析结果。

(2) "结构"(Structure)下拉框：列出工作间中带时间的结构变量的名称。使用下拉菜单选择要分析的结构变量。

这些结构变量名可以由"示波器"(Scope)模块产生。打开示波器模块参数对话框，选中"数据历史"(Data history)标签页，如图 6-9 所示，在"变量名"(Variable name)文本框中输入该结构变量的名称，在"存储格式"(Format)下拉框中选择"带时间的结构变量"(Structure with time)。

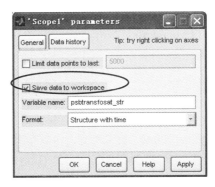

图 6-9　由"示波器"模块产生结构变量

这些结构变量名也可以由"到工作间"(To Workspace)模块产生，如图 6-10 所示。打开该模块的对话窗口，并在"变量名"(Variable name)文本框中输入该结构变量的名称，"存储格式"(Save format)为"结构变量"(Structure)。

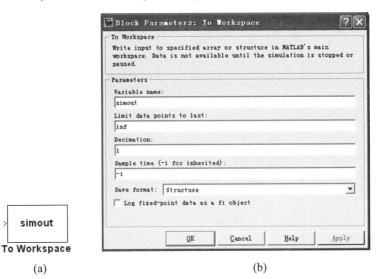

(a)　　　　　　　　　　　　　(b)

图 6-10　由"到工作间"模块产生结构变量

(a)　"到工作间"模块图标；(b)　"到工作间"模块参数对话框

(3) "输入变量"(Input)下拉框：列出被选中的结构变量中包含的输入变量名称，选择需要分析的输入变量。

(4) "信号路数"(Signal number)下拉框：列出被选中的输入变量中包含的各路信号的名称。例如，若要把 a、b、c 三相电压绘制在同一个坐标中，可以通过把这三个电压信号同时送入示波器的一个通道来实现，这个通道就对应一个输入变量，该变量含有 3 路信号，分别为 a 相、b 相和 c 相电压。

(5) "开始时间"(Start time)文本框：指定 FFT 分析的起始时间。

(6) "周期个数"(Number of cycles)文本框：指定需要进行 FFT 分析的波形的周期数。

(7) "显示 FFT 窗/显示完整信号"(Display FFT window/Display entire signal)下拉框：选择"显示完整信号"(Display entire signal)，将在左上侧插图中显示完整的波形；选择"显示 FFT 窗"(Display FFT window)将在左上侧插图中显示指定时间段内的波形。

(8) "基频"(Fundamental frequency)文本框：指定 FFT 分析的基频(单位：Hz)。

(9) "最大频率"(Max Frequency)文本框：指定 FFT 分析的最大频率(单位：Hz)。

(10) "频率轴"(Frequency axis)下拉框：在下拉框中选择"赫兹"(Hertz)使频谱的频率轴单位为 Hz，选择"谐波次数"(Harmonic order)使频谱的频率轴单位为基频的整数次倍数。

(11) "显示类型"(Display style)下拉框：频谱的显示类型可以是"以基频或直流分量为基准的柱状图"(Bar(relative to Fund. or DC))、"以基频或直流分量为基准的列表"(list(relative to Fund. or DC))、"指定基准值下的柱状图"(Bar(relative to specified base))、"指定基准值下的列表"(List(relative to specified base))四种类型。

(12) "基准值"(Base value)文本框：当"显示类型"下拉框中选择"指定基准值下的柱状图"或"指定基准值下的列表"时，该文本框被激活，输入谐波分析的基准值。

(13) "显示"(Display)按键：显示 FFT 分析结果。

6.1.8 报表生成窗口

打开"报表生成"窗口如图 6-11 所示。该窗口中含有以下内容：

(1) "报表中包含的内容"(Items to include in the report)：包括"稳态"(Steady state)复选框、"初始状态"(Initial states)复选框和"电机负荷潮流"(Machine load flow)复选框，这三个复选框可以任意组合。

(2) "报表中的频率"(Frequency to include in the report)下拉框：选择报表中包含的频率。可以是 60 Hz 或者全部，默认为 60 Hz。

(3) "单位"(Units)下拉框：选择以"峰值"(Peak)还是"有效值"(Units)显示数据。

(4) "格式"(Format)下拉框：与 6.1.2 节相关内容相同。

(5) "报表生成"(Create Report)按键：生成报表并保存。

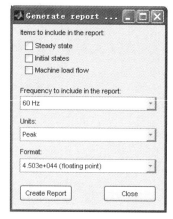

图 6-11 "报表生成"窗口

6.1.9 磁滞特性设计工具窗口

打开"磁滞特性设计工具"窗口如图 6-12 所示。该窗口中含有以下内容：

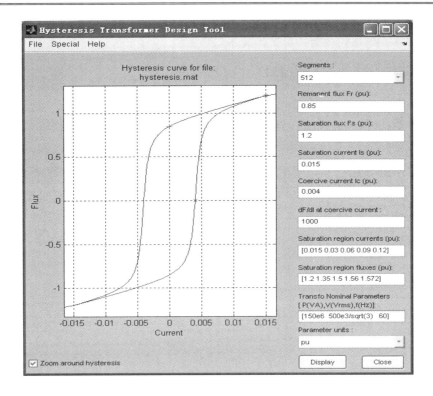

图 6-12　"磁滞特性设计工具"窗口

(1) "磁滞曲线"(Hysteresis curve for file)图表：显示设计的磁滞曲线。

(2) "分段"(Segments)下拉框：将磁滞曲线做分段线性化处理，并设置磁滞回路第 1 象限和第 4 象限内曲线的分段数目。左侧曲线和右侧曲线关于原点对称。

(3) "剩余磁通"(Remanent flux Fr)文本框：设置零电流对应的剩磁。

(4) "饱和磁通"(Saturation flux Fs)文本框：设置饱和磁通。

(5) "饱和电流"(Saturation current Is)文本框：设置饱和磁通对应的电流。

(6) "矫顽电流"(Coercive current Ic)文本框：设置零磁通对应的电流。

(7) "矫顽电流处的斜率"(dF/dI at coercive current)文本框：指定矫顽电流点的斜率。

(8) "饱和区域电流"(Saturation region currents)文本框：设置磁饱和后磁化曲线上各点所对应的电流值，仅需设置第 1 象限值。注意该电流向量的长度必须和"饱和区域磁通"的向量长度相同。

(9) "饱和区域磁通"(Saturation region fluxes)文本框：设置磁饱和后磁化曲线上各点所对应的磁通值，仅需要设置第 1 象限值。注意该向量的长度必须和"饱和区域电流"的向量长度相同。

(10) "变压器额定参数"(Transfo Nominal Parameters)文本框：指定额定功率(单位：VA)、一次绕组的额定电压值(单位：V)和额定频率(单位：Hz)。

(11) "参数单位"(Parameter units)下拉框：将磁滞特性曲线中电流和磁通的单位由国际单位制(SI)转换到标幺制(p.u.)或者由标幺制转换到国际单位制。

(12)"放大磁滞区域"(Zoom around hysteresis)复选框:选中该复选框,可以对磁滞曲线进行放大显示。默认设置为"可放大显示"。

6.1.10　计算 RLC 线路参数窗口

打开"计算 RLC 线路参数"窗口如图 6-13 所示。该窗口可分为三个子窗口,左上窗口输入常用参数(单位、频率、大地电阻和文件注释),右上窗口输入线路的几何结构,下方窗口输入导线的特性。

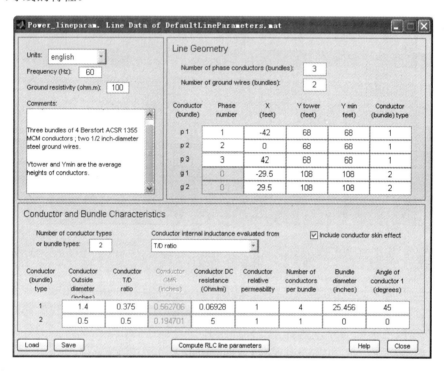

图 6-13　"计算 RLC 线路参数"窗口

1. 常用参数子窗口

(1)"单位"(Units)下拉框:在下拉菜单中,选择以"米制"(metric)为单位时,以厘米作为导线直径、几何平均半径 GMR 和分裂导线直径的单位,以米作为导线间距离的单位;选择以"英制"(english)为单位时,以英寸作为导线直径、几何平均半径 GMR 和分裂导线直径的单位,以英尺作为导线间距离的单位。

(2)"频率"(Frequency)文本框:指定 RLC 参数所用的频率(单位:Hz)。

(3)"大地电阻"(Ground resistivity)文本框:指定大地电阻(单位:Ω·m)。输入 0 表示大地为理想导体。

(4)"注释"(Comments)多行文本框:输入关于电压等级、导线类型和特性等的注释。该注释将与线路参数一同被保存。

2. 线路几何结构子窗口

(1)"导线相数"(Number of phase conductors(bundle))文本框:设置线路的相数。

(2) "地线数目"(Number of ground wires(bundle))文本框：设置大地导线的数目。

(3) 导线结构参数表：输入导线的"相序"(Phase number)、"水平挡距"(X)、"垂直挡距"(Y tower)、"挡距中央的高度"(Y min)、"导线的类型"(Conductor(bundle)type)共五个参数。

3. 导线特性子窗口

(1) "导线类型的个数"(Number of conductor types or bundle types)文本框：设置需要用到导线类型(单导线或分裂导线)的数量。假如需要用到架空导线和接地导线，该文本框中就要填"2"。

(2) "导线内电感计算方法"(Conductor internal inductance evaluated from)下拉框：选择用"直径/厚度"(T/D ratio)、"几何平均半径"(Geometric Mean Radius(GMR))或者"1 英尺(米)间距的电抗"(Reactance Xa at 1-foot spacing)进行内电感计算。

(3) "考虑导线集肤效应"(Include conductor skin effect)复选框：选中该复选框后，在计算导线交流电阻和电感时将考虑集肤效应的影响。若未选中，电阻和电感均为常数。

(4) 导线特性参数表：输入导线"外径"(Conductor Outside diameter)、"T/D"(Conductor T/D ratio)、"GMR"(Conductor GMR)、"直流电阻"(Conductor DC resistance)、"相对磁导率"(Conductor relative permeability)、"分裂导线中的子导线数目"(Number of conductors per bundle)、"分裂导线的直径"(Bundle diameter)、"分裂导线中 1 号子导线与水平面的夹角"(Angle of conductor 1)共八个参数。

(5) "计算 RLC 参数"(compute RLC parameters)按键：点击该按键后，将弹出 RLC 参数的计算结果窗口。

(6) "保存"(Save)按键：点击该按键后，线路参数以及相关的 GUI 信息将以后缀名 .mat 被保存。

(7) "加载"(Load)按键：点击该按键后，将弹出窗口，选择"典型线路参数"(Typical line data)或"用户定义的线路参数"(User defined line data)将线路参数信息加载到当前窗口。

6.2 电力系统稳态仿真

6.2.1 连续系统仿真

以例 4.4 为例，说明 Powergui 模块在电力系统稳态仿真分析中的应用。

【例 6.1】计算例 4.4 的潮流分布，并利用 Powergui 模块实现连续系统的稳态分析。

解：例 4.4 看似一个极简单的电路，可是它的潮流分析却不简单。已知电源侧的电压幅值、相角和额定电压下的负荷大小，这意味着在求出负荷侧电压前，负荷未知，因此按潮流计算的理论进行分析，这种电路必须经过一些假设，并反复迭代计算，直到逼近真实解。但是，利用 Powergui 模块却很简单。

(1) 重新布置系统仿真图，如图 6-14 所示。相对例 4.4，本例添加了新的模块，新增模块的名称及提取路径如表 6-2 所示。

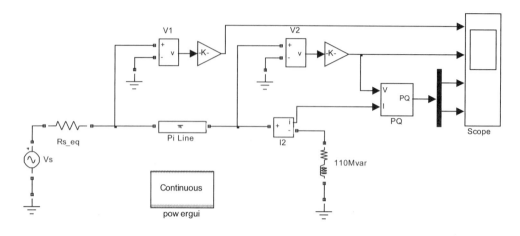

图 6-14　例 6.1 的系统仿真图

表 6-2　例 6.1 新增模块的名称及提取路径

模 块 名	提 取 路 径
有功功率—无功功率测量模块 PQ	SimPowerSystems/Extra library/Measurements
电流表模块 I2	SimPowerSystems/Measurements

(2) Powergui 仿真。打开 Powergui 模块窗口，选中"连续系统仿真"(Continuous)单选框后，点击"稳态电压电流分析"按键，出现稳态电压电流分析窗口，如图 6-15 所示。

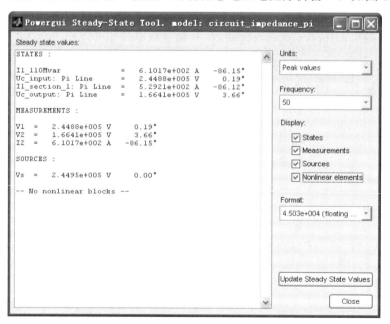

图 6-15　例 6.1 的稳态电压电流分析窗口

图中，状态变量用电流和电压的符号加上电感或电容的模块名表示，例如"I1_110Mvar"表示 110Mvar 负荷上的电流大小，"Uc_input：Pi Line"表示 PI 形线路左侧并联电容器上的电压大小，"Uc_output：Pi Line"表示 PI 形线路右侧并联电容器上的电压大小，"I1_section

_1：Pi Line"表示第一段 PI 形线路串联电感上的电流大小。电压源上电压的名称与系统电压源名称一致，如"Vs"表示电压源 Vs 上的电压大小。测量模块测得的电压值用测量模块的名称表示，如"V1"表示电压表模块 V1 测得的电压大小(电源侧电压)，"V2"表示电压表模块 V2 测得的电压大小，"I2"表示电流表模块 I2 测得的电流大小。

由图 6-15 可见，PI 形电路左侧的电压相量为 $244.88\angle 0.19° $ kV，PI 形电路右侧的电压相量为 $166.41\angle 3.66°$ kV，PI 形电路上的电流为 $529.21.08\angle -86.12°$ A，负荷侧电流为 $610.17\angle -86.15°$ A。

因此，负荷大小为

$$\tilde{S} = \dot{V}\overset{*}{I}$$
$$= \frac{166.41}{\sqrt{2}} \times \frac{610.17}{\sqrt{2}} \angle (86.15° + 3.66°) \tag{6-1}$$
$$= 0.168 + 50.76 \quad \text{MVA}$$

图 6-16 所示为直接通过测量模块得到的 PI 形电路两侧电压和实际负荷大小。图中波形从上到下依次为 PI 形电路左侧电压、PI 形电路右侧电压、负荷侧有功功率、负荷侧无功功率。该结果与 Powergui 所得结论一致。

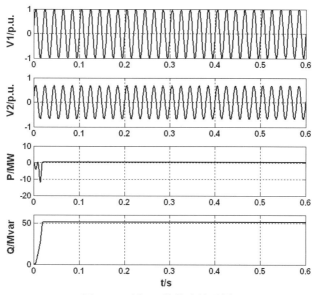

图 6-16　例 6.1 的仿真波形图

利用测量模块还可以得到电源侧电流的大小，这样就可以很容易求到线路各处的功率分布、功率损耗和电压损耗了。

读者可以动手试一试，并和《电力系统分析》课程中潮流计算的相关内容进行比较。

仿真时，特别是在对含电机的电路或者节点较多的电力系统，往往希望仿真开始时系统处于某种指定的初始状态。下例将说明对系统初始状态的设置方法。

【例 6.2】改变例 6.1 的初始状态，使仿真开始时，电路处于零初始状态。

解：打开 Powergui 模块窗口，点击"初始状态设置"按键，出现初始状态设置窗口，如图 6-17 所示。点击按键"to zero"将全部状态变量的初始值设为 0，回到模型文件主窗口，重新开始仿真，得到仿真波形如图 6-18 所示。

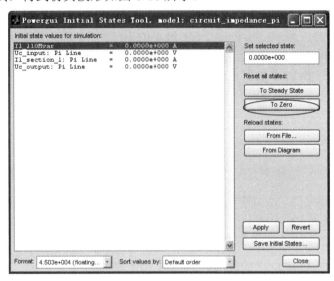

图 6-17 例 6.2 的初始状态设置窗口

由仿真波形图可见，当仿真从零初始状态开始时，线路两侧的电压在仿真初期不是理想正弦波。简单地说，就是合闸引起了一个暂态过程。从"波"的角度来讲，就是合闸后在线路上引起了"波"过程，"波"在阻抗不连续点(线路两端)不断进行折射和反射，形成了图 6-18 所示的波形。

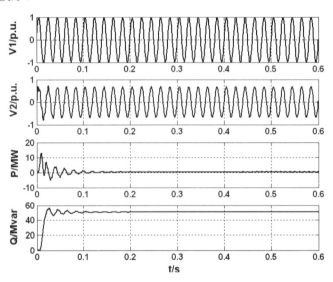

图 6-18 例 6.2 的仿真波形图

如果系统中存在电机模块，电机模块的初始状态需要通过"潮流计算和电机初始化"按键进行设置。

【例 6.3】利用 Powergui 模块设置例 4.2 同步发电机的初始状态。

解：例 4.2 中直接在同步发电机参数对话框中输入了初始状态，这些初始状态实际上是由 Powergui 模块自动产生的。

首先在同步发电机参数对话窗口(见图 6-19)的初始状态文本框中输入初始状态[0 0 0 0 0 0 0 0 0 1]，确认后关闭该对话框。

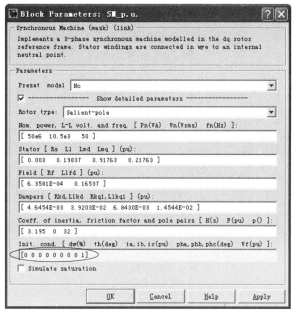

图 6-19　例 6.3 的同步发电机参数对话窗口

点击"潮流计算和电机初始化"按键，进入潮流计算和电机初始化设置窗口，如图 6-20 所示。该窗口中只显示了一个电机模块，名为 SM_p.u.，选中该模块，并点击"更新潮流分布"按键，更新负荷潮流，窗口左侧将显示更新后的负荷潮流分布情况。现在重新打开同步发电机参数对话窗口(见图 6-21)，可以看到，初始状态已经自动更新了。

同步发电机的初始状态设置好后，剩下的仿真工作就可交给读者了。

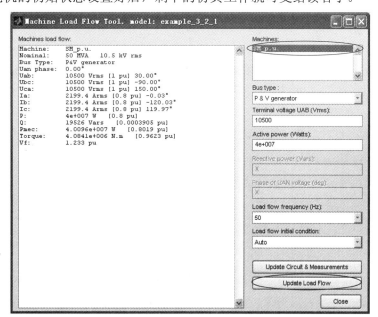

图 6-20　例 6.3 的潮流计算和电机初始化设置窗口

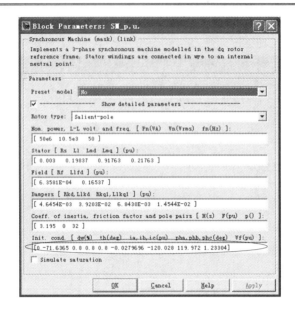

图 6-21　更新后的同步发电机参数对话窗口

6.2.2　离散系统仿真

连续系统仿真通常采用变步长积分算法。对小系统而言，变步长算法通常比定步长算法快，但是对含大量状态变量或非线性模块(如电力电子开关)的系统而言，采用定步长离散算法的优越性更为明显。

对系统进行离散化时，仿真的步长决定了仿真的精确度。步长太大可能导致仿真精度不足，步长太小又可能大大增加仿真运行时间。判断步长是否合适的唯一方法就是用不同的步长试探并找到最大时间步长。对于 50 Hz 或 60 Hz 的系统，或者带有整流电力电子设备的系统，通常 20～50 μs 的时间步长都能得到较好的仿真结果。对于含强迫换流电力电子开关器件的系统，由于这些器件通常都运行在高频下，因此需要适当地减小时间步长。例如，对运行在 8 kHz 左右的脉宽调制(PWM)逆变器的仿真，需要的时间步长为 1 μs。

【例 6.4】将例 4.4 中的 PI 形电路的段数改为 10，对系统进行离散化仿真并比较离散系统和连续系统的仿真结果。

解：　(1) 重新布置系统仿真图，如图 6-22 所示。

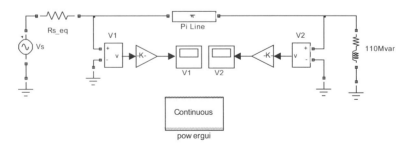

图 6-22　例 6-4 的系统仿真图

(2) 参数设置。双击例 4-4 模型文件中 PI 形电路模块，打开参数对话框，将分段数改为 10，如图 6-23 所示。

打开 Powergui 模块，选择"离散系统仿真"单选框，设置采样时间为 25e-6 s，如图 6-24所示。仿真时该系统将以 25 μs 的采样间隔进行离散化。

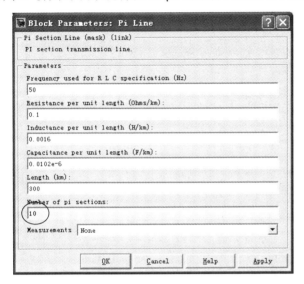

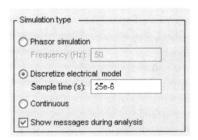

图 6-23　例 6-4 的 PI 形电路参数对话窗　　　　图 6-24　例 6-4 的 Powergui 模块参数对话窗

由于系统离散化了，因此在该系统中无连续的状态变量，所以不需要采用变步长的积分算法进行仿真。打开菜单[Simulation>Configuration parameters]对话框，按图 6-25 设置仿真参数，选择"定步长"(Fixed-step)和"离散"(discrete(no continuous states))选项并设置步长为 25 μs。

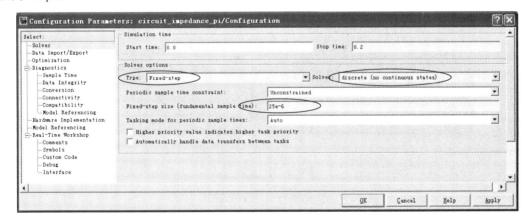

图 6-25　例 6-4 的仿真参数设置对话窗

(3) 仿真运行时间比较。为了得到仿真运行时间，在 MATLAB 命令窗口输入如下命令：

tic; sim(gcs); toc

仿真结束后，仿真所用的时间将以秒为单位显示在 MATLAB 命令窗口中，如图 6-26所示。

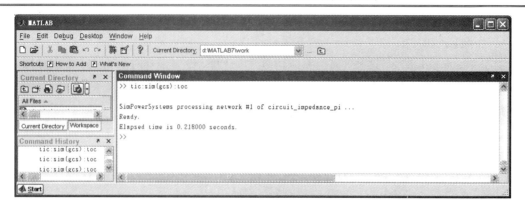

图 6-26　例 6-4 的仿真运行时间

可见，离散化系统后，仿真运行时间为 0.188 s。

将离散系统的采样时间设为 0 并回到连续系统的仿真状态，仿真算法改为连续积分算法 ode23tb，可以得到连续系统仿真需要的运行时间为 0.219 s。

因此，离散积分算法比连续积分算法更快。

(4) 仿真精度比较。为了比较两种方法的精确度，执行以下三种仿真：① 连续系统仿真，$T_s = 0$ s；② 离散系统仿真，$T_s = 25$ μs；③ 离散系统仿真，$T_s = 50$ μs。

如图 6-27 所示，双击并打开 V2 示波器模块，选择"参数"(Parameters)项，在打开的窗口中选择"数据历史"(Data history)，去掉"仅保留最新的数据点"(Limit data points to last)复选框，这样可以观察到整个仿真过程中的波形变化。选中"将数据保存到工作空间"(Save data points to workspace)复选框，将变量名指定为 V2，格式为"列"(Array)。

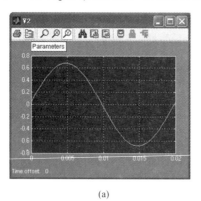

(a)　　　　　　　　　　　　　　　　(b)

图 6-27　例 6-4 示波器 V2 的参数设置

(a) 波形；(b) 参数标签页

开始连续系统仿真，仿真结束时间选为 0.02 s。仿真结束后，在 MATLAB 命令窗口中输入命令：

　　　　V2C=V2;

这样，电压 V_2 被保存在变量 V_{2C} 中。

重新开始仿真，将系统离散化，设置仿真步长 $T_s = 25$ μs，注意仿真参数中的步长设置也要改为 25 μs，仿真结束时间为 0.02 s。仿真结束后，将电压 V_2 保存在变量 V_{2d25} 中。

再次仿真，设置仿真步长为 $T_s = 50\ \mu s$。仿真结束后，将电压 V_2 保存在变量 V_{2d50} 中。

在 MATLAB 命令窗口中输入如下语句，可画出三种情况下的电压波形，如图 6-28 所示。

plot(V2C(:,1),V2C(:,2),V2d25(:,1),V2d25(:,2), V2d50(:,1),V2d50(:,2))

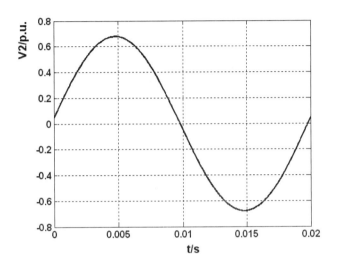

图 6-28　三种仿真方法波形比较

使用图形窗口中的放大功能，将目标集中到 0.0045 s 附近观察三种仿真的差别。如图 6-29 所示，25 μs 下的仿真结果与 50 μs 的仿真结果一致，连续系统的仿真结果除了步长不同，结果也相同。可见，本例中，选择 50 μs 的步长不但可以提高计算速度而且不影响仿真的精确度。

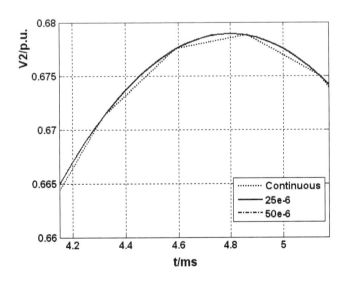

图 6-29　放大后三种仿真波形比较

6.2.3　相量法仿真

相量是代表特定频率下的正弦电压和电流的复数，可以用直角坐标或者极坐标表示。相量法是电力系统正弦稳态分析的主要手段。它只关心系统中电压电流的相角和幅值，不需要求解电力系统状态方程，不需要特殊的算法，因此计算速度快得多。必须清楚的是，相量法给出的解是在特定频率下的解。

【例 6.5】用相量法分析例 6.4。

解：(1) 参数设置。打开 Powergui 模块，选择"相量法分析"单选框，并在"频率"对话框中将频率改为 50 Hz。关闭 Powergui 模块，模型文件主窗口中的 Powergui 模块图标显示为"相量法"(Phasors)分析，如图 6-30 所示。

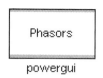

图 6-30　例 6.5 的 Powergui 模块相量法分析图标

打开电压测量模块 V1，选择"幅值—相角"(Magnitude-Angle)模式，如图 6-31 所示。电压测量模块 V2 也选择幅值—相角模式。

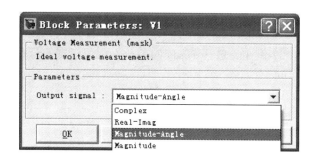

图 6-31　例 6.5 的电压测量模块 V1

> **注意：**
> 在用相量法进行分析时，电压、电流表模块可以有四种输出格式：复数(Complex)、实部—虚部(Real-Imag)、幅值—相角(Magnitude-Angle)、幅值(Magnitude)。如果希望对复数信号进行处理的话，可以选择复数测量格式，但是示波器无法显示复数波形。

(2) 仿真。开始仿真，得到输电线路送端 V1 和受端 V2 的电压幅值和相角，如图 6-32 所示。

可见，V1 侧电压幅值为 1 p.u.，相角为 0.19°；V2 侧电压幅值为 0.67 p.u.，相角为 3.66°。这和图 6-16 稳态分析的结论一致。

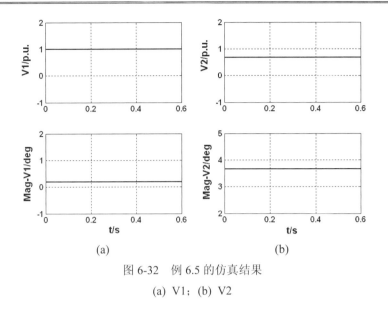

图 6-32　例 6.5 的仿真结果

(a) V1；(b) V2

6.3　电力系统电磁暂态仿真

SIMULINK 的电力系统暂态仿真过程通过机械开关设备，如"断路器"(circuit breakers) 模块或者电力电子设备的开断实现。

6.3.1　断路器模块

SimPowerSystems 库提供的断路器模块可以对开关的投切进行仿真。断路器合闸后等效于电阻值为 R_{on} 的电阻元件。R_{on} 是很小的值，相对外电路可以忽略。断路器断开时等效于无穷大电阻，熄弧过程通过电流过零时断开断路器完成。开关的投切操作可以受外部或内部信号的控制。外部控制方式时，断路器模块上出现一个输入端口，输入的控制信号必须为 0 或者 1，其中 0 表示切断，1 表示投合；内部控制方式时，切断时间由模块对话框中的参数指定。如果断路器初始设置为 1(投合)，SimPowerSystems 库自动将线性电路中的所有状态变量和断路器模块的电流进行初始化设置，这样仿真开始时电路处于稳定状态。断路器模块包含 R_s-C_s 缓冲电路。如果断路器模块和纯电感电路、电流源和空载电路串联，则必须使用缓冲电路。

带有断路器模块的系统进行仿真时需要采用刚性积分算法，如 ode23tb、odel5s，这样可以加快仿真速度。

1. 单相断路器模块

外部控制方式、带缓冲电路和不带缓冲电路的单相断路器模块图标如图 6-33 所示。

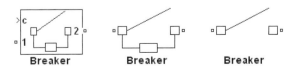

图 6-33　单相断路器模块图标

双击断路器模块，弹出该模块的参数对话框如图 6-34。该对话框中含有如下参数：

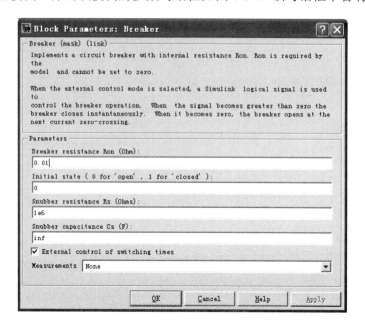

图 6-34　单相断路器模块参数对话框

(1) "断路器电阻"(Breaker resistance Ron)文本框：断路器投合时的内部电阻(单位：Ω)。断路器电阻不能为 0。

(2) "初始状态"(Initial state)文本框：断路器初始状态。断路器为合闸状态，输入 1，对应的图标显示投合状态；输入 0，表示断路器为断开状态。

(3) "缓冲电阻"(Snubber resistance Rs)文本框：并联缓冲电路中的电阻值(单位：Ω)。缓冲电阻值设为 inf 时，将取消缓冲电阻。

(4) "缓冲电容"(Snubber capacitance Cs)文本框：并联缓冲电路中的电容值(单位：F)。缓冲电容值设为 0 时，将取消缓冲电容；缓冲电容值设为 inf 时，缓冲电路为纯电阻性电路。

(5) "开关动作时间"(Switching times)文本框：采用内部控制方式时，输入一个时间向量以控制开关动作时间。从开关初始状态开始，断路器在每个时间点动作一次。例如，初始状态为 0，在时间向量的第一个时间点，开关投合，第二个时间点，开关打开。如果选中外部控制方式，该文本框不可见。

(6) "外部控制"(External control of switching times)复选框：选中该复选框，断路器模块上将出现一个外部控制信号输入端。开关时间由外部逻辑信号(0 或 1)控制。

(7) "测量参数"(Measurements)下拉框：对以下变量进行测量。

① "无"(None)：不测量任何参数。

② "断路器电压"(Branch voltages)：测量断路器电压。

③ "断路器电流"(Branch currents)：测量断路器电流，如果断路器带有缓冲电路，测量的电流仅为流过断路器器件的电流。

④ "所有变量"(Branch voltages and currents)：测量断路器电压和电流。

选中的测量变量需要通过万用表模块进行观测。

2. 三相断路器模块

外部控制方式、带缓冲电路和不带缓冲电路的三相断路器模块图标如图 6-35 所示。

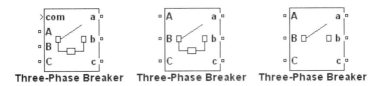

图 6-35　三相断路器模块图标

双击三相断路器模块，弹出该模块的参数对话框如图 6-36 所示。该对话框中含有以下参数：

图 6-36　三相断路器模块参数对话框

(1) "断路器初始状态"(Initial status of breakers)下拉框：断路器三相的初始状态相同，选择初始状态后，图标会显示相应的切断或者投合状态。

(2) "A 相开关"(Switching of phase A)复选框：选中该复选框后表示允许 A 相断路器动作，否则 A 相断路器将保持初始状态。

(3) "B 相开关"(Switching of phase B)复选框：选中该复选框后表示允许 B 相断路器动作，否则 B 相断路器将保持初始状态。

(4) "C 相开关"(Switching of phase C)复选框：选中该复选框后表示允许 C 相断路器动作，否则 C 相断路器将保持初始状态。

(5) "切换时间 (Transition times)文本框：采用内部控制方式时，输入一个时间向量以控制开关动作时间。如果选中外部控制方式，该文本框不可见。

(6) "外部控制"(External control of switching times)复选框：选中该复选框，断路器模块上将出现一个外部控制信号输入口。开关时间由外部逻辑信号(0 或 1)控制。

(7) "断路器电阻"(Breaker resistance Ron)文本框：断路器投合时内部电阻(单位：Ω)。断路器电阻不能为 0。

(8) "缓冲电阻"(Snubber resistance Rp)文本框：并联的缓冲电路中的电阻值(单位：Ω)。缓冲电阻值设为 inf 时，将取消缓冲电阻。

(9) "缓冲电容"(Snubber capacitance Cp)文本框：并联的缓冲电路中的电容值(单位：F)。缓冲电容值设为 0 时，将取消缓冲电容；缓冲电容值设为 inf 时，缓冲电路为纯电阻性电路。

(10) "测量参数"(Measurements)下拉框：对以下变量进行测量。

① "无"(None)：不测量任何参数。

② "断路器电压"(Branch voltages)：测量断路器的三相终端电压。

③ "断路器电流"(Branch currents)：测量流过断路器内部的三相电流，如果断路器带有缓冲电路，测量的电流仅为流过断路器器件的电流。

④ "所有变量"(Branch voltages and currents)：测量断路器电压和电流。

选中的测量变量需要通过万用表模块进行观察。测量变量用"标签"加"模块名"加"相序"构成，例如断路器模块名称为 B1 时，测量变量符号如表 6-3 所示。

表 6-3　三相断路器测量变量符号

测量内容	符　　　号	解　　　释
电压	Ub：B1/Breaker A	断路器 B1 的 A 相电压
	Ub：B1/Breaker B	断路器 B1 的 B 相电压
	Ub：B1/Breaker C	断路器 B1 的 C 相电压
电流	Ib：B1/Breaker A	断路器 B1 的 A 相电流
	Ib：B1/Breaker B	断路器 B1 的 B 相电流
	Ib：B1/Breaker C	断路器 B1 的 C 相电流

3. 三相故障模块

三相故障模块是由三个独立的断路器组成的、能对相—相故障和相—地故障进行模拟的模块。该模块的等效电路如图 6-37 所示。

外部控制方式和内部控制方式下的三相故障模块图标如图 6-38 所示。

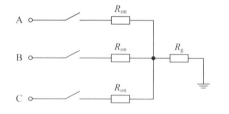　　　

图 6-37　三相故障模块等效电路　　　　　　图 6-38　三相故障模块图标

双击三相故障模块，弹出该模块的参数对话框如图 6-39 所示。在该对话框中含有以下参数：

(1) "A 相故障"(Phase A Fault)复选框：选中该复选框后表示允许 A 相断路器动作，否则 A 相断路器将保持初始状态。

(2) "B 相故障"(Phase B Fault)复选框：选中该复选框后表示允许 B 相断路器动作，

否则 B 相断路器将保持初始状态。

(3) "C 相故障"(Phase C Fault)复选框：选中该复选框后表示允许 C 相断路器动作，否则 C 相断路器将保持初始状态。

(4) "故障电阻"(Fault resistances Ron)文本框：断路器投合时的内部电阻(单位：Ω)。故障电阻不能为0。

(5) "接地故障"(Ground Fault)复选框：选中该复选框后表示允许接地故障。通过和各个开关配合可以实现多种接地故障。未选中该复选框时，系统自动设置大地电阻为 $10^6\,\Omega$。

(6) "大地电阻"(Ground resistance Rg)文本框：接地故障时的大地电阻(单位：Ω)。大地电阻不能为 0。选中接地故障复选框后，该文本框可见。

(7) "外部控制"(External control of fault timing)复选框：选中该复选框，三

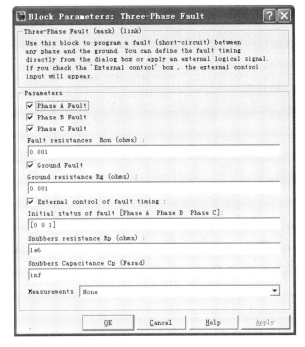

图 6-39　三相故障模块参数对话框

相故障模块上将增加一个外部控制信号输入端。开关时间由外部逻辑信号(0 或 1)控制。

(8) "切换状态"(Transition status)文本框：设置断路器的开关状态，断路器按照该文本框设置状态进行切换。采用内部控制方式时，该文本框可见。断路器的初始状态默认为与该文本框中第一个状态量相反的状态。

(9) "切换时间"(Transition times)文本框：设置断路器的动作时间，断路器按照该文本框设置的时间进行切换。

(10) "断路器初始状态"(Initial status of fault)文本框：设置断路器的初始状态。采用外部控制方式时，该文本框可见。

(11) "缓冲电阻"(Snubber resistance Rp)文本框：并联的缓冲电路中的电阻值(单位：Ω)。缓冲电阻值设为 inf 时，将取消缓冲电阻。

(12) "缓冲电容"(Snubber capacitance Cp)文本框：并联的缓冲电路中的电容值(单位：F)。缓冲电容值设为 0 时，将取消缓冲电容；缓冲电容值设为 inf 时，缓冲电路为纯电阻性电路。

(13) "测量参数"(Measurements)下拉框：对以下变量进行测量。

① "无"(None)：不测量任何参数。

② "故障电压"(Branch voltages)：测量断路器的三相端口电压。

③ "故障电流"(Branch currents)：测量流过断路器的三相电流，如果断路器带有缓冲电路，测量的电流仅为流过断路器器件的电流。

④ "所有变量"(Branch voltages and currents)：测量断路器电压和电流。

选中的测量变量需要通过万用表模块进行观察。测量变量用"标签"加"模块名"加"相序"构成，例如三相故障模块名称为 F1 时，测量变量符号如表 6-4 所示。

表6-4　　三相故障模块测量参数符号

测量内容	符　　号	解　　释
电压	Ub：F1/Fault A	三相故障模块 F1 的 A 相电压
	Ub：F1/ Fault B	三相故障模块 F1 的 B 相电压
	Ub：F1/ Fault C	三相故障模块 F1 的 C 相电压
电流	Ib：F1/ Fault A	三相故障模块 F1 的 A 相电流
	Ib：F1/ Fault B	三相故障模块 F1 的 B 相电流
	Ib：F1/Fault C	三相故障模块 F1 的 C 相电流

6.3.2　暂态仿真分析

【例6.6】线电压为 300 kV 的电压源经过一个断路器和 300 km 的输电线路向负荷供电。搭建电路对该系统的高频振荡进行仿真，观察不同输电线路模型和仿真类型的精度差别。

解： (1) 按图 6-40 搭建仿真单相电路图，选用的各模块的名称及提取路径见表 6-5。

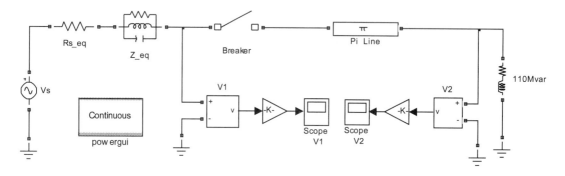

图 6-40　例 6.6 的仿真电路图

表 6-5　　例 6.6 仿真电路模块的名称及提取路径

模　块　名	提　取　路　径
交流电压源 Vs	SimPowerSystems/Electrical Sources
串联 RLC 支路 Rs_eq	SimPowerSystems/Elements
并联 RLC 支路 Z_eq	SimPowerSystems/Elements
断路器模块 Breaker	SimPowerSystems/Elements
PI 型等效电路 PI Line	SimPowerSystems/Elements
串联 RLC 负荷 110Mvar	SimPowerSystems/Elements
接地模块	SimPowerSystems/Elements
电压表模块 V1、V2	SimPowerSystems/Measurements
增益模块	Simulink/Commonly Used Blocks
示波器 Scope V1、V2	Simulink/Sinks
电力系统图形用户界面 powergui	SimPowerSystems

(2) 设置模块参数和仿真参数。并联 RLC 模块 Z_eq 的参数设置如图 6-41 所示。断路器模块 Breaker 的参数设置如图 6-42 所示。其余元件参数与例 4.4 相同，仿真参数的设置也与例 4.4 相同。仿真结束时间取为 0.02 s。

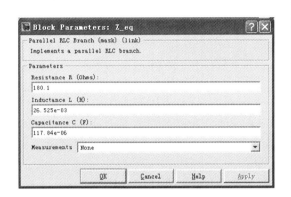
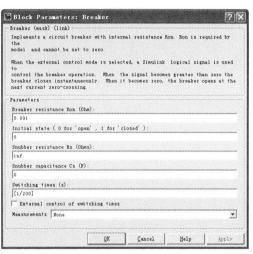

图 6-41　例 6.6 的 Z_eq 参数设置　　　　　　　　图 6-42　例 6.6 的 Breaker 参数设置

(3) 不同输电线路模型下的仿真。按例 6.4 的方法，设置线路为 1 段 PI 形电路、10 段 PI 形电路和分布参数线路，把仿真得到的 V2 处电压分别保存在变量 V21、V210 和 V2d 中，并画出对应的波形如图 6-43 所示。

由图 6-43 可见，断路器在 0.005 s 合闸时，系统中产生了高频振荡。其中由 1 段 PI 形电路模块构成的系统未反映高于 206 Hz 的振荡(见例 4.4)，由 10 段 PI 形电路模块构成的系统较好地反映了这种高频振荡，分布参数线路由于波传导过程在断路器合闸后存在 1.03 ms 的时间延迟。

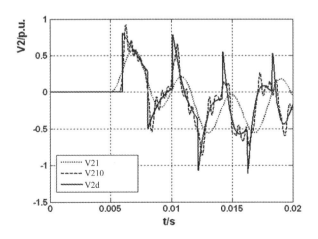

图 6-43　例 6.6 不同线路模型下的电压波形比较

(4) 不同仿真类型下的仿真。用 10 段 PI 型输电线路按例 6.4 的方法，执行以下三种仿真：① 连续系统仿真，$T_s = 0$ s；② 离散系统仿真，$T_s = 25$ μs；③ 离散系统仿真，$T_s = 50$ μs。把仿真得到的 V_2 处电压分别保存在变量 V_{2c}、V_{2d25} 和 V_{2d50} 中，并画出对应的波形如图 6-44 所示。

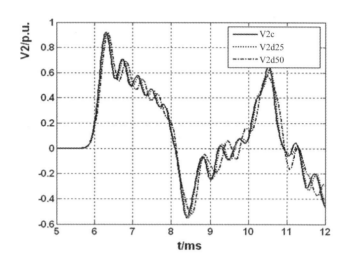

图 6-44　例 6.6 不同仿真类型下的电压波形比较

由图 6-44 可见，25 μs 步长下的仿真结果(短虚线)与连续系统的结果(实线)很接近，而 50 μs 步长下的仿真结果(长虚线)已经小有误差了。三种仿真的运算时间分别为 0.25 s、0.17s 和 0.15 s。因此，本例中选择 25 μs 的步长不但仿真精度满足要求，还可以提高运算速度。

【例 6.7】供电系统如图 6-45 所示，其中线路 L 的参数为长 50 km，$r = 0.17$ Ω/km，$x = 0.402$ Ω/km。变压器 T 的参数为 $S_n = 10$ MVA，$V_s\% = 10.5$，$K_T = 110/11$。假定供电点电压 V_i 为 106.5 kV，保持恒定，当空载运行时变压器低压母线发生三相短路。试构建系统进行仿真，并观察短路电流周期分量、冲击电流大小。

图 6-45　例 6.7 的系统图

解：(1) 理论分析。将供电点等效为理想电压源，同时忽略线路和变压器中的并联导纳，可得到线路电阻 R_L、线路电抗 X_L 和变压器电抗 X_T 分别为

$$R_L = 50 \times 0.17 = 8.5 \ \Omega \tag{6-2}$$

$$X_L = 50 \times 0.402 = 20.1 \ \Omega \tag{6-3}$$

$$X_T = \frac{V_s\%}{100} \times \frac{V_n^2}{S_n} = \frac{10.5}{100} \times \frac{110^2}{10} = 127.05 \ \Omega \tag{6-4}$$

因此，变压器低压侧短路电流周期分量的幅值 I_{pm} 为

$$I_{pm} = \sqrt{2}\,\frac{V_i}{\sqrt{3}\sqrt{R_L^2 + (X_L + X_T)^2}} \times K_T$$

$$= \frac{106.5\sqrt{2}}{\sqrt{3}\sqrt{8.5^2 + (20.1 + 127.05)^2}} \times 10 \qquad (6\text{-}5)$$

$$= 5.8996 \quad \text{kA}$$

冲击电流 i_{im} 为

$$i_{im} = \left[1 + \exp\frac{-0.01 \times 100 \times \pi \times R_L}{X_L + X_T}\right] I_{pm} = 10.8228 \quad \text{kA} \qquad (6\text{-}6)$$

(2) 按图 6-46 搭建仿真电路图，选用的各模块的名称及提取路径见表 6-6。

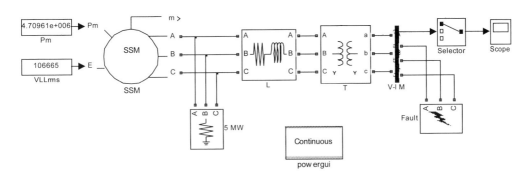

图 6-46   例 6.6 的仿真电路图

表 6-6   例 6.7 仿真电路模块的名称及提取路径

模 块 名	提 取 路 径
SI 型简化同步电机模块 SSM	SimPowerSystems/Machines
三相并联 RLC 负荷模块 5MW	SimPowerSystems/Elements
串联 RLC 支路 L	SimPowerSystems/Elements
双绕组变压器模块 T	SimPowerSystems/Elements
三相故障模块 Fault	SimPowerSystems/Elements
三相电压电流测量模块 V-I M	SimPowerSystems/Measurements
常数模块 VLLrms、Pm	Simulink/Sources
选择器模块 Selector	Simulink/Signal Routing
示波器 Scope	Simulink/Sinks
电力系统图形用户界面 powergui	SimPowerSystems

(3) 设置模块参数和仿真参数。简化同步电机参数设置如图 6-47 所示。三相故障模块 Breaker 在 0.02 s 时三相合闸，对应的参数设置如图 6-48 所示。

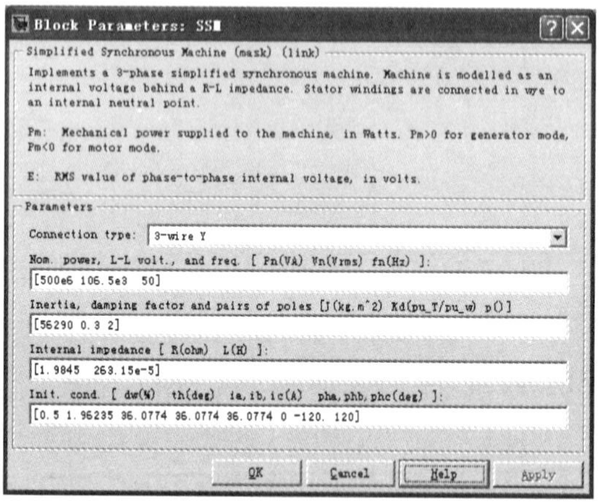

图 6-47   例 6.7 的简化同步电机模块参数设置 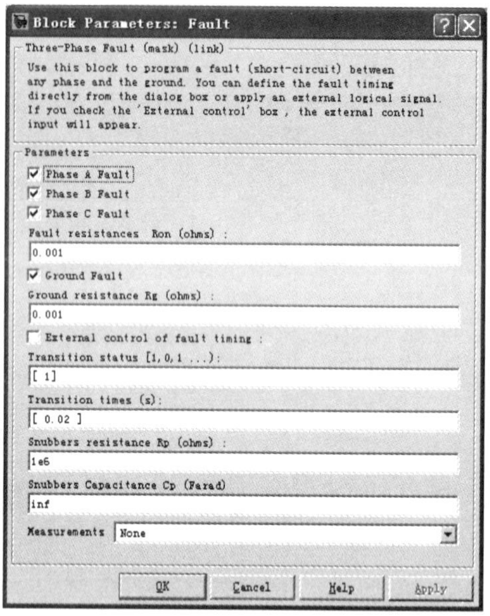   图 6-48   例 6.7 的三相故障模块参数设置

并联 RLC 负荷为有功功率负荷，负荷大小为 5 MW，其余元件参数按题目已知条件设置。选择 ode23tb 算法，仿真结束时间取为 0.6 s。仿真开始前，利用 Powergui 模块对电机进行初始化设置，初始化后，与简化同步电机模块输入端口相连的两个常数模块 Pm 和 VLLrms 的参数被自动设置为 4.70961e6 和 106665。

（4）仿真。开始仿真，得到变压器低压侧的 a 相电流如图 6-49 所示。

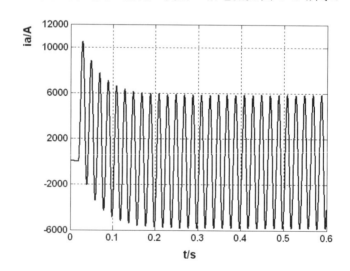

图 6-49   例 6.7 的仿真波形图

由图 6-49 可见，短路电流周期分量的幅值为 5.85 kA，冲击电流为 10.5 kA，和理论计算分别存在 0.85% 和 2.98% 的误差。这是由于实际仿真中，供电点并不是理想电压源，发生短路后，供电点电压将降低，因此计算得到的短路电流和冲击电流值偏大。

利用 SimPowerSystems/Extra Library/Measurements 子库中的"FFT 模块"(Fourier)和"三相序分量模块"(3-Phase Sequence Analyzer)还可以进行电流直流和倍频分量的分析或者正序、负序和零序的分析。限于篇幅，本节不再给出各序分量和各次谐波分量的电流波形图，读者可以动手试试，看看结果是否和理论一致。

6.4　电力系统机电暂态仿真

当电力系统受到大的扰动时，表征系统运行状态的各种电磁参数都要发生急剧的变化。但是，由于原动机调速器具有较大的惯性，它必须经过一定时间后才能改变原动机的功率。这样，发电机的电磁功率与原动机的机械功率之间便失去了平衡，于是产生了不平衡转矩。在不平衡转矩作用下，发电机开始改变转速，使各发电机转子间的相对位置发生变化(机械运动)。发电机转子相对位置，即相对角的变化，反过来又将影响到电力系统中电流、电压和发电机电磁功率的变化。所以，由大扰动引起的电力系统暂态过程，是一个电磁暂态过程和发电机转子间机械运动暂态过程交织在一起的复杂过程。如果计及原动机调速器、发电机励磁调节器等调节设备的暂态过程，则过程将更加复杂。

精确地确定所有电磁参数和机械运动参数在暂态过程中的变化是困难的，对于解决一般的工程实际问题往往也是不必要的。通常，暂态稳定性分析计算的目的在于确定系统在给定的大扰动下发电机能否继续保持同步运行。因此，只需研究表征发电机是否同步的转子运动特性，即功角 δ 随时间变化特性便可以了。这就是通常说的机电暂态过程，即稳定性问题。

本节将对一个含两台水轮发电机组的输电系统进行暂态稳定性的仿真演示。为提高系统的暂态稳定性和阻尼振荡的能力，该系统中配置了静止无功补偿器(SVC)以及电力系统稳定器(PSS)。

打开 SimPowerSystems 库的 demo 子库中的模型文件 power_svc_pss，可以直接得到如图 6-50 所示的仿真系统，以文件名 circuit_pss 另存。这样，用户可对该原始模型进行进一步的调整。该系统的具体实现方法和参数设置可以参考有关文献[10]。对于初学者来说，本节有一定的难度。

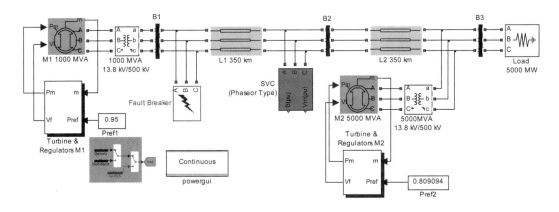

图 6-50　电力系统暂态稳定性分析的仿真系统图

6.4.1　输电系统的描述

图 6-50 是一个简单的 500 kV 输电系统图。图中，一个 1000 MVA 的水轮发电厂(M1)通过 500 kV、700 km 输电线路与 5000 MW 的负荷中心相连，另一容量为 5000 MVA 的本地发电厂(M2)也向该负荷供电。为了提高故障后系统的稳定性，在输电线路中点并联了一个容量为 200 Mvar 的静止无功补偿器。两个水轮发电机组均配置水轮机调速器、励磁系统和电力系统稳定器。

单击并进入"涡轮和调速器"(Turbine & Regulators)子系统，其结构如图 6-51 所示。

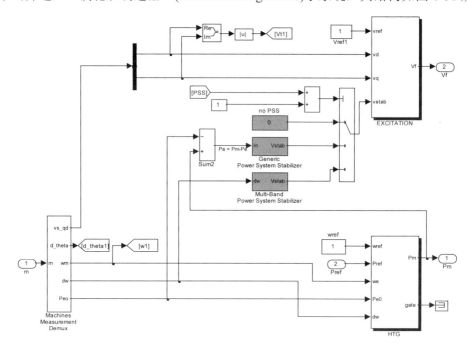

图 6-51　"涡轮和调速器"子系统结构图

该子系统中，与励磁系统相连的稳定器模块有两种类型：一种是"普通 PSS"(Generic Power System Stabilizer)模块，另一种是"多频段 PSS"(Multi-Band Power System Stabilizer)模块。这两种稳定器模块都可以从 SimPowerSystems/Machines 库中直接提取。

通过手动设置图 6-50 左下方的"开关"模块可以选择不同的 PSS，或者将系统设置为不含 PSS 的工作状态。

图 6-50 中的 SVC 模块是 SimPowerSysterms/Phasor Elements 库中的相量模块。打开 SVC 模块的参数对话框，在"显示"(Display)下拉框中选择"功率数据"(Power data)选项，将显示功率数据参数对话框(见图 6-52(a))，确定 SVC 的额定容量是 +/-200Mvar；若在"显示"(Display)下拉框中选择"控制参数"(Control parameters)选项，将显示控制参数对话框(见图 6-52(b))，在该窗口中，可以选择 SVC 的运行模式为"电压调整"(Voltage regulation)或"无功控制"(Var control)，默认设置为"无功控制"模式。若不希望投入 SVC，直接将电纳设置为 $B_{ref} = 0$ 即可。

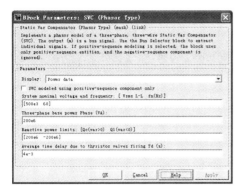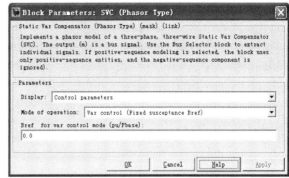

(a)　　　　　　　　　　　　　　　　　　(b)

图 6-52　SVC 模块参数对话框

(a) SVC 功率数据；(b) SVC 控制参数

　　图 6-50 中的母线 B1 上连接有一个三相故障模块。通过该故障模块设置不同类型的故障，可观测 PSS 和 SVC 对系统稳定性的影响。

　　仿真开始前，打开 Powergui 模块参数对话框，选中"相量法分析"单选框以加快仿真速度。点击 Powergui 模块的"潮流计算和电机初始化"按键进行初始化设置。将发电机 M1 定义为 PV 节点(V = 13 800 V，P = 950 MW)，发电机 M2 定义为平衡节点(V = 13 800 V，a 相电压相角为 0°，估计要送出的有功功率为 4000 MW)。潮流计算和初始化工作完成后，两个发电机参数对话框中的初始条件、两个发电机输入端口的参考功率都被自动更新，其中 Pref1 = 0.95 p.u.(950 MW)，Pref2 = 0.8091 p.u.(4046 MW)。更新后发电机的初始状态如图 6-53。进入"涡轮和调速器"子系统，可以看见两个励磁系统输入端口上的参考电压被自动更新为 Vref = Vref1 = 1.0 p.u.。

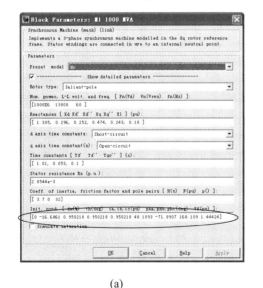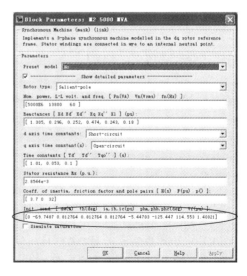

(a)　　　　　　　　　　　　　　　　　　(b)

图 6-53　更新后的发电机初始参数

(a) 发电机 M1；(b) 发电机 M2

6.4.2　单相故障

本节将对不使用 SVC 时的单相故障进行仿真，并观测系统的暂态稳定性。

电力系统中发电机经输电线路并列运行时，在扰动下会发生发电机转子间的相对摇摆，并在缺乏阻尼时引起持续振荡。此时，输电线路上功率也会发生相应振荡。由于其振荡频率很低，一般为 0.2～2.5 Hz，故称为低频振荡。电力系统低频振荡在国内外均有发生，常出现在长距离、重负荷输电线路上，在采用现代快速、高顶值倍数励磁系统的条件下更容易发生。这种低频振荡可以通过电力系统稳定器得到有效抑制。

此外，从理论分析上可知，当转子间相角差为 90° 时，发电机输出的电磁功率达到最大值。若系统长期在功角大于 90° 的状况下运行，电机将失去同步，系统不稳定。

设置 SVC 的参数 $B_{ref}=0$，即不使用 SVC。设置三相故障模块在 0.1 s 时发生 a 相接地故障，0.2 s 时清除故障。分别对投入普通 PSS、投入多频段 PSS、退出 PSS 三种情况进行暂态仿真。将这三种情况下的仿真结果叠加比较，如图 6-54 所示。图中波形从上到下依次为转子间相角差、电机转速和 SVC 端口上的正序电压幅值。

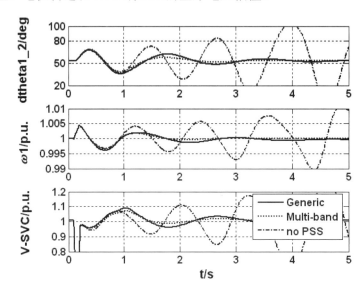

图 6-54　单相接地故障时的暂态仿真波形

从图中可见，在故障期间，由于电机 M1 的电磁功率小于机械功率，因此电机 M1 的转速增大。未安装 PSS 时，转子相角差在 3.8 s 时超过 90°，并且振荡失稳，因此系统是暂态不稳定的。普通 PSS 和多频段 PSS 下，最大转子相角差分别为 62.5° 和 57.8°，5 s 时，相角差在 53° 左右重新达到平衡，因此系统具有暂态稳定性。本例中，普通 PSS 有效抑制了 0.6 Hz 的低频振荡，但对 0.025 Hz 的低频振荡作用不明显。若将仿真时间延长到 50 s，则可以很清楚地观察到故障清除后电机发生了 0.025 Hz 的低频振荡，而多频段 PSS 有效抑制了 0.6 Hz 和 0.025 Hz 的低频振荡。

可见，发生单相接地故障后，尽管未使用 SVC，电机之间仍然能够重新恢复同步运行，因此具有暂态稳定性。故障清除后，0.6 Hz 的低频振荡迅速衰减。

6.4.3　三相故障

本节对 SVC 和 PSS 均投入使用时的三相故障进行仿真，并观测系统的暂态稳定性。

设置三相故障模块在 0.1 s 时发生三相接地故障，0.2 s 时故障消失。打开 SVC 参数对话框，选择显示"控制参数"参数对话框，将 SVC 的运行模式改为"电压调整"，将"参考电压 Vref"(Reference voltage Vref)文本框中的值改为 1.009(1.009 p.u.为未投入 SVC 时 SVC 端口的电压稳态值)，其余参数不变。开始仿真，仿真结果如图 6-55 所示。

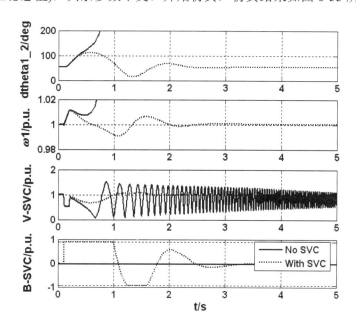

图 6-55　三相接地故障时的暂态仿真波形

图中波形从上到下依次为转子间相角差、电机转速、SVC 端口的正序电压、从 SVC 端口看入的等效电纳。为了方便比较，将投入普通 PSS、未投入 SVC(B_{ref} = 0)时的三相接地故障仿真波形叠加到图 6-55 中。

由图 6-55 可见，未使用 SVC 时，两个电机在 0.3 s 时迅速单调失去同步，电机转速单调增大，SVC 等效电纳为 0，表示不向系统吸收无功，也不向系统发送无功。安装 SVC 后，SVC 的等效电纳在正值和负值间波动，正的电纳表示向系统发送无功，负的电纳表示从系统吸收无功。转子间相角差虽然有短暂时间超过了 90°，但最终以衰减振荡的形式稳定在 53° 附近。因此，尽管发生了最为严重的三相接地故障，但系统仍然具有暂态稳定性。

习　题

6-1　按题 6-1 图设计交流电压源的叠加电路，分析线路首端电压的变化情况。两个单相交流电压源分别为 v_1 = 100 sin(120πt + π/6) V 和 v_2 = 75 sin(100πt + π/3) V。

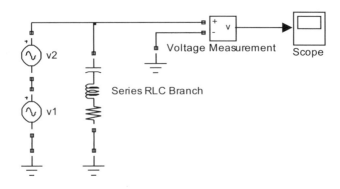

题 6-1 图

6-2　按题 6-2 图设计一个 5 次谐波滤波器电路并进行稳态运行分析。

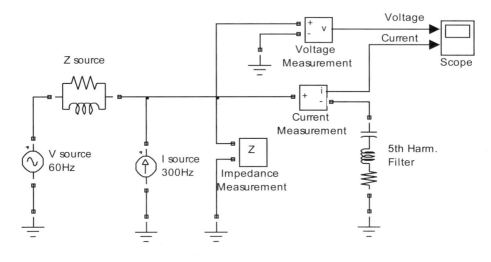

题 6-2 图

6-3　按题 6-3 图建模，利用指令分析该电路的结构特征和状态方程。

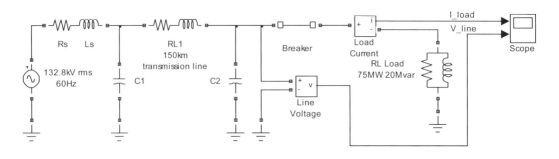

题 6-3 图

6-4　按题 6-4 图建模，利用 park 变换模块将三相电压从 *abc* 坐标系转换为 *dq*0 坐标系。

6-5　按题 6-5 图建模，利用三相序分量模块分析 A 相接地后的正序、负序、零序分量。

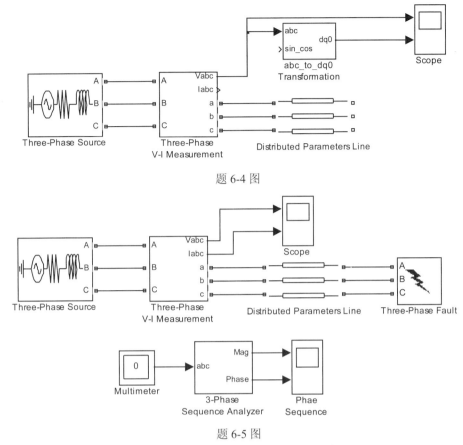

题 6-4 图

题 6-5 图

6-6　将题 6-5 中的"三相电压源模块"(Three-Phase Source)替换为"三相可编程电压源模块"(Three-Phase Programmable Voltage Source)。在电压源的基频分量中叠加谐波分量，其中 3 次谐波分量的大小为基频分量的 13%，7 次谐波分量的大小为基频分量的 5%。利用傅里叶分析模块分析输电线路 A 相接地前后线路两端的电压谐波含量。

6-7　利用 Powergui 模块中的"稳态电压电流分析"功能分析题 6-7 图电路。

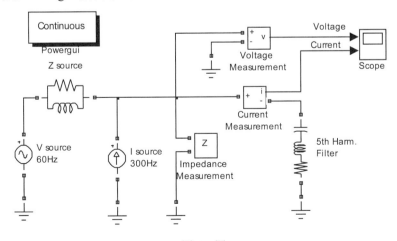

题 6-7 图

6-8　按题 6-8 图建模，利用 Powergui 模块中的"相量分析"功能分析输电线路两端的电压和线路中电流的变化。

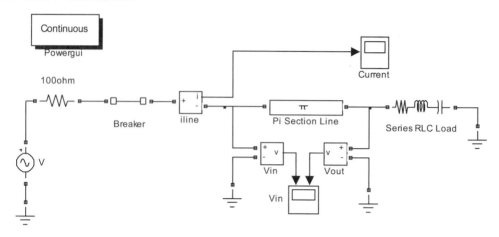

题 6-8 图

第 7 章　高压电力系统的电力装置仿真

本章是对前面学习内容的一个拓展，利用 MATLAB/SIMULINK 对更复杂的电力系统进行建模与仿真。限于篇幅，这里仅仅列举了一些典型的仿真，具体实现方法和参数设置可以参考有关文献[10]。

7.1　输电线路串联电容补偿装置仿真

串联电容补偿就是在线路上串联电容器以补偿线路的电抗。采用串联电容补偿是提高交流输电线路输送能力、控制并行线路之间的功率分配和增强电力系统暂态稳定性的一种十分经济的方法。但是，超高压输电线路加装串联补偿后会引发潜供电流、断路器暂态恢复电压(TRV)及次同步谐振(SSR)等一系列系统问题，而且在故障和重合闸动作时可能会在系统中引起很大的过电压。本节主要讨论串联电容器的建模和次同步振荡等有关现象。

7.1.1　系统描述

图 7-1 中，6 台 350 MVA 的发电机通过一条单回路 600 km 的输电线路与短路容量为 30000 MVA 的系统相连。输电线路电压等级为 735 kV，由两段 300 km 的线路串联组成，工频为 60 Hz。

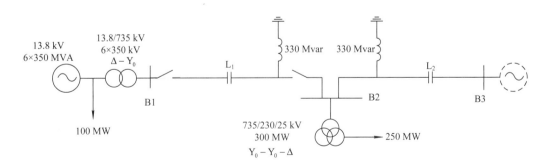

图 7-1　系统单相电路图

为了提高线路输送能力，对两段 300 km 的线路 L1 和 L2 进行串联补偿，补偿度为 40%，两段线路上均装设 330 Mvar 的并联电抗器，用于限制高压线路的工频过电压和操作过电压。补偿设备接到母线 B2 的线路侧，B2 通过一个 300 MVA、735kV/230kV/25 kV 的变压器向 230 kV 侧的 250 MW 负荷供电，变压器接线方式为 $Y_0\text{-}Y_0\text{-}\Delta$。

串联电容补偿装置由串联电容器组、金属氧化物变阻器(MOV)、放电间隙和阻尼阻抗组成，如图 7-2 所示。

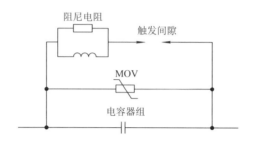

图 7-2　串联补偿装置结构

打开 SimPowerSystems 库 demo 子库中的模型文件 power_3phseriescomp，可以直接得到图 7-1 的仿真系统如图 7-3 所示，以文件名 circuit_seriescomp 另存，以便于修改。

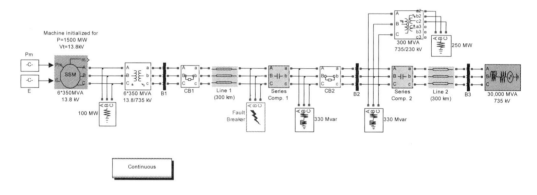

图 7-3　仿真系统模型

图 7-3 中，发电机选用简化的同步电机模块，两个变压器是通用的双绕组和三绕组变压器模块，其中和母线 B2 相连的三相三绕组变压器为饱和变压器。母线 B1、B2 和 B3 为三相电压电流测量模块，通过设置黑色背景可以使这些模块具有母线的形式。三相电压电流测量模块输出的三相相电压和线电流用标幺值表示。故障发生在线路 1 的串联电容补偿装置左侧，在第 1 个周期末发生 a 相接地故障，线路 1 两侧的断路器 CB1、CB2 在第 5 个周期后三相断开以切除故障线路，第 6 个周期后 a 相接地故障消失。

双击图 7-3 中的 "串联电容补偿" (Series Comp.1)子系统，打开子系统如图 7-4 所示。图 7-4 由三个完全相同的子系统构成，一个子系统代表一相线路。打开 "串联电容补偿 a 相" (Series Comp.1/Phase A)子系统，如图 7-5 所示。

图 7-5 中的电容器 C_s 的容抗值为输电线路感抗的 40%，具体计算如下。

首先打开分布参数线路参数对话框，求出 300 km 输电线路正序感抗 X_L 为

$$X_L = 2\pi \times 60 \times 0.9337 \times 10^{-3} \times 300 = 105.6 \ \Omega \tag{7-1}$$

需补偿的容抗值 X_C 为 $0.4X_L$，即

$$X_C = 0.4 \times 105.6 = 42.24 \ \Omega \tag{7-2}$$

所以补偿电容的电容值 C_s 为

$$C_s = \frac{1}{2\pi \times 60 \times X_C} = 62.8 \times 10^{-6} \quad \text{F} \tag{7-3}$$

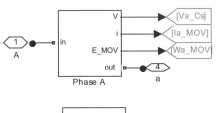

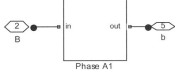

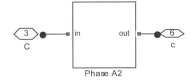

图 7-4　"串联电容补偿"子系统

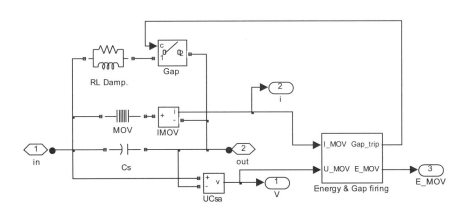

图 7-5　"串联电容补偿 a 相"子系统

图 7-5 中的 MOV 元件由 SimPowerSystems/Elements 中的"避雷器"(Surge Arrester)模块等效。MOV 用于防止电容器过电压。当电容电压超过额定电压 2.5 倍后，MOV 将电压钳位到最大允许电压 V_{prot}：

$$V_{\text{prot}} = 2.5 \times \sqrt{2} I_n X_C = 2.5 \times \sqrt{2} \times 2 \times 42.24 = 298.7 \quad \text{kV} \tag{7-4}$$

其中，I_n 为线电流有效值，取值为 2 kA。

为了保护 MOV，在 MOV 上并联了由断路器模块等效的放电间隙 Gap，当 MOV 上承受的能量超过阈值时，间隙放电。与放电间隙串联的 RL 支路是用来限制电容电流上升率的阻尼电路。"能量和放电间隙触发"(Energy & Gap firing)子系统完成对放电间隙 Gap 的控制，仿真系统模型如图 7-6。该系统对 MOV 中的能量进行积分计算，当能量值大于 30 MJ 时发送合闸信号到断路器模块 Gap 中，断路器合闸，实现间隙放电。

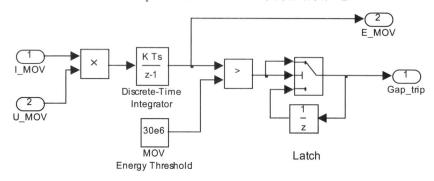

图 7-6   仿真系统模型

打开图 7-3 中 300 MVA、735/230/25 kV 的三相三绕组变压器模块的参数对话框，注意电流—磁通饱和特性用标幺值表示为

[0，0；0.0012，1.2；1，1.45]

关于饱和变压器的参数设置，可以参考 4.2 节相关内容。

7.1.2   初始状态设置和稳态分析

在进行暂态分析之前，首先要设置模型的初始状态。

点击 Powergui 模块的"潮流计算和电机初始化"按键，打开窗口如图 7-7 所示。设置节点类型为 PV 节点，电机输出的有功功率为 15 MW，初始电压为 13.8 kV，即 1 p.u.。

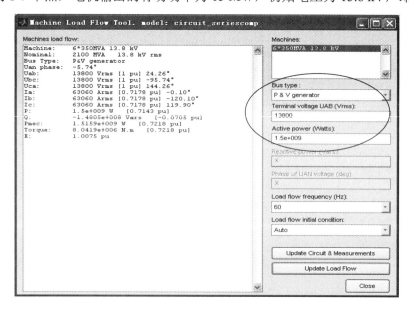

图 7-7   初始状态设置

单击"更新潮流"(Update Load flow)按键，更新后的电机线电压相量、线电流相量、电磁功率、无功功率、机械功率、机械转矩和励磁电压显示在图 7-7 的左侧子窗口中。

退出 Powergui 模块，打开电机参数对话框，可以观测到"电机的初始状态"(machine initial conditions)已经被系统自动更新了，同时，和电机输入端口 P_m、E 相连的机械功率和励磁电压被更新为 P_mec = 1515.9 MW(0.72184 p.u.)、E = 1.0075 p.u.。

点击 Powergui 模块的"稳态电压电流分析"按键，打开窗口如图 7-8 所示。通过该窗口可以得到各母线上的稳态电压电流，从而进行系统稳态分析。

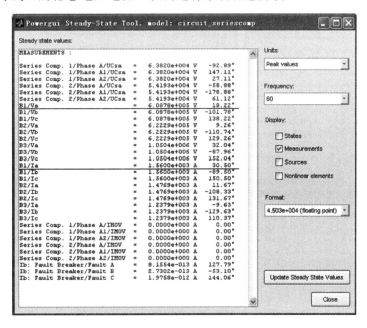

图 7-8　稳态电压电流分析

例如，图中母线 B1 的 a 相相电压幅值 $\sqrt{2}V_\mathrm{a}$ 为 608.78 kV，相角 φ_1 为 18.22°，母线 B1 的 a 相电流幅值 $\sqrt{2}I_\mathrm{a}$ 为 1.56 kA，相角 φ_2 为 30.5°。因此，流入线路 1 的 a 相有功功率 P_a 为

$$P_\mathrm{a} = V_\mathrm{a}I_\mathrm{a}\cos(\varphi_1 - \varphi_2) = \frac{608.78}{\sqrt{2}}\frac{1.56}{\sqrt{2}}\cos(18.22 - 30.5) = 464 \ \mathrm{MW} \tag{7-5}$$

三相有功功率 P 为

$$P = 3 \times P_\mathrm{a} = 1392 \ \mathrm{MW} \tag{7-6}$$

7.1.3　暂态分析

打开"三相故障模块"参数对话框，设置 1/60 s 时发生 a 相接地故障，0.01 s 后故障消失。设置线路 1 两侧的断路器 CB1、CB2 在 5/60 s 时三相断开并切除故障线路。

1. 线路 1 发生 a 相接地故障

在 Powergui 模块中选择连续系统仿真，仿真参数对话框中设置仿真结束时间为 0.2 s，算法为变步长 ode23tb。开始仿真，得到母线 B2 上的三相电压和电流波形如图 7-9 所示。a 相接地故障时的三相短路电流波形如图 7-10 所示。a 相串联补偿装置上放电间隙 Gap 上的电压、MOV 上的电流和 MOV 的能量波形如图 7-11 所示。

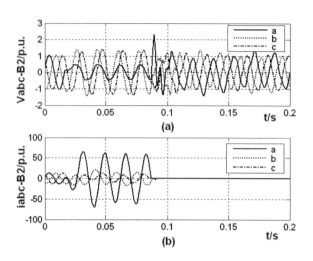

图 7-9　a 相接地故障时母线 B2 的三相电压电流波形

(a) 三相电压；(b) 三相电流

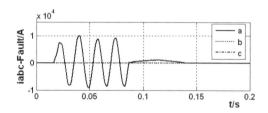

图 7-10　a 相接地故障时的三相短路电流波形

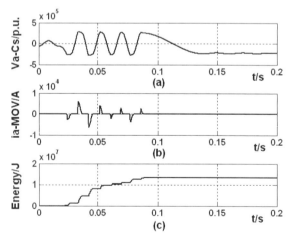

图 7-11　a 相接地故障时 a 相串联补偿装置上的相关波形

(a) Gap 电压；(b) MOV 电流；(c) MOV 能量

可见，仿真开始时，系统已经处于稳定状态。$t = 0.0167$ s 时，a 相发生接地故障，最大故障电流为 10 kA(见图 7-10)，MOV 每半个周期导通一次(见图 7-11(b))，使得 MOV 中存储的能量阶梯上升(见图 7-11(c))。当 $t = 0.0833$ s 时，线路上的继保装置动作，断路器 CB1

和 CB2 断开(见图 7-9(b))，MOV 中储存的能量不再发生变化，维持为 13 MJ(见图 7-11(c))。由于 MOV 中存储的能量未超过阈值 30 MJ，因此放电间隙不动作，Gap 上的电压缓慢减小(见图 7-11(a))。断路器断开后，故障电流降到一个非常小的数值并在第 1 个过零点时降为 0(见图 7-10)；串联电容器中的残余电荷通过线路、短路点和并联电抗组成的回路放电，直到故障电流降为 0，串联电容放电结束，电压在 220 kV 附近波动(见图 7-11(a))。

　　在 MATLAB 命令窗口中输入命令

　　　　tic;sim(gcs);toc

得到上述仿真的运行时间为 5.4 s，因此有必要提高仿真运行速度。

　　打开 Powergui 模块，将系统离散化，步长取为 50 μs，在仿真参数对话框中选用定步长离散算法。再次仿真，运行时间缩短为 2.37 s。因此，接下来的分析均采用离散化仿真方法。

　　2. 线路 1 发生三相接地故障

　　打开"三相故障模块"参数对话框，设置三相接地故障。再次仿真，仿真结果如图 7-12～图 7-14 所示。

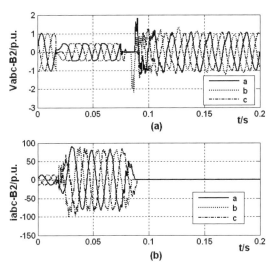

图 7-12　三相接地故障时母线 B2 上的三相电压和电流波形

(a) 三相电压；(b) 三相电流

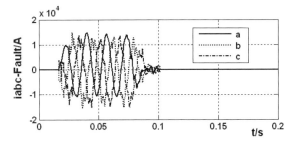

图 7-13　三相接地故障时的三相短路电流波形

　　由图可见，在 MOV 中能量存储的速度明显高于单相接地故障，能量在故障后 3 个周期时到达 30 MJ 的门槛阈值(见图 7-14(c))，于是放电间隙 Gap 被触发，串联电容器通过气隙放电，电容器上电压在线路断路器断开前已快速降至 0(见图 7-14(a))。由于此时断路器尚未动作，因此母线 B2 上电压降为 0，第 5 个周期后，断路器动作，将故障与母线 B2 隔离，母线 B2 上电压逐步得到恢复(见图 7-12(a))。

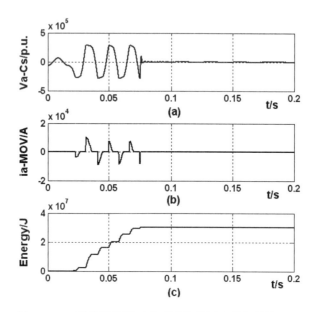

图 7-14　三相接地故障时串联补偿装置上的相关波形

(a) Gap 电压；(b) MOV 电流；(c) MOV 能量

7.1.4　频率分析

　　当输电线路采用串联电容补偿时，会引入一个次同步频率的电气谐振，在一定的条件下，它将与机组扭振相互作用而导致电气振荡与机械振荡相互促进增强。这种现象称为次同步谐振现象。当汽轮发电机组轴系扭振模态在系统阻抗的零点附近时，就会出现这种频率低于系统基频的谐振。由系统阻抗的极点产生的高次同步谐振电压使得变压器饱和。因此，本节的频率分析将围绕系统阻抗的依频特性展开。

　　首先修改系统图，从本模型文件中删除"简化同步电机模块"(Simplified Synchronous Machine)，用"三相电源模块"(Three-Phase Source)替代。打开"三相电源模块"参数对话框，将"三相电源模块"中的阻抗参数设置成与简化同步电机的阻抗参数相同，如图 7-15 所示。

注意：

　　该系统中含有非线性元件(电机和饱和变压器)，而"阻抗测量"(Impedance Measurement)模块进行阻抗测量时将忽略全部的非线性元件，饱和变压器的非线性阻抗可被忽略，但电机的阻抗不能忽略。因此，必须首先将简化发电机模块用具有相同阻抗的线性等效三相电源模块替换。

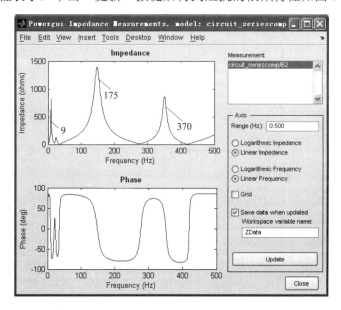

图 7-15　等效三相电源参数设置

从 SimPowerSystems/Measurements 子库中复制"阻抗测量"模块到本模型文件中，将该模块连接到母线 B2 的 a 相和 b 相线路上，得到 a 相和 b 相的阻抗之和。将阻抗测量模块参数对话框中的"增益参数"(Multiplication factor)改为 0.5，即可得到一相阻抗。

打开 Powergui 模块的"阻抗依频特性测量"窗口，设置频率范围为 0:500 Hz，纵坐标和横坐标均为线性表示，单击"更新"按键后得到阻抗的依频特性如图 7-16 所示。

图 7-16　阻抗依频特性

可见，系统有三种振荡模式，分别在频率 9 Hz、175 Hz 和 370 Hz 处。其中 9 Hz 为串联电容和并联电感的并联谐振频率，175 Hz 和 370 Hz 是由 600 km 分布参数线路导致的谐振频率。清除故障时，这三种振荡模式均可能被激发。

利用图 7-16 显示的参数特性可以进行母线 B2 的短路容量的计算。将图 7-16 在 60 Hz 处的阻抗依频特性放大，可以得到 60 Hz 处的阻抗值 R 为 58 Ω，因此三相短路容量 P 为

$$P = \frac{735^2}{58} = 9314 \ \text{MVA} \tag{7-7}$$

7.1.5　母线 B2 故障时的暂态分析

通常变电站中的断路器均具有在不切除电路或变压器的情况下清除母线故障的能力。因此修改系统图，并对母线 B2 上三相接地故障的暂态过程进行分析。

将三相故障模块接到母线 B2 上，打开参数对话框，按图 7-17 进行参数设置，这样在 $t = 2/60$ s 时将发生三相接地故障。

打开断路器模块 CB1 和 CB2，按图 7-18 所示取消三相开关动作的复选框，表示三相开关不可操作。这样，断路器保持初始的合闸状态不再动作，线路将不会从系统中被切除。

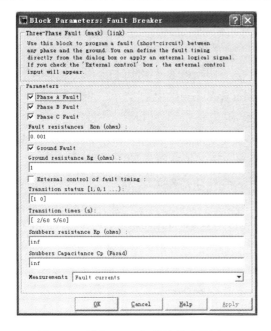

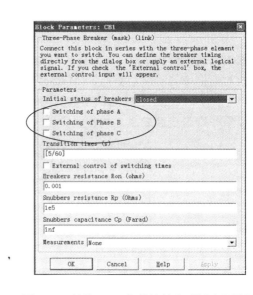

图 7-17　母线 B2 三相接地故障设置　　　　图 7-18　母线 B2 三相接地故障时断路器设置

为了清楚观察 B2 母线上的 a 相电压，从 Simulink/Signals Routing 子库中复制"选择器"(Selector)模块到本模型文件中的"数据获取子系统"(Data Acquisition subsystem)中，按图 7-19(a)连接在 B2 母线电压输出端和示波器之间，并设置选择器模块参数对话框中"元素"(Elements)个数为 1(见图 7-19(b))。

为了读取饱和变压器的磁通和磁化电流值，将"万用表"模块复制到本模型文件中。打开"三相三绕组变压器"模块参数对话框，在"测量参数"列表框中选择测量"磁通和磁化电流"(见图 7-20(a))。打开"万用表"模块参数对话框，在"万用表"模块中选择显示 a 相的磁化电流和磁通(见图 7-20(b))。利用"信号分离"(Demux)模块可将万用表模块的两个输出信号分离出来并通过示波器显示。

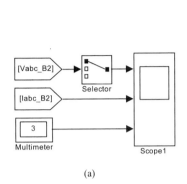

(a)   (b)

图 7-19 添加选择器模块

(a) 接线；(b) 参数设置

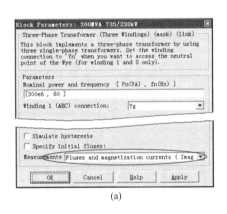

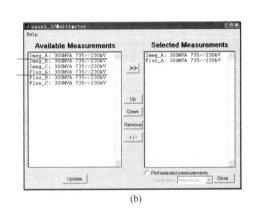

(a)   (b)

图 7-20 变压器磁通和磁化电流读取方法设置

(a) 变压器参数对话框；(b) 万用表参数对话框

打开菜单栏[Simulation>Simulation parameter]，将仿真结束时间设为 0.5 s 以便更好地观察 9 Hz 的次同步振荡。

开始仿真，仿真结果如图 7-21 所示。

图 7-21 从上到下依次为母线 B2 上的 a 相电压、母线 B2 上的 a 相短路电流、母线 B2 处串补电容的 a 相电压、饱和变压器的磁化电流和饱和变压器的磁通。

从图 7-21(a)的母线 a 相电压和图 7-21(c)的电容电压可以清楚地看到由于清除故障而激发的 9 Hz 的次同步振荡现象。

故障发生时，变压器 a 相电压降为 0(见图 7-21(a))，磁通在−1630 Vs 处保持不变(见图 7-21(e))。故障清除后，电压恢复，此时由 60 Hz 及 9 Hz 电压分量共同作用产生的磁通偏移量使变压器饱和。当变压器磁通大于磁通—电流特性曲线的拐点时，变压器的磁化电流曲线将出现涌流，该电流中包含被 9 Hz 信号调制过的 60 Hz 无功分量(见图 7-21(d))。

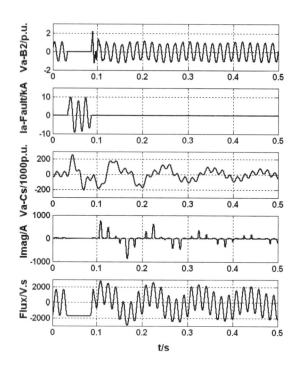

图 7-21　母线 B2 三相接地故障仿真波形图

(a) B2 的 a 相电压；(b) B2 的 a 相电流；(c) 串补电容的 a 相电压；

(d) 饱和变压器的磁化电流；(e) 饱和变压器的磁通

7.2　基于晶闸管的静止无功补偿装置仿真

并联补偿装置在输电网和配电网中都有广泛的应用。在输电网中，其主要功能是改善潮流可控性，提高系统稳定性和传输能力；在配电网中，其主要功能是提高负荷电能质量和减小负荷对电网的不利影响(如不对称性、谐波等)。并联补偿装置按照使用的开关器件及其主电路结构的不同分为四类，分别是机械投切阻抗型并联补偿设备、旋转电机式并联补偿设备、晶闸管投切型并联补偿设备和基于变换器的可控型并联补偿设备。

本节讨论的静止无功补偿装置(SVC)属于晶闸管投切型并联补偿设备，它是在机械投切式并联电容和电感的基础上，采用大容量晶闸管代替断路器等触点式开关而发展起来的。分立式 SVC 包括可控饱和电抗器(SR)、晶闸管投切电容(TSC)和晶闸管控制/投切电感(TCR/TSR)。它们之间或者它们与传统的机械投切电容/电感结合起来构成组合式 SVC。

SimPowerSystems/Phasor Elements 子库中已有 SVC 模块，该模块可仿真任何拓扑结构的 SVC，并可与 Powergui 模块结合对电力系统的暂态和动态特性进行分析。但是对于大系统的低频振荡(通常是 0.02～2 Hz)，这种分析需要占用 30～40 s 甚至更长的仿真时间。

因此，本节对典型结构的 SVC 建立了一个详细模块，该模块采用定步长(50 μs)离散算法，运行时间可缩短到几秒钟。

7.2.1　系统描述

打开 SimPowerSystems/demo 子库中的模型文件 power_svc_1tcr3tsc，得到如图 7-22 所示的 SVC 仿真系统图。该系统由短路功率为 6000 MVA 的 RL 电压源和 200 MW 的负荷串联组成，负荷侧并联了一个 300 Mvar 的 SVC 设备。以文件名 circuit_svc 另存该文件，以方便修改。

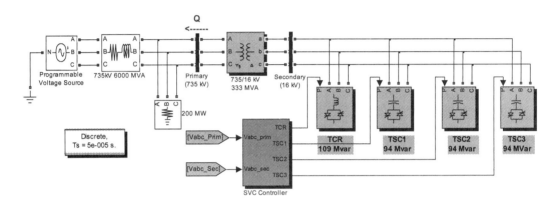

图 7-22　SVC 仿真系统图

1. SVC 的结构

SVC 的结构包括一个 735 kV/16 kV、333 MVA 的耦合变压器，一个 109 Mvar 的 TCR，三个 94 Mvar 的 TSC。通过导通或阻断 TSC 可以向变压器二次绕组输送四种容性无功功率，分别是 0、94、188、282 Mvar；通过控制 TCR 可以得到从 0～109 Mvar 连续变化的感性无功功率。

因为变压器的漏抗为 0.15 p.u.，变压器的漏抗 X_T 为

$$X_T = 0.15 \times \frac{16^2}{333} = 0.1153 \quad \Omega \tag{7-8}$$

当 SVC 吸收 109 Mvar 感性无功功率时，对应的感抗 X_L 为

$$X_L = \frac{16^2}{109} = 2.3486 \quad \Omega \tag{7-9}$$

当 SVC 发送 282 Mvar 容性无功功率时，对应的容抗 X_C 为

$$X_C = \frac{V_B^2}{Q_C} = \frac{16^2}{-282} = -0.9078 \quad \Omega \tag{7-10}$$

所以从变压器一次绕组侧看入的最大感抗 X_{Lmax} 为

$$X_{Lmax} = X_T + X_L = 0.1153 + 2.3486 = 2.4639 \quad \Omega \tag{7-11}$$

从变压器一次绕组侧看入的最小感抗 X_{Lmin} 为

$$X_{Lmin} = X_T + X_C = 0.1153 - 0.9078 = -0.7925 \quad \Omega \tag{7-12}$$

以 100 Mvar、16 kV 为基准值，可以得到等效电纳为

$$B_{\mathrm{L\,max}} = \frac{1}{-X_{\mathrm{L\,max}}}\frac{16^2}{100} = -1.04 \quad \text{p.u.} \tag{7-13}$$

$$B_{\mathrm{L\,min}} = \frac{1}{-X_{\mathrm{L\,min}}}\frac{16^2}{100} = 3.23 \quad \text{p.u.} \tag{7-14}$$

因此，从变压器一次绕组侧看入的等效电纳可以连续地从−1.04 p.u./100 MVA 到 +3.23 p.u./100 Mvar 变化。

图 7-22 中的"SVC 控制"子系统 (SVC Controller)对变压器一次绕组侧电压进行监测，并产生触发脉冲以触发 TCR 和 TSC 中的 24 个晶闸管，这些晶闸管的导通或阻断决定了变压器一次绕组侧看入的电纳值。

利用"Look under Mask"功能，打开 TCR 和 TSC 子系统，分别如图 7-23 和图 7-24 所示。

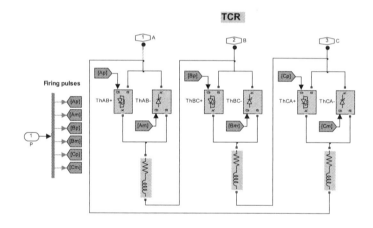

图 7-23　TCR 子系统

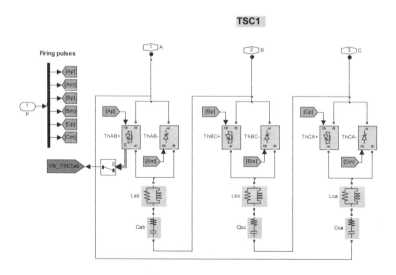

图 7-24　TSC 子系统

由图 7-23 和图 7-24 可见，TCR 和 TSC 为△ 连接，这种接线方式在正常稳态运行时可以阻止 3 的倍数次谐波流入系统，从而减小注入系统的谐波含量。

2. SVC 控制子系统

打开"SVC 控制"子系统 (SVC Controller)，如图 7-25 所示。"SVC 控制"子系统包含的子系统主要有以下四种。

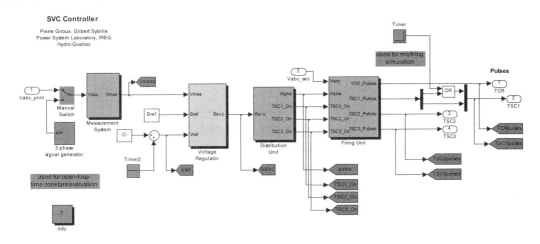

图 7-25　"SVC 控制"子系统结构图

(1) "测量"(Measurement System)子系统：对一次绕组侧的电压正序分量进行测量。该系统利用离散 FFT 技术求取一个周期内的基频电压。考虑到系统频率的变化，该系统输入端口与 PLL 模块相连。

(2) "电压调节"(Voltage Regulator)子系统：通过 PI 调节将一次绕组电压调节到指定参考值(本例中为 1.0 p.u.)。该电压调节子系统上并联了一个电压下调环节以获得 v-i 特性(本例中斜率为 0.01 p.u./100 MVA)。因此，当 SVC 的运行点由全电容(300 Mvar)向全电感(−100 Mvar)变化时，SVC 的电压在 1−0.03 = 0.97 p.u. 到 1 + 0.01 = 1.01 p.u. 之间变化。

(3) "分配单元"(Distribution Unit)子系统：利用电压调节子系统计算得到的一次绕组侧的电纳值确定 TCR 的触发延迟角和 3 个 TSC 的导通和关断状态。触发延迟角 α 和 TCR 的电纳 B_{TCR} 之间具有如下关系：

$$B_{\text{TCR}} = \frac{2(\pi - \alpha) + \sin(2\alpha)}{\pi} \tag{7-15}$$

其中，B_{TCR} 是在 TCR 额定功率(109 Mvar)下的标幺值。

(4) "触发单元"(Firing Unit)子系统：由三个独立的子系统构成，各子系统内部结构均相同，由一个 PLL 模块和一个脉冲发生模块构成。其中，PLL 模块用于和变压器二次侧线电压同步；脉冲发生器模块利用分配单元子系统计算得到的触发延迟角和 TSC 状态产生触发脉冲，并分别触发 TCR 和各个 TSC。在该子系统参数对话框中选择"同步方式"(Synchronized)发送脉冲，可以更快地降低谐波。

7.2.2　SVC 的稳态和动态特性

打开可编程电压源模块参数对话框，设置在 $t = 0.1$ s 时，电压幅值由 1.004 p.u. 变化到 1.029 p.u.；在 $t = 0.4$ s 时，电压幅值由 1.029 p.u. 变化到 0.934 p.u.；在 $t = 0.7$ s 时，电压幅

值由 0.934 p.u. 恢复到 1.004 p.u.。打开 SVC 控制系统参数对话框，将 SVC 的控制方式选为 "电压调节" (Voltage regulation)方式，并设置参考电压为 1.0 p.u.。

开始仿真，观察 SVC 上的波形，如图 7-26 所示。图中波形依次为变压器一次绕组侧电压、变压器一次绕组侧电流、流入变压器一次侧的无功功率、SVC 端口电压均值和参考值、TCR 触发角、导通的 TSC 个数。

仿真开始时，SVC 未投入使用，系统单相的等效电路如图 7-27 所示。其中电源内部电压为 1.004 p.u.，由该等效图很容易求得 SVC 的端口电压，即 A 点电压 V_A 为

$$V_A = 1.004 \times \frac{30}{\sqrt{30.1^2 + 1}} = 1.000 \quad \text{p.u.} \tag{7-16}$$

由于 SVC 的参考电压为 1.0 p.u.，因此 SVC 为悬置状态，端口电流为 0(见图 7-26(b))，在这种运行方式下，TSC1 导通($Q_C = -94$ Mvar，见图 7-26(f))，TCR 基本全通($\alpha = 96°$，见图 7-26(e))。0.1 s 时，电源电压忽然增大到 1.029 p.u.，SVC 端口电压也增大到 1.025 p.u.，SVC 开始吸收无功功率($Q_L = 95$ Mvar)，使得电压回落到 1.01 p.u.，电压从 1.025 p.u. 回落到 $1.025 - 0.95 \times (1.025 - 1.01)$ p.u. 所用的时间大约为 0.135 s (见图 7-26(d))。在这种运行方式下，TSC 全部关断(见图 7-26(f))，TCR 基本全通($\alpha = 94°$，见图 7-26(e))。0.4 s 时，电源电压跌落到 0.934 p.u.，SVC 开始向系统发送无功功率($Q_C = 256$ Mvar，见图 7-26(c))，使得电压增大到 0.974 p.u.(见图 7-26(d))，3 个 TSC 均导通(见图 7-26(f))，TCR 吸收 40% 左右的额定感性无功功率($\alpha = 120°$，见图 7-26(e))。从图 7-26(e) 和图 7-26(f) 的波形可见，TSC 每导通一组，TCR 均要由阻态到通态变化一次。最后，在 $t = 0.7$ s 时，电压恢复到 1.0 p.u. (见图 7-26(d))，SVC 输送的无功功率减为 0(见图 7-26(c))。

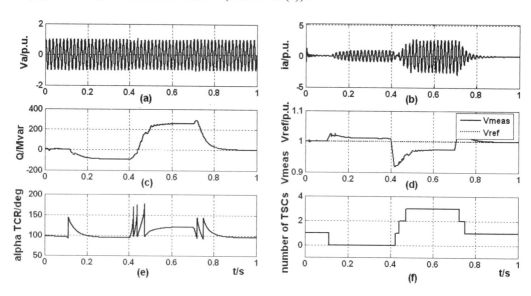

图 7-26 SVC 仿真波形

(a) 变压器一次侧电压；(b) 变压器一次侧电流；(c) 变压器一次侧无功功率；

(d) 电压均值和参考值；(e) TCR 触发角；(f) 导通的 TSC 个数

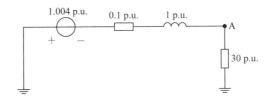

图 7-27　SVC 未投入使用时的系统单相等效电路

本模型文件中的 "信号和示波器" (Signal & Scopes) 子系统中包含了各种电压、电流观测量。例如，图 7-28 所示为连接在变压器二次侧 A 相和 B 相上的 TCR 电压、电流波形和对应的晶闸管触发脉冲。

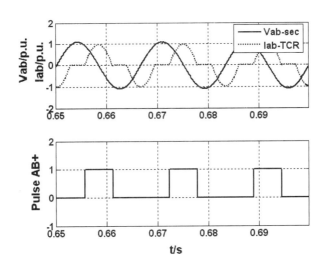

图 7-28　TCR 上电压、电流和晶闸管触发脉冲

7.2.3　TSC1 换相失败的仿真

TSC 关断时将在 TSC 的电容中留有残压。如果脉冲的触发时刻出现错误，TSC 的管子上将出现很大的过电流。打开 SVC 控制子系统中的 Timer 模块参数对话框，将参数对话框中的参数 100 改为 1，这样，在 $t = 0.121$ s 时，SVC 控制器将向 TSC1 发送触发脉冲。

开始仿真，观察 TSC1 中电压和电流的变化如图 7-29 所示。图中波形从上到下依次为变压器二次绕组侧 ab 相线电压和 TSC1 中电容器 Cab 上的电压、TSC1 中晶闸管上的电压、TSC1 中电容器 Cab 的电流、TSC1 晶闸管上的触发脉冲。

由图可见，0.121 s 时，TSC 已经被阻断，且晶闸管上承受的正向电压最大，这时误发触发信号，晶闸管导通并产生一个巨大的过电流(18 kA)，该电流过零后熄灭，晶闸管开始承受反向电压，幅值达到 85 kV。

通常，为了避免晶闸管承受大的过电压和过电流冲击，需要在晶闸管上加装金属氧化物避雷装置。但本节例子未考虑这种情况，读者可以自己动手改进。

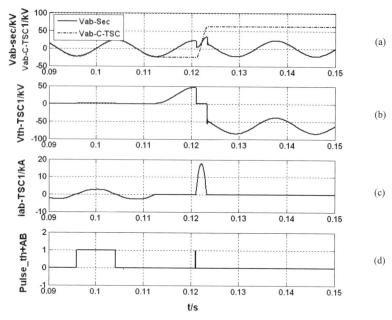

图 7-29　换相失败时 TSC1 上的电压和电流波形

(a) 变压器二次绕组侧 ab 相线电压和 TSC1 的 Cab 上的电压；(b) TSC1 中晶闸管上的电压；

(c) TSC1 的 Cab 上的电流；(d) TSC1 晶闸管上的触发脉冲

7.3　基于 GTO 的静止同步补偿装置仿真

静止同步补偿装置(STATCOM)属于基于变换器的可控型并联补偿设备，它可以从感性到容性平滑地调节无功功率。STATCOM 容量不同，采用的结构也不相同。大功率的 STATCOM(几百 Mvar)通常采用 GTO、方波电源型变换器(VSC)结构，小功率的 STATCOM(几十 Mvar)采用 IGBT、脉宽调制式 VSC 结构。SimPowerSystems/FACTS 子库中有相量形式的 STATCOM 模块，该模块是一个简化模块，可仿真不同种类的 STATCOM，并可与 Powergui 模块结合对电力系统的暂态和动态特性进行分析。但是对于大系统的低频振荡(通常是 0.02~2 Hz)，这种分析需要占用 30~40 s 甚至更长的仿真时间。

因此本节建立了一个详细的 STATCOM 模块，通过方波、48 脉冲的 VSC 和多个变压器互连的方法抑制谐波，并采用定步长(25 µs)离散算法，可以在几秒钟内实现对 STATCOM 运行特性的分析。

7.3.1　系统描述

打开 SimPowerSystems 库的 demo 子库中的模型文件 power_statcom_gto48p，得到图 7-30 所示的仿真系统图。

该系统由三个 500 kV 的等效电压源通过长度为 200 km、75 km 和 180 km 的三条输电线路连接构成，其中，电压源的短路功率分别为 8500 MVA、6500 MVA 和 9000 MVA，短路功率为 8500 MVA 的等效电压源为可编程电压源，100 Mvar 的 STATCOM 设备并联在母线 B1 侧。以文件名 circuit_statcom 另存该文件，以方便修改。

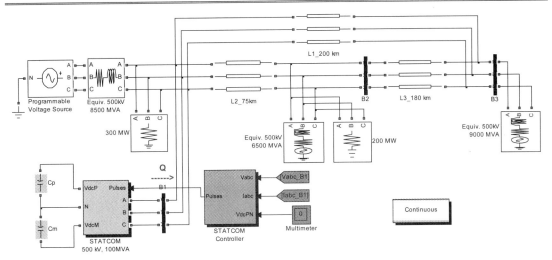

图 7-30　STATCOM 仿真系统图

1. STATCOM 的结构

STATCOM 由一个三电平 48 脉冲的逆变器加两个串联的 3000 μF 电容组成。电容器相当于可调直流电压源，该直流电压源的幅值在 19.3 kV 附近变化，并通过逆变器输出 60 Hz 交流电压。双击 STATCOM 子系统，进入 STATCOM 内部结构，如图 7-31 所示。

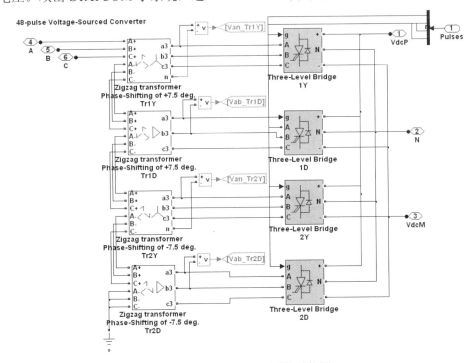

图 7-31　STATCOM 子系统结构图

图中，4 个三相三电平逆变器通过 4 个移相变压器分别移相 +7.5° 和 −7.5° 后连接在一起。移相变压器一次侧绕组串联，这种接线方式可以抑制小于 45 次的所有奇次谐波(23 次和 25 次谐波除外)。二次绕组接成 Y 型或△型可以消去 5+12n 次(5，17，29，41，…)和

7+12*n* 次(7，19，31，43，…)谐波。此外，两组变压器间相移 15°(Tr1Y 和 Tr1D 超前 7.5°，Tr2Y 和 Tr2D 滞后 7.5°)可以消去 11+24*n* 次(11，35，…)和 13+24*n* 次(13，37，…)谐波。考虑到 3 的整数次谐波均无法流过变压器(△和 Y 型连接)，因此，无法滤除的最小 4 个谐波为 23 次、25 次、47 次和 49 次。通过对三电平逆变器选择合适的导通角(172.5°)，可以将 23 次和 25 次谐波含量缩减到最小。因此，由逆变器产生的输入电网的最小谐波将是 47 次和 49 次。使用双极性直流电压源，STATCOM 产生的电压基本上就是理想正弦波了。图 7-32 所示为观测到的变压器一次侧电压和对应的谐波分量，从图中可以清楚地看到 47 次和 49 次谐波分量。

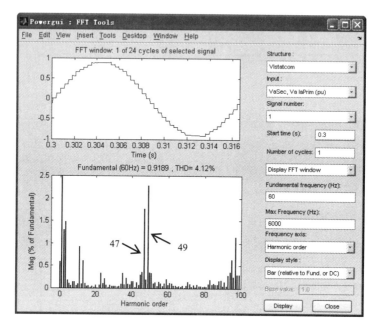

图 7-32　48 脉冲逆变器产生的电压和频谱

2. STATCOM 控制子系统

打开"STATCOM 控制"子系统，如图 7-33 所示。该控制系统通过调节电容器的直流电压来控制逆变器输出的交流电压的幅值。同时，该控制系统还要保持与系统电压同步。该控制子系统包含的子系统主要有以下五种。

(1)"锁相环"(PLL)子系统：使 GTO 触发脉冲与系统电压同步，并向测量子系统提供参考相角。

(2)"测量"(Measurement System)子系统：使用 abc-dq0 变换模块和移动的窗口计算 STATCOM 的正序电压和电流。

(3)"电压调节"(Voltage Regulation)子系统：通过将参考电压和测量子系统输出的电压进行比较，输出参考感性电流。

该子系统上并联了一个电压下调环节以获得 v-i 特性(本例中斜率为 0.03 p.u./100 MVA)。因此，当 STATCOM 的运行点由全电容(100 Mvar)向全电感(−100 Mvar)变化时，STATCOM 的电压在 1−0.03 = 0.97 p.u. 到 1 + 0.03 = 1.03 p.u. 之间变化。

(4)"电流调节"(Current Regulation)子系统：利用"电压调节"子系统输出的参考感

性电流来调节逆变器输出电压相对系统电压的移相角α。

(5) "触发脉冲发生器"(Firing Pulses Generator)子系统：利用 "PLL" 子系统输出的转速和电流调节子系统输出的移相角，来产生触发脉冲并触发 4 个逆变器。

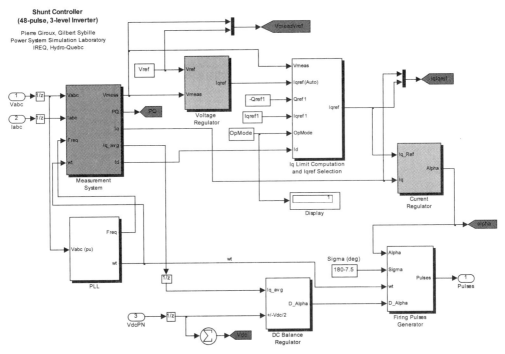

图 7-33 "STATCOM 控制"子系统结构图

7.3.2 STATCOM 的稳态和动态特性

打开短路功率为 8500 MVA 的可编程电压源模块参数对话框，设置在 $t=0.1$ s 时，电压幅值由 1.0491 p.u. 变化到 1.002 p.u.；$t=0.2$ s 时，电压幅值由 1.002 p.u. 变化到 1.096 p.u.；$t=0.3$ s 时，电压幅值恢复到 1.0491 p.u.。打开 STATCOM 控制子系统参数对话框，将 SVC 的控制方式选为"电压调节"(Voltage regulation)方式，并设置参考电压为 1.0 p.u.。

开始仿真，观察 STATCOM 上的波形，如图 7-34 所示。图中波形依次为 STATCOM 变压器二次侧电压、STATCOM 交流侧电压、STATCOM 交流侧电流、STATCOM 交流侧无功功率、母线 B1 正序电压和参考值、STATCOM 直流侧电压。

仿真开始时，设置电源电压为 1.0491 p.u.，按 7.2.2 节方法，很容易得到 STATCOM 终端电压为 1.0 p.u.。由于参考电压为 1.0 p.u.，STATCOM 初始状态为悬置，因此线路电流为 0，直流电压为 19.3 kV。$t=0.1$ s 时，STATCOM 交流侧电压忽然跌落到 0.955 p.u.，STATCOM 开始向系统输出无功功率($Q=70$ Mvar)，使得电压恢复到 0.979 p.u.。电压从 0.955 p.u. 恢复到 $0.955+0.95\times(0.979-0.955)$ p.u. 所用的时间大约为 0.045 s 左右。这时，直流电压增大到 20.4 kV。$t=0.2$ s 时，STATCOM 交流侧电压增大到 1.045 p.u.，STATCOM 从容性阻抗变为感性阻抗，并从系统吸收 72 Mvar 无功功率以维持电压为 1.021 p.u.，对应的直流电压减小到 18.2 kV。观察 STATCOM 交流侧的电压电流可见，电流在一个周期内就由容性电流变为感性电流了。最后，在 $t=0.3$ s 时，电压恢复到 1.0 p.u.，STATCOM 输送的无功功率减为 0。

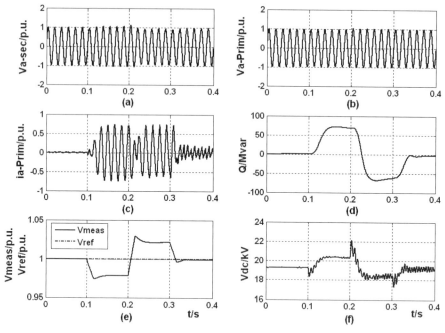

图 7-34　STATCOM 仿真波形

(a) STATCOM 变压器二次侧电压；(b) STATCOM 交流侧电压；(c) STATCOM 交流侧电流；

(d) STATCOM 交流侧无功功率；(e) 母线 B1 正序电压和参考值；(f) STATCOM 直流侧电压

图 7-35 所示为 STATCOM 在感性和容性运行方式下的电压和电流波形。图中波形包括 STATCOM 交流侧电压 Va-Prim、STATCOM 变压器二次侧电压 Va-Sec、STATCOM 交流侧电流 Ia-Prim。

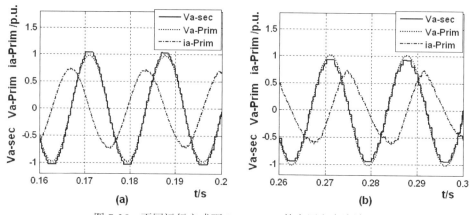

图 7-35　不同运行方式下 STATCOM 的电压和电流波形

(a) 容性；(b) 感性

可见，当 STATCOM 在容性状态(Q = 70 Mvar)下运行时，逆变器产生的交流电压比变压器一次侧电压高，与系统电压同相，电流超前电压 90°，STATCOM 发出无功功率。当 STATCOM 在感性状态下运行时，逆变器产生的交流电压比变压器一次侧电压低，电流滞后电压 90°，STATCOM 吸收无功功率。

本模型文件中的"信号和示波器"(Signal & Scopes)子系统中包含了各种电压电流观测

量。例如，图 7-36 所示为调节直流电压时触发延迟角 α 的变化。稳态时维持在 0.5° 左右的相移角度 α 将产生一个很小的有功功率，以补偿变压器和变换器的损耗。

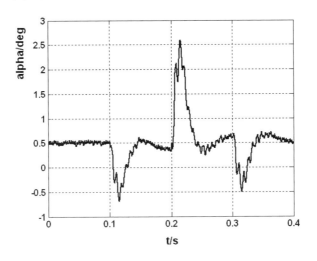

图 7-36　触发延迟角 α 的变化

7.4　基于晶闸管的 HVDC 系统仿真

本节将用 12 脉冲晶闸管变换器实现对高压直流输电(HVDC)系统的建模。为了检验系统的性能，该系统中考虑了扰动的影响。

7.4.1　系统描述

打开 SimPowerSystems 库 demo 子库中的模型文件 power_hvdc12pulse，可以直接得到图 7-37 所示的仿真系统，以文件名 circuit_hvdc 另存。

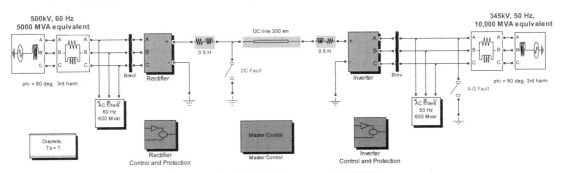

图 7-37　基于晶闸管的 HVDC 仿真系统图

图 7-37 中，500 kV、5000 MVA、60 Hz 的交流系统通过 1000 MW 的直流联络线与 345 kV、10000 MVA、50 Hz 的交流系统相连。两个交流系统相角均为 80°，基频为 60 Hz 和 50 Hz，并带有 3 次谐波。两个变换器通过 300 km 的线路和 0.5 H 的平波电抗器连接起来。

1. HVDC 结构

双击进入图 7-37 中的"整流环节"(Rectifier)子系统，如图 7-38 所示。其中，变换器变压器用三相三绕组变压器模块等效替代,接线方式为 Y_0-Y-△接线,变换器变压器的抽头用一次绕组电压的倍数(整流器选 0.90,逆变器选 0.96)来表示。

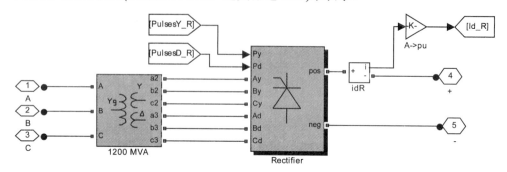

图 7-38　"整流环节"子系统结构图

双击进入图 7-38 中的"整流器"子系统,如图 7-39 所示。图中,整流器是用两个通用桥模块串联而成的 12 脉冲变换器。

"逆变环节"(Inverter)子系统结构和"整流环节"子系统结构相似。

从交流侧看,HVDC 变换器相当于谐波电流源;从直流侧看,HVDC 变换器相当于谐波电压源。交流和直流侧包含的谐波次数由变换器的脉冲路数 p 决定,分别为 $kp\pm1$(交流侧)和 kp(直流侧)次谐波,其中 k 为任意整数。对于本例

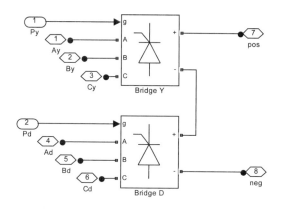

图 7-39　"整流器"子系统结构图

而言,脉冲为 12 路,因此交流侧谐波分量为 11 次、13 次、23 次、25 次……,直流侧谐波分量为 12 次、24 次……

为了抑制交流侧谐波分量,在交流侧并联了交流滤波器。交流滤波器为交流谐波电流提供低阻抗并联通路,在基频下,交流滤波器还向整流器提供无功。打开图 7-37 中的"滤波器"(AC filters)子系统,如图 7-40 所示。可见,交流滤波器电路由 150 Mvar 的无功补偿设备、高 Q 值(100)的 11 次和 13 次单调谐滤波器、低 Q 值(3)的减幅高通滤波器(24 次谐波以上)组成。

图 7-37 中的两个断路器模块分别用来模拟整流器直流侧故障和逆变器交流侧故障。

2. HVDC 控制子系统

图 7-37 所示系统中包括三个控制子系统,分别为"整流器控制和保护"(Rectifier Control and Protection)子系统、"逆变器控制和保护"(Inverter Control and Protection)子系统、"主控制"(Master Control)子系统。"整流器和逆变器的控制和保护"子系统可以通过直接复制 SimPowerSystems /Extra Library/Discrete Control Blocks 中的 Discrete 12-Pulse HVDC Control 模块获得,该模块可以选择为整流或者逆变控制工作状态。"主控制"子系统产生电流参考信号并对直流侧功率输送的起始和结束时间进行设置。

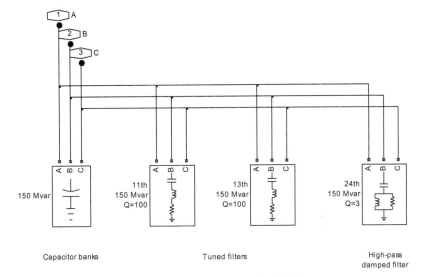

图 7-40　"滤波器"子系统结构图

这三个控制子系统中包含的模块及作用如表 7-1 所示。

表 7-1　HVDC 控制子系统包含的模块及作用

子　系　统			作　　　用
Rectifier Control and Protection	Rectifier Controller	Voltage Regulator	电压调节，计算触发角 α_v
		Gamma Regulator	计算熄弧角 α_g
		Current Regulator	电流调节，计算触发角 α_i
		Voltage Dependant Current Order Limiter	根据直流电压值改变参考电流值
	Rectifier Protections	Low AC Voltage Detection	直流侧故障和交流侧故障检测
		DC Fault Protection	判断直流侧是否发生故障，启动必要的动作清除故障
	12-Pulse Firing Control		产生同步的 12 个触发脉冲
Inverter Control and Protection	Inverter Current/Voltage/Gamma Controller1		逆变侧电压、电流、熄弧角调节，与整流侧子系统相同
	Inverter Protections	Low AC Voltage Detection	交流侧故障检测
		Commutation Failure Prevention Control	减弱电压跌落导致的换相失败
	12-Pulse Firing Control		产生同步的 12 个触发脉冲
	Gamma Measurement		熄弧角测量
Master Control			产生电流参考信号，设置直流功率输送的起始和结束时间

整个系统在仿真过程中均被离散化，除了少数几个保护系统的采样时间为 1 ms 或者 2 ms 外，大部分模块的采样时间为 50 μs。

7.4.2　直流和交流系统的频率响应

本节对直流侧和交流侧的频率响应进行观测。复制 3 个阻抗测量模块到该模型文件中并分别命名为 Zrec、Zinv 和 ZDC。将阻抗测量模块 Zrec 和 Zinv 分别连接在整流侧和逆变侧交流系统的 A 相和 B 相线路上。将阻抗测量模块 ZDC 的一端接在直流线路和平波电抗器之间，另一端接地。

需要注意的是：由于阻抗测量模块只对线性电路有效，因此在做阻抗分析时，系统中的所有非线性元件均被忽略，所以换流器的全部晶闸管都是断开的。此外，阻抗测量模块 Zrec 和 Zinv 测出的是两相的阻抗，需要打开阻抗测量模块 Zrec 和 Zinv 参数对话框，将增益参数修改为 0.5。

打开 Powergui 模块的阻抗依频特性测量功能窗口，设置频率范围为 0:2:1500 Hz，坐标为线性阻抗和线性频率。单击"更新"按键后可得到 HVDC 系统的频率响应特性如图 7-41 所示。

可见，在 60 Hz 交流系统上有两个最小的阻抗值，分别对应于 660 Hz 和 780 Hz；在 50 Hz 交流系统上也有两个最小的阻抗值，分别对应于 550 Hz 和 650 Hz，这是由 11 次谐波和 13 次谐波滤波器造成的串联谐振。此外，600 Mvar 的并联电容也在整流侧和逆变侧分别产生 180 Hz 和 220 Hz 的谐振。

将图 7-41(a)在 60 Hz 处放大，可以得到 60 Hz 处的阻抗为 56.75 Ω，对应的整流侧三相短路容量 P 为

$$P = \frac{500^2}{56.75} = 4405 \quad \text{MVA} \tag{7-17}$$

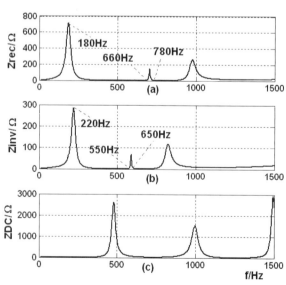

图 7-41　HVDC 系统的频率响应特性

(a) Zrec；(b) Zinv；(c) ZDC

7.4.3　系统启/停的稳态和阶跃响应

仿真时，首先使系统进入稳态，之后对参考电流和参考电压进行一系列动作，如表 7-2 所示，观察控制系统的动态响应特性。

表 7-2　系统控制参数的变化

时间/s	动　　作
0	电压参考值为1 p.u.
0.02	变换器导通，电流增大到最小稳态电流参考值
0.4	电流按指定的斜率增大到设定值
0.7	参考电流值下降0.2 p.u.
0.8	参考电流值恢复到设定值
1.0	参考电压由1 p.u. 跌落到0.9 p.u.
1.1	参考电压恢复到1 p.u.
1.4	变换器关断
1.6	强迫设置触发延迟角到指定值
1.7	关断变换器

开始仿真。打开整流器和逆变器示波器，得到电压和电流波形如图 7-42 所示。图 7-42(a) 为整流侧得到的相关波形，从上到下依次为以标幺值表示的直流侧线路电压、标幺值表示的直流侧线路电流和实际参考电流、以角度表示的第一个触发延迟角、整流器控制状态。图 7-42(b)为逆变侧得到的相关波形，从上到下依次为以标幺值表示的直流侧线路电压和直流侧参考电压、标幺值表示的直流侧线路电流和实际参考电流、以角度表示的第一个触发延迟角、逆变器控制状态、熄弧角参考值和最小熄弧角。

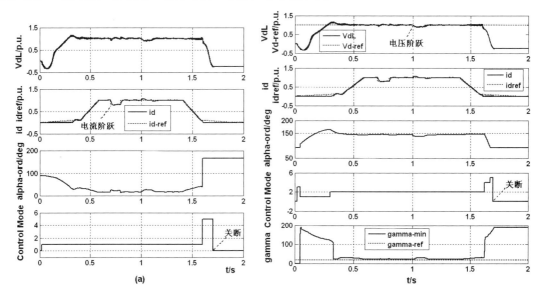

图 7-42　HVDC 系统启/停时整流器和逆变器仿真波形

(a) 整流侧；(b) 逆变侧

　　从图 7-42 可见，晶闸管在 0.02 s 时导通，电流开始增大，在 0.3 s 时达到最小稳态参考值 0.1 p.u.，同时直流线路开始充电使得直流电压为 1.0 p.u.，整流器和逆变器均为电流控制状态；0.4 s 时，参考电流从 0.1 p.u. 斜线上升到 1.0 p.u.(2 kA)，0.58 s 时直流电流到达稳定值，整流器为电流控制状态，逆变器为电压控制状态，直流侧电压维持为 1 p.u.(500 kV)。在稳定状态下，整流器的触发延迟角在 16.5° 附近，逆变器的触发延迟角在 143° 附近。逆变器子系统还对两个 6 脉冲桥的各个晶闸管的熄弧角进行测量，熄弧角参考值为 12°，稳态时，最小熄弧角在 22° 附近。0.7 s 时，参考电流出现 −0.2 p.u. 的变化。1.0 s 时，参考电压出现 −0.1 p.u. 的偏移，此时逆变器的熄弧角仍然大于参考值。1.4 s 时，触发关断信号，使得电流斜线下降到 0.1 p.u.。1.6 s 时，整流器侧的触发延迟角被强制设为 166°，逆变器侧的触发延迟角被强制设为 92°，使得直流线路放电。1.7 s 时两个变换器均关断，控制器控制状态为 0。变换器控制状态有七种，含义如表 7-3 所示。

表 7-3　变换器控制状态及意义

状态	意义
0	关断
1	电流控制
2	电压控制
3	α 最小值限制
4	α 最大值限制
5	α 的设定值或者常数
6	γ 控制

7.4.4　直流线路故障

　　进入主控制子系统，将参考电流设置为保持不变，进入逆变器控制和保护子系统，将参考电压设置为保持不变。打开直流侧并联的断路器模块，设置开关动作时间，使断路器在 0.7 s 时导通，在 0.75 s 时断开。将仿真结束时间设置为 1.4 s。

　　开始仿真，观察整流器、逆变器和故障处相关波形如图 7-43 所示。

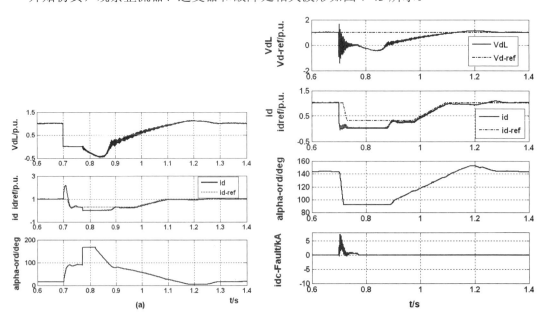

图 7-43　HVDC 直流线路故障的仿真波形图

(a) 整流侧；(b) 逆变侧

图 7-43(a)为整流侧得到的相关波形,从上到下分别为以标幺值表示的直流侧线路电压、标幺值表示的直流侧线路电流和实际参考电流、以角度表示的第一个触发延迟角。图 7-43(b)为逆变侧得到的相关波形,从上到下依次为以标幺值表示的直流侧线路电压和直流侧参考电压、标幺值表示的直流侧线路电流和实际参考电流、以角度表示的第一个触发延迟角、故障处的短路电流。

t = 0.7 s 时直流线路发生接地故障,直流侧电流激增到 2.2 p.u.,直流侧电压跌到 0 值。对应地,通过 Voltage Dependent Current Order Limiter (VDCOL)子系统的调制,整流器侧参考电流下降到 0.3 p.u.,因此故障发生后,直流侧仍然有电流流通。当 DC Fault protection 子系统检测到直流电压,即 t = 0.77 s 时,整流器触发延迟角被强制设为 166°,整流器运行在逆变器状态。直流侧线路电压变为负值,存储在直流线路中的能量转而向交流系统输送,导致故障电流在过零点时快速熄灭。

t = 0.82 s 时,解除触发延迟角的强制值,额定直流电压和电流在 0.5 s 后恢复正常。

7.4.5　逆变器交流侧 a 相接地故障

打开直流侧并联的断路器模块,取消断路器导通动作。打开逆变器交流侧断路器模块,使断路器在 0.7 s 时导通,在 0.8 s 时断开。

开始仿真,观察整流器、逆变器和故障处相关波形如图 7-44 所示。图 7-44(a)为整流侧得到的相关波形,从上到下分别为以标幺值表示的直流侧线路电压、标幺值表示的直流侧线路电流和实际参考电流、以角度表示的第一个触发延迟角。图 7-44(b)为逆变侧得到的相关波形,从上到下依次为以标幺值表示的直流侧线路电压和直流侧参考电压、标幺值表示的直流侧线路电流和实际参考电流、以角度表示的第一个触发延迟角、最小熄弧角。

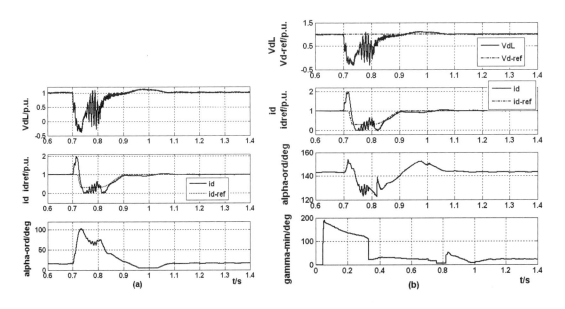

图 7-44　HVDC 交流侧故障的仿真波形图

(a) 整流侧；(b) 逆变侧

注意故障导致直流电压和直流电流出现了 120 Hz 的振荡。故障开始时出现了不可避免的换相失败现象，直流电流激增到 2 p.u.。$t = 0.8$ s 时清除故障，VDCOL 将参考电流调节到 0.3 p.u.，经过 0.35 s 后系统恢复。

逆变器交流侧三相电压和电流波形如图 7-45 所示。

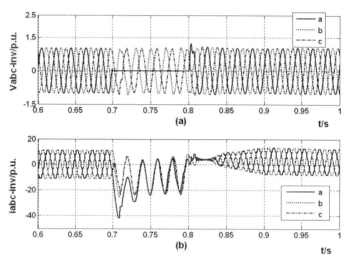

图 7-45　HVDC 系统逆变器交流侧的三相电压和电流波形图

(a) 电压；(b) 电流

7.5　基于 VSC 的 HVDC 系统仿真

本节描述 VSC-HVDC 输电系统的建模。VSC-HVDC 的主要特征是能够独立控制两个交流系统的有功和无功潮流。

7.5.1　系统描述

打开 SimPowerSystems 库 demo 子库中的模型文件 power_hvdc_vsc，可以直接得到图 7-46 所示的仿真系统，以文件名 circuit_hvdc_vsc 另存。

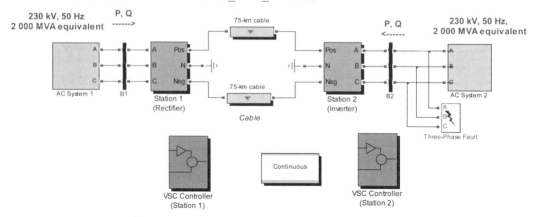

图 7-46　VSC-HVDC 仿真系统图

图 7-46 中，200 MVA、+/−100 kV 的强迫换流型 VSC 将两个交流系统相连，两个交流系统基本参数均为 230 kV、2000 MVA、50 Hz，相角为 80°，带有 3 次谐波。整流器和逆变器是 IGBT/diodes 型三电平中性点钳位式 VSC 变流器，IGBT 容易控制而且适用于高频开关的特性使得 VSC-HVDC 性能优于基于晶闸管的 HVDC。整流器和逆变器通过两条 75 km 的(2 段的 PI 型电路)电缆和两个 8 mH 的平波电抗器连接。逆变器交流侧有一个三相故障模块，用来模拟三相接地故障。整流器交流侧的可编程电压源模块用来对电压跌落进行仿真。

1. VSC-HVDC 的结构

双击打开"换流站 1"(Station 1)子系统，如图 7-47 所示。换流站 1 交流侧包含的设备有：降压变换器变压器、交流滤波器、变换器电抗器，换流站 1 直流侧包含的设备有电容器和直流滤波器。

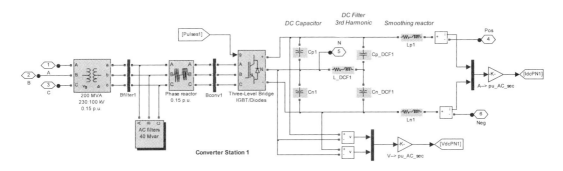

图 7-47　"换流站 1"子系统结构图

图 7-47 中变换器变压器为 Y_0-Δ接线，这种接线可以有效阻止逆变器产生的谐波进入电网，同时保证正弦基频电压的转换。不考虑变压器饱和，变压器抽头通过变压器一次绕组额定电压的倍数(整流侧取 0.915，逆变侧取 1.015)来表示，变换器电抗(0.15 p.u.)和变压器漏抗(0.15 p.u.)使得 VSC 输出的电压相角和幅值相对系统有一定的偏移，这样可以对变换器的有功和无功功率进行控制。连接在变压器和整流器间的变换器阻抗(Phase reactor)用来将基频电压(滤波器母线 Bfilter1)和原始 PWM 电压(变换器母线 Bconv1)分开。

为了抑制交流系统的谐波，交流滤波器的设计至关重要。交流侧的谐波分量由以下因素决定：

(1) 调制类型(单相或三相载波等)；

(2) 频率指数 p = 载波频率/调制频率(本例中，p = 1350/50 = 27)；

(3) 调制度 m = 基频输出电压/正负极间的直流电压。

由于主要的谐波分量为 p 的倍数次谐波，因此图 7-47 中交流滤波器并联在变换器变压器二次侧，由 27 次高通滤波器(18 Mvar)和 54 次高通滤波器(22 Mvar)构成，如图 7-48 所示。由于系统中只有高次谐波，因此设计交流滤波器为小功率的高通滤波器，而无需调谐滤波器。

对变换器母线 A 相电压和滤波器母线 A 相电压进行 FFT 分析(利用 Powergui)，得到稳态时的电压和对应的谐波分量如图 7-49 所示。

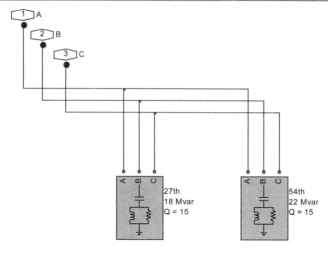

图 7-48 交流滤波器结构图

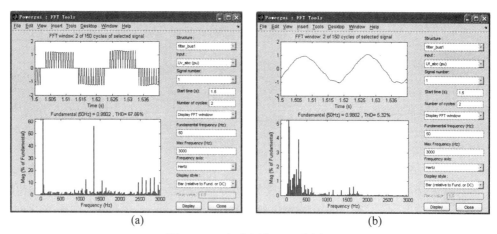

(a)   (b)

图 7-49 A 相电压和 FFT 分析

(a) 变换器母线；(b) 滤波器母线

图 7-47 中，储能直流电容器 Cp1 和 Cn1 连接在 VSC 的直流侧，它起到稳定系统动态特性和减小直流侧电压纹波的作用。电容器的电容大小由时间常数 τ 决定，其中 τ 是以额定电流(1 kA)将电容器电压从 0 充电到额定电压(100 kV)时所用的时间。本例中，$C = 70$ μF，因此，若取 $Z_{base} = 100$ kV/1 kA 的话，时间常数 τ 和电容大小 C 之间满足关系

$$\tau = C \cdot Z_{base} = 70 \times 10^{-6} \times 100 = 7 \quad \text{ms} \tag{7-18}$$

图 7-47 中直流侧滤波器为 3 次调谐谐波器，滤除正负极电压中的主要谐波分量，即 3 次谐波。直流侧谐波也可能是由接地交流滤波器通过变换器传递到直流侧的 3 的奇数次谐波分量。图 7-47 中直流侧正极和负极的输出端都串联一个平波电抗器。

为了维持直流侧的电压平衡，对直流侧正极电压和负极电压进行控制，保持正极电压和负极电压差为 0。

2. VSC 控制子系统

变换站 1 和变换站 2 各有一个控制系统，两个控制系统相互独立。每个控制系统都有两种控制方式。本例中，变换站 1 采用"有功和无功"(Active & Reactive Power)控制方式，变换站 2 采用"直流电压和无功功率"(DC Voltage & Reactive Power)控制方式。

打开"变换站 1 的 VSC 控制"(VSC Controller(Station 1))子系统，如图 7-50 所示。

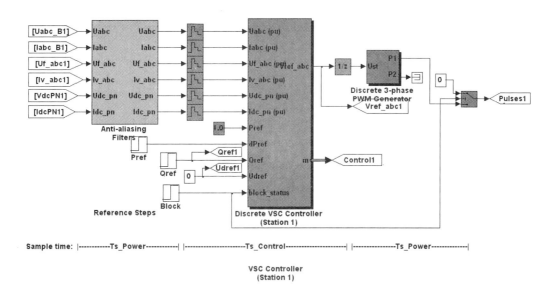

图 7-50　"变换站 1 的 VSC 控制"子系统结构图

该子系统中主要包含三个环节，分别是"防混叠滤波器"(Anti-aliasing Filters)环节、"变换站 1 的离散 VSC 控制"(Discrete VSC Controller(Station 1))环节和"离散三相 PWM 发生器"(Discrete 3-Phase PWM Generator)环节。防混叠滤波器滤除 2000 Hz 以上的谐波分量，离散 VSC 控制子系统产生三相电压参考信号并输入离散 PWM 发生器，离散 PWM 发生器产生触发脉冲并触发变换站 1 和 2 内的三电平桥式电路模块。

这三个环节采用两种采样周期，一个采样周期为 Ts_Power，设置为 1% 的 PWM 载波周期，即 0.01/1350 = 7.407 μs，防混叠滤波器和 PWM 发生器采用这种采样周期；另一个采样周期为 Ts_Control，设置为 10 倍的 Ts_Power，即 74.07 μs，离散 VSC 控制系统的采样周期为 Ts_Control。

打开"变换站 1 离散 VSC 控制"子系统，如图 7-51 所示。

该控制系统主要包括以下环节：

(1) "锁相环"(PLL)子系统：测量系统频率，并向"dq"变换子系统提供同步相角。

(2) "外部有功、无功和电压环"(Outer Active and Reactive Power and Voltage Loop)子系统：产生换流器电流 I_{ref} 的 d 轴和 q 轴参考值。

(3) "内部电流环"(Inner Current Loop)子系统：在负荷变化和扰动时对电流的快速控制。

(4) "直流电压平衡控制"(DC Voltage Balance Control)子系统：保持稳态时三电平桥的直流侧电压平衡。

(5) "Clarke 变换"(Clark Transformations)子系统：将 abc 系统的时间变量转换成 αβ 的空间模量。

(6) "dq 变换"(dq Transformations)子系统：从 αβ 的空间模量变换到 dq 轴分量。

(7) "信号计算" (Signal Calculations)子系统：计算控制器需要的参数，如有功、无功功率，调制度，直流电流和电压等。

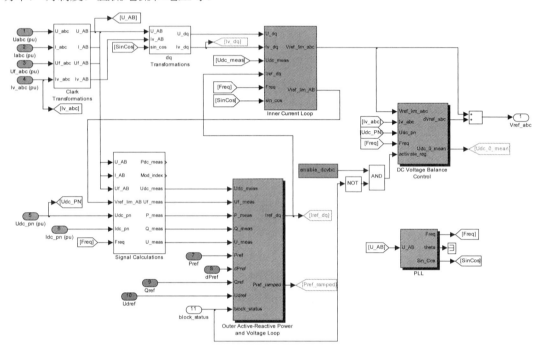

图 7-51　"变换站 1 的离散 VSC 控制"子系统结构图

7.5.2　动态特性仿真

采用定步长离散算法，Ts_Power = 7.407e-6，Ts_Control = 74.07e-6，选择"加速器" (Simulat- ion >Accelerator)提高运行速度。

1. 系统启/停的稳态和阶跃响应

系统动作如表 7-4 所示。

表 7-4　VSC-HVDC 仿真系统控制参数的变化

时间/s	动　作
0.1	逆变器控制系统投入使用
0.3	整流器控制系统投入使用
1.5	有功参考功率减小 0.1 p.u.
2.0	无功参考功率减小 0.1 p.u.
2.5	直流参考电压减小 0.05 p.u.

　　开始仿真，得到波形如图 7-52 所示。图 7-52(a)为变换站 1 上的相关波形，从上到下依次为变换站 1 实测有功功率和有功功率参考值、实测无功功率和无功功率参考值、调制度。图 7-52(b)为变换站 2 上的相关波形，从上到下依次为变换站 2 实测直流电压和直流电压参考值、实测无功功率和无功功率参考值、调制度。

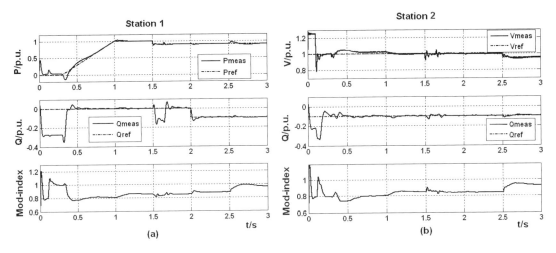

图 7-52　系统启/停时整流器和逆变器仿真波形

(a) 变换站 1；(b) 变换站 2

　　从波形可见，变换站 1 和变换站 2 的控制系统工作后，系统用了 1.3 s 时间达到稳态。稳态后，直流电压为 1.0 p.u.(200 kV)，稳态功率为 1.0 p.u.(200 MW)。整流器侧无功功率为 0，逆变器侧无功功率为 −0.1 p.u.(20 Mvar)。

　　有功、无功和直流电压的参考值发生变化后，系统重新进入稳态需要 0.3 s 时间。有功功率和无功功率的控制从理论上讲是独立的，但是从波形分析可见，两者之间存在相互影响。

2. 交流侧扰动

　　系统进入稳态后，在 $t = 1.5$ s 时，变换站 1 交流侧发生幅值为 0.1 p.u. 的电压跌落扰动，持续时间 0.14 s；在 $t = 2.1$ s 时，变换站 2 的交流侧发生三相接地短路故障，故障持续时间为 0.12 s。

　　主要波形如图 7-53 所示。

　　电压跌落后，有功和无功功率分别跌落了 0.1 p.u. 和 0.2 p.u.(见图 7-53(a)的第 3、4 个波形)，经过 0.3 s 后得到恢复，系统进入新的稳定状态。紧接着发生了三相故障，使得变换站 2 的功率输送能力降到 0(见图 7-53(b)的第 3 个波形)，直流侧电容过充电使得直流电压增大到 1.2 p.u.(见图 7-53(b)的第 5 个波形)，经过"有功功率控制环节"的控制，直流电压被限制在可接受范围内。系统用了 0.5 s 的时间恢复。此外，从图中还可以清楚地看到(见图 7-53(b)的第 4 个波形)，无功功率发生了 10 Hz 的阻尼振荡。

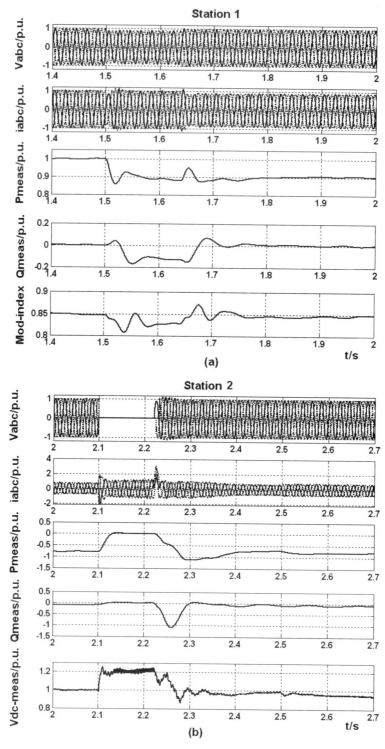

图 7-53　交流侧扰动时的相关波形

(a) 变换站 1；(b) 变换站 2

第 8 章 定 制 模 块

SimPowerSystems 库提供了大量的非线性模块，但有时仍然需要定制非线性模块。这种非线性模块可能用于模拟电弧、变阻器、饱和电感、某种新的电机等等。本章将以例题解答的方式介绍非线性模块的各种建立方法。

8.1 定制非线性模块

8.1.1 定制非线性电感模块

【例 8.1】 定制一个非线性电感元件，当电压在 0～120 V 时，电感恒定为 2 H；当电压超过 120 V 时，电感元件饱和，电感降低到 0.5 H。图 8-1 所示为该非线性电感对应的磁通—电流特性曲线，单位为 p.u.。其中 $V_B = 120/\mathrm{sqrt}(2)$ V，$f_B = 50$ Hz。

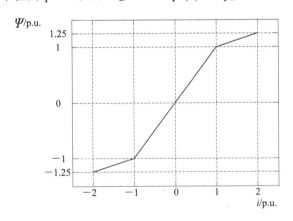

图 8-1 例 8.1 的磁通—电流特性曲线

解：（1）理论分析。显然电感元件上电压 v 和电流 i 具有如下关系：

$$v = L\frac{\mathrm{d}i}{\mathrm{d}t} = \frac{\mathrm{d}\Psi}{\mathrm{d}t} \tag{8-1}$$

其中，Ψ 为电感元件上的自感磁链。

由式(8-1)可以得到磁链 Ψ 为

$$\Psi = \int v\,\mathrm{d}t \tag{8-2}$$

因此电感上的电流 i 为

$$i = \frac{\Psi}{L} = \frac{\int v \, \mathrm{d} t}{L} \tag{8-3}$$

可见，可以用受控电流源表示该非线性电感元件，该电流源受控于电流源两端的电压。

(2) 按图 8-2 搭建非线性电感模型。该模型包括一个电压表模块、一个可控电流源模块（电流源的电流方向为箭头所示方向）、一个积分模块和一个用于描述磁通—电流饱和特性的查表模块。选用的各模块的名称及提取路径见表 8-1。图中有一个信号输出口 m，输出非线性电感模块上的磁通和该模块两端的电压值。

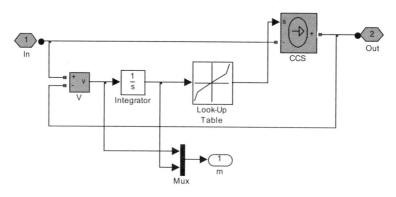

图 8-2　非线性电感模型

表 8-1　例 8.1 非线性电感模型中包含的模块的名称及提取路径

模　块　名	提　取　路　径
受控电流源模块 CCS	SimPowerSystems/Electrical Sources
电压表模块 V	SimPowerSystems/Measurements
电气接口 In、Out	SimPowerSystems/Elements
积分模块 Integrator	Simulink/Continuous
一维查表模块 Look-Up Table	Simulink/Lookup Tables
信号合成模块 Mux	Simulink/Signal Routing
信号输出端口 m	Simulink/Sinks

打开查表模块参数对话框，按图 8-3 设置参数。该图中的参数实际上就是图 8-1 的磁通—电流特性。其余模块的参数采用默认设置。

图 8-3　例 8.1 的查表模块参数设置

(3) 将搭建好的非线性电感模型组合为一个子系统并命名为 Nonlinear Inductance 后，按图 8-4 所示搭建仿真系统。选用的各模块的名称及提取路径见表 8-2。

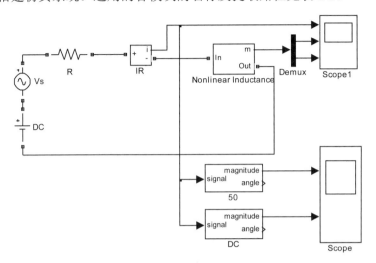

图 8-4　例 8.1 的仿真系统图

表 8-2　例 8.1 仿真电路模块的名称及提取路径

模 块 名	提 取 路 径
交流电压源 Vs	SimPowerSystems/Electrical Sources
直流电压源 DC	SimPowerSystems/Electrical Sources
串联 RLC 支路 R	SimPowerSystems/Elements
电流表模块 IR	SimPowerSystems/Measurements
FFT 模块 50、DC	SimPowerSystems/Extra Library/Measurements
信号分离模块 Demux	Simulink/Signal Routing
示波器	Simulink/Sinks

该系统中含有两个电压源，一个峰值为 120 V、50 Hz、相角为 90°的交流电压源 V_s 和一个幅值为 0 的直流电压源 V_{DC}。串联 RLC 支路为纯电阻电路，其中电阻元件 $R = 5\ \Omega$。

在仿真参数对话框中设置变步长 ode23tb 算法，仿真结束时间为 1.5 s。

(4) 开始仿真。设置直流电压源幅值为 0，开始仿真。图 8-5 所示为仿真最后 5 个周期的波形，图中波形从上到下依次为非线性电感元件上的磁通、电流和电压。此时，电压未超过极限值 120 V，电感为 2 H。对应的电流幅值 I_m 为

$$I_m = \frac{V_s}{\sqrt{(2\pi fL)^2 + R^2}} = 0.191\ \text{A} \tag{8-4}$$

磁链 Ψ 为

$$\Psi = I_m L = 0.382\ \text{Vs} \tag{8-5}$$

与观测到的波形一致。

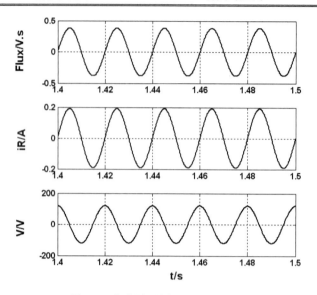

图 8-5　仿真波形图($V_{DC} = 0$ V)

　　将直流电压源的幅值改为 1 V，再次仿真。按理论分析，直流电压源单独作用时，电路中的电感相当于短路，因此观测的仿真电流中应该含有一个直流电流，该电流值为 1 V/5 Ω = 0.2 A。

　　观察仿真最后 5 个周期的波形如图 8-6 所示，图中波形从上到下依次为非线性电感元件上的磁通、电流和电压。由于对 1 V 直流电压源分量进行了积分运算，导致磁通饱和，因此电流波形发生畸变。由图可见，此时电流增大到 0.575 A。

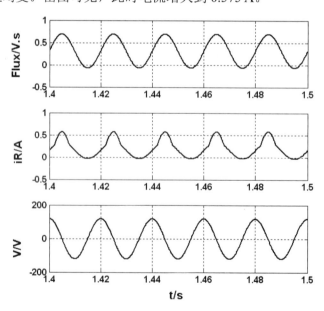

图 8-6　仿真波形图($V_{DC} = 1$ V)

　　通过 FFT 模块提取电流信号中的基频和直流分量，如图 8-7 所示，图中波形为非线性电感元件电流的基频分量和直流分量。可见，基频电流增大到 0.27 A，直流电流分量为 0.2 A，与理论分析值一致。

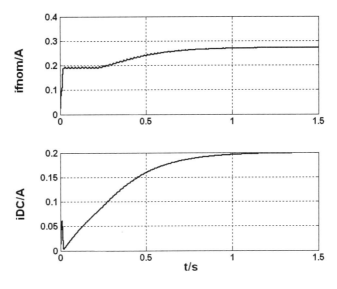

图 8-7　基频和直流电流分量

　　尽管在例 8.1 中已经建立了一个非线性电感模块，但是该模块外观并不完美。下面将对该非线性电感模块进行封装，创建对话框、图标和说明文档，并通过对话框来设定非线性电感的磁通—电流特性，使它看起来和 SIMULINK 库提供的其它模块一样完整。

　　单击图 8-4 中"非线性电感元件"图标，打开菜单[Edit>Mask subsystem]，弹出封装子系统编辑窗口如图 8-8 所示。选择"文档"(Documentation)标签页，在"封装类型"(Mask type)文本框中输入文字"非线性电感"，在"封装说明"(Mask description)多行文本框中输入该模块的简单说明和注意事项，在"封装帮助"(Mask help)多行文本框中输入该模块的帮助文件。

图 8-8　封装子系统编辑窗口(文档标签页)

选择"参数"(Parameters)标签页如图 8-9 所示，通过点击 ⬚ ✕ ⬆ ⬇ 按键添加、删除、移动项目。按图 8-9 分别添加额定电压、额定频率、线性电感和饱和特性。其中，在"变量说明"(Prompt)列中输入各变量的简单说明，在"变量名"(Variable)列中输入各变量的名称。注意这些变量是可以被封装的子系统作为已知参数调用的，因此，这些变量名应该是容易记忆的，同时 SIMULINK 不区分大小写。在"类型"(Type)列中选择参数的类型，可选的类型有"文本框"(edit)、"列表框"(checkbox)和"下拉框"(popup)。"可计算"(Evaluate)和"可调用"(Tunable)列为可选项。选中"可计算"(Evaluate)列后，SIMULINK 首先对用户输入的表达式进行计算，然后再将计算结果赋值给变量，否则 SIMULINK 直接把用户输入的表达式作为一个字符串赋值给变量。选中"可调用"(Tunable)列将允许该参数在仿真过程中被修改。

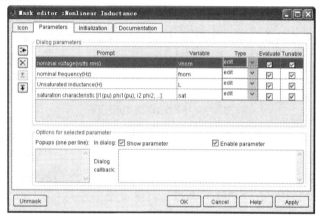

图 8-9　封装子系统编辑窗口(参数标签页)

选择"初始化"(Initialization)标签如图 8-10 所示，在"初始化命令"(Initialization commands)窗口中输入如下命令并提取电流变量 Current_vect 和磁通变量 Flux_vect。

图 8-10　封装子系统编辑窗口(初始化标签页)

% 定义电流和磁通的基准值。

I_base=Vnom*sqrt(2)/(L*2*pi*fnom);

Phi_base=Vnom*sqrt(2)/(2*pi*fnom);

% 验证饱和特性曲线是否属于第 1 象限，其中第 1 个点和第 2 个点应该是[0, 0]和[1, 1]。若不是，弹出出错提示，并等待直到该文本框中内容输入正确。

if ~all(all(sat(1:2,:)==[0 0; 1 1])),

　　　h=errordlg('The first two points of the characteristic must

be [0 0; 1 1]','Error');

　　　uiwait(h);

end

%添加代码，使磁通—电流饱和特性曲线完整。

[npoints,ncol]=size(sat);

sat1=[sat ; -sat(2:npoints,:)];

sat1=sort(sat1);

% 提取电流变量(A)和磁通变量(V.s)。

Current_vect=sat1(:,1)*I_base;

Flux_vect=sat1(:,2)*Phi_base;

　　单击"确定"(OK)按键，关闭封装子系统编辑窗口。接下来，将定义的电流变量 Current_vect 和磁通变量 Flux_vect 传递到非线性电感元件的查表模块中。通过菜单 [Edit>look under Mask]进入图 8-2 所示的"非线性电感元件"窗口，打开查表模块对话框，设置输入、输出参数如图 8-11 所示。

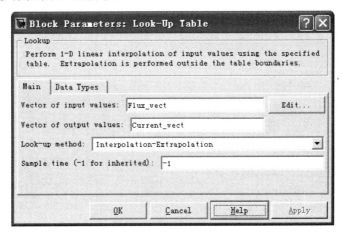

图 8-11　查表模块中参数的设置

　　确认后退出"非线性电感元件"子系统，回到主窗口中，双击"非线性电感元件"图标，出现图 8-12 所示的参数对话框，输入额定电压、额定频率、线性电感值和磁通—电流饱和特性。

　　现在可以开始仿真了，仿真波形和图 8-6 完全相同。

图 8-12　非线性电感元件参数的设置

　　回到仿真主窗口，继续为该模块定制一个图标，使得该模块像 SIMULINK 的任何一个模块一样漂亮。

　　选中非线性电感模块，通过菜单[Edit>Edit Mask]打开封装子系统编辑窗口，选择"图标"(Icon)标签如图 8-13 所示。

图 8-13　封装子系统编辑窗口(图标标签页)

　　在"画图命令"(Drawing commands)窗口中输入命令
　　　　plot(Current_vect,Flux_vect);
　　在"透明度"(Transparency)下拉框中选择"透明"(Transparent)。单击"确定"(OK)

按键或者"应用"(Apply)按键后退出子系统编辑窗口，可以看见磁通—电流饱和特性曲线
出现在非线性电感模块上，由于选择透明处理，输入、输出端口的名称也一并显示在该模
块上。封装后的非线性电感模块图标如图 8-14 所示。当然，也可以选择"不透明"(Opaque)，
这样，输入、输出端口的名称被图形覆盖了。

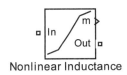

图 8-14 非线性电感模块图标

8.1.2 定制非线性电阻元件

非线性电阻元件的建模方法和非线性电感元件的建模方法类似。本节不再利用查表方
式建立电压电流关系，而是直接由电压电流的数学关系建立表达式。

【例 8.2】定制一个非线性 MOV 电阻元件，搭建电路，观测效果。

解：(1) 理论分析。金属氧化物压敏电阻 MOV 的电压电流具有以下关系：

$$i = I_0 \left(\frac{v}{V_0} \right)^{\alpha} \tag{8-6}$$

其中，v、i 为瞬时电压和电流；V_0 为钳制电压；I_0 为钳制电压对应的参考电流；α 用来定义
非线性特性，通常在[10，50]间取值。

因此，本例可以用受控电流源来表示该非线性电阻元件，受控电流源受控于该电源两
端的电压。

(2) 按图 8-15 搭建非线性 MOV 电阻模型。该模型包括一个电压表模块、一个可控电
流源模块(电流源的电流方向为箭头所示方向)、一个传递函数模块和一个自定义的函数模
块。选用的各模块的名称及提取路径见表 8-3。图中有一个信号输出口 m，输出非线性电阻
模块的电压值。

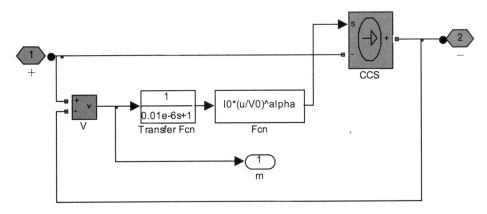

图 8-15 非线性电阻模型

表 8-3　例 8.2 非线性电阻模型中包含的模块的名称及提取路径

模 块 名	提 取 路 径
受控电流源模块 CCS	SimPowerSystems/Electrical Sources
电压测量模块 V	SimPowerSystems/Measurements
电气接口+、–	SimPowerSystems/Elements
传递函数模块 Transfer Fcn	Simulink/Continuous
自定义函数模块 Fcn	Simulink/User-Defined Functions
信号输出端口	Simulink/Sinks

本例利用数学函数模块直接建立非线性 MOV 的电压电流特性。由于纯电阻模块不含状态变量，这样在 SIMULINK 内部运算时将产生一个代数循环，导致运算速度降低。为了解开代数环，在电压测量模块输出口加入了一个 1 阶滞后传递函数。

按图 8-16 封装该非线性电阻模块，设置钳位电压为 2 倍的额定电压，即 2×120e3×sqrt(2)/sqrt(3)=195.96 kV。参考电流为 500 A，α 为 25。

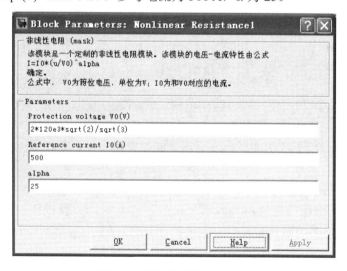

图 8-16　封装非线性电阻模块

继续给该非线性电阻加一个图标。打开封装子系统编辑窗口，选择"初始化"标签，在"初始化命令"(Initialization commands)窗口中输入如下命令：

　　t=0:0.0001:0.04;

　　x=sin(100*pi*t);

　　y=500*x.^25;

选择"图标"(Icon)标签，在"画图命令"(Drawing commands)窗口中输入命令：

　　plot(y,x);

确定后退出该编辑窗口。非线性电阻模块图标如图 8-17 所示。

Nonlinear Resistance

图 8-17　非线性电阻模块图标

(3) 将定制的非线性电阻模块用于保护线电压为 120 kV 的、按图 8-18 所示搭建的仿真系统。选用的各模块的名称及提取路径见表 8-4。

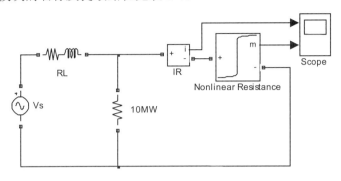

图 8-18　例 8.2 的仿真系统图

表 8-4　例 8.2 仿真电路模块的名称及提取路径

模 块 名	提 取 路 径
交流电压源 Vs	SimPowerSystems/Electrical Sources
串联 RLC 支路 RL	SimPowerSystems/Elements
电流表模块 IR	SimPowerSystems/Measurements
串联 RLC 负荷 10 MW	SimPowerSystems/Elements
示波器 Scope	Simulink/Sinks

将交流电压源峰值设为 2.3×120×sqrt(2)/sqrt(3) kV、频率为 50 Hz、相角为 0°。串联 RLC 支路 RL 中，电阻元件 $R = 1.92\ \Omega$，电感元件 $L = 26$ mH。串联 RLC 负荷额定电压为 120/sqrt(3) kV，频率为 50 Hz，有功功率为 10 MW，感性和容性无功功率为 0。

在仿真参数对话框中设置变步长 ode23tb 算法，仿真结束时间为 0.1 s。

开始仿真。图 8-19 所示为仿真波形图，图中波形为非线性电阻元件上的电流和电压。

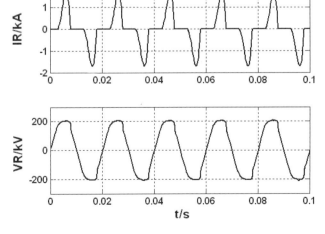

图 8-19　仿真波形图

　　由波形图可见，在正常电压条件下，MOV 相当于一个阻值极大的线性电阻。当电压大于 200 kV 时，MOV 内阻急剧下降并迅速导通，其上电流增加几个数量级，而电压被钳位在 200 kV，从而有效地保护了电路中的其它元器件不至于过压而损坏。对应的电压—电流特性如图 8-20 所示。

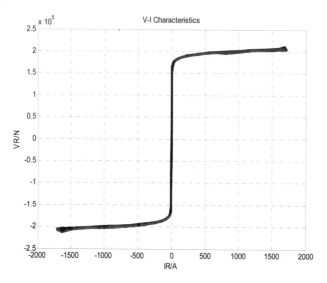

图 8-20　实测的 V-I 特性

8.1.3　定制模块库

　　为了方便地对定制的模块进行管理，用户还可以像 SIMULINK 一样创建自己的模块库，在自己的库中可以添加、删除模块，或者在这个库中建立子库。当对库中某模块进行修改时，所有模型文件中的该模块都被自动修改，这样，就不需要一个个打开模型文件去进行模块修改了。

　　在 SIMULINK 浏览器窗口中，点击菜单[File>New Library]，将出现一个新的名为 Library:untitled 的窗口。将定制的非线性电阻模块和非线性电感模块复制到新窗口中，保存新窗口，例如取名为 mypsb_library。新的模块库窗口如图 8-21。

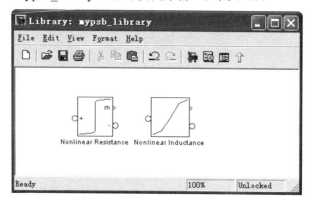

图 8-21　定制的模块库

> **注意:**
> 　　当非线性模块和其它模型串联时，要小心不要出现接线错误。当非线性模块用可控电流源构成时，要避免和纯电感元件或其它电流源直接串联，也不允许开路。当非线性模块用可控电压源构成时，要避免短路发生，也不允许直接和电容元件并联。

8.2　S 函数的编写及应用

　　S 函数是 System Function 的简称，即系统函数，它是扩展 SIMULINK 功能的强有力的工具，在很多情况下非常有用。用户可以利用 MATLAB、C、C++以及 FORTRAN 等语言来编制程序，构成 S 函数模块，并像标准 SIMULINK 模块一样直接调用。

　　S 函数使用一种特殊的调用规则，使得用户可以与 SIMULINK 的内部算法进行交互。这种交互和 SIMULINK 内部算法与内置模块之间的交互非常相似，而且可以适用于不同性质的系统。

　　本节主要介绍利用 MATLAB 语言设计 S 函数，并通过例子介绍 S 函数的应用技巧。

8.2.1　S 函数模块

　　S 函数模块在 Simulink/User-Defined Functions 库中，用此模块可以创建包含 S 函数的 SIMULINK 模块。S 函数模块的图标如图 8-22 所示。

图 8-22　S 函数模块图标

　　S 函数模块只有一个信号输入口和一个信号输出口，分别对应输入变量和输出变量。S 函数模块输入端口只能接受一维的向量信号。如果 S 函数模块含有多个输入变量和输出变量，需要使用“信号合成”(Mux)模块和“信号分离”(Demux)模块，同时需要指定 sizes 结构的适当区域的值。注意输入变量的个数和输出变量的个数必须和 S 函数内部定义的输入变量和输出变量的个数相同。S 函数模块自动将输入列向量的第一个值和 S 函数内部的第一个输入变量对应，第二个值和 S 函数内部的第二个输入变量对应，等等。输出变量也存在同样关系。

　　双击 S 函数模块，弹出该模块的参数对话框，如图 8-23 所示。该对话框中包含如下参数：

　　(1) “S 函数文件名”(S-Function Name)文本框：填写 S 函数的文件名，确定后图标上将显示该文件名。注意，不需要扩展名，但该文本框不能为空。

　　(2) “S 函数参数”(S-Function Parameters)文本框：填写 S 函数需要的外部参数。S 函数模块允许使用外部参数。函数的参数可以是 MATLAB 表达式，也可以是变量。参数并列给出，各参数间以逗号分隔，但参数列不需要用小括号括住表示。若无外部变量，该文本框为空。

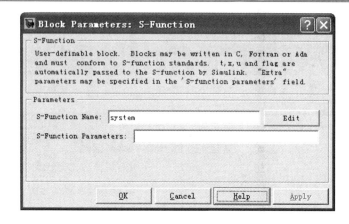

图 8-23　S 函数模块参数对话框

(3) "编辑"(Edit)按键：点击该按键将打开指定文件名的 S 函数文件编辑窗口，在该窗口中可以进行编辑工作。

【例 8.3】假设 S 函数需要的外部参数有三种，分别为 2、矩阵[1,2;3,4]和字符串 miles。试将这三种参数输入"S 函数参数"参数文本框。

解：在"S 函数参数"参数文本框中输入

　　2,[1,2;3,4;], 'miles'

即可。

> 注意：
> 数字"2"的前面和字符串"miles"的后面没有小括号。

8.2.2　S 函数的编写

S 函数模块的 M 文件具有一套固定的调用变量规则。可以通过创建一个新的 M 文件并在其中按规则编写 S 函数，或者直接用 SIMULINK 提供的模板文件 sfuntmpl.m，并从这个模板出发构建需要的 S 函数。

这类 M 文件中第一行程序是一个函数语句：

　　function [sys,x0,str,ts] = f (t,x,u,flag,p1,p2,…,pn)

其中，f 为 S 函数的函数名，例如 S 函数以函数名 sfun.m 保存，则 f 应为 sfun。输入变量和输出变量的说明分别见表 8-5 和表 8-6。

表 8-5　S 函数输入变量表

变量名	定　义
t	仿真时间
x	状态向量
u	输入向量
flag	标志位
p1,p2,…,pn	外部参数

表 8-6   S 函数输出变量表

变量名	定　　义
sys	多目标输出变量。sys 的值由 flag 标志位的值确定
x0	状态变量初始值，如果系统不含状态变量，则该值为空。当 flag 不为 0 时，该项被忽略
str	S 函数将该值设置为空矩阵[ ]，用于拓展函数功能
ts	一个双列矩阵，第一列为采样周期，第二列为采样延迟时间

S 函数的 M 文件在运行过程中不断检测输入变量 flag 的值，并按照表 8-7 所示的规则调用不同的内部函数。

表 8-7   S 函数 flag 参数表

flag值	调用函数名	功　　能
0	mdlInitializeSizes	初始化sizes结构并将sizes的值赋给sys。定义S函数模块的基本特性，包括采样时间ts、连续或离散状态的初始状态变量x0
1	mdlDerivatives	计算连续状态变量的微分值
2	mdlUpdates	更新离散状态变量、采样时间
3	mdlOutputs	计算输出变量，并将sys设置为输出向量的值
4	mdlGetTimeOfNextVarHit	计算下一次采样时间，当mdlInitializeSizes设置为可变步长离散采样时，使用该项功能
9	mdlTerminate	执行必要的任务并结束仿真

由表 8-7 可知，变量 flag 共有六种可能值，下面将分别讨论这六种值所对应的操作。

1. 初始化设置

flag=0 时，调用函数 mdlInitializeSizes 进行初始化设置。在 mdlInitializeSizes 函数中，需要对四种参数进行初始值的设置。

1）sizes

首先通过语句

　　　sizes = simsizes

获得默认的系统参数变量 sizes。该变量是一个没有初始化的结构体变量，共包含有六个字段，各字段说明如表 8-8 所示。

表 8-8   结构体变量 sizes 的字段

字段名	说　　明
sizes.NumContStates	连续状态变量的个数
sizes.NumDiscStates	离散状态变量的个数
sizes.NumOutputs	输出变量的个数
sizes.NumInputs	输入变量的个数
sizes.DirFeedthrough	标识输出信号或者采样时间是否受输入信号的直接控制，若直接控制，取为1，否则为0
sizes.NumSampleTimes	采样时间的个数，S 函数支持多采样周期的系统

对 sizes 结构体变量中的每个元素赋值。sizes 中的每个元素都必须有值，即使这个值为 0。设置好后，通过语句

> sys=simsizes(sizes)

将变量 sizes 赋值给输出变量 sys。

【例 8.4】某 S 函数不含连续状态变量和离散状态变量，只有一个输入变量和一个输出变量，且输入变量直接控制输出变量，采样周期唯一。试对该 S 函数的结构体变量 sizes 进行初始化设置。

解：输入如下语句进行初始化设置：

```
sizes = simsizes;                  %取系统默认设置
sizes.NumContStates   = 0;         %无连续状态变量，故连续状态变量个数设为 0
sizes.NumDiscStates   = 0;         %无离散状态变量，故离散状态变量个数设为 0
sizes.NumOutputs      = 1;         %1 个输出变量
sizes.NumInputs       = 1;         %1 个输入变量
sizes.DirFeedthrough  = 1;         %设置标志 1，表示输入变量直接控制输出变量
sizes.NumSampleTimes  = 1;         %设置采样时间的个数，最小为 1
sys = simsizes(sizes);             %将设置的初始值返回 sys
```

2) x0

设置状态变量的初始值。

【例 8.5】某 S 函数含有两个连续状态变量和两个离散状态变量。连续状态变量的初始值为 1.0，离散状态变量的初始值为 0.0。试对该 S 函数的状态变量初始值进行设置。

解：

> x0=[1.0,1.0,0.0,0.0];

注意：

如果无初始值，x0 为空。

x0=[ ];

---

3) str

变量 str 总为空：

> str=[ ];

4) ts

通过设置采样时间和采样延迟时间矩阵 ts 来定义 SIMULINK 调用函数的时间。SIMULINK 提供了多种设置 ts 的方式，如表 8-9 所示。

表 8-9　采样时间设置

功　　能	举　　例	说　　　明
连续采样时间	ts=[0 0];	连续采样
离散采样时间	ts=[0.25 0.1];	步长为 0.25 s，采样延迟时间为 0.1 s
可变采样时间	ts=[-2 0];	步长可变且无采样延迟，通过 S 函数设置 flag=4 来计算下一次采样时刻
继承采样时间	ts=[-1 0];	和前级模块的步长相同，无采样延迟

若系统含有多个采样周期，可以用同样的方法进行设置。

【例 8.6】某 S 函数含有两个离散的采样周期，第一个采样周期为 0.25 s，无延迟；第二个采样周期为 1.0 s，采样延迟 0.1 s。试对该 S 函数的 ts 进行初始化设置。

解：

ts=[0.25, 0; 1.0, 0.1];

> 注意：
> 例 8.6 中需要在 0 s、0.1 s、0.25 s、0.5 s、0.75 s、1 s、1.1 s、……时调用 S 函数，因此 S 函数必须指明在每个采样时刻需要执行的任务。

2. 连续状态变量微分计算

flag=1 时，调用函数 mdlDerivatives 将连续状态变量的微分值赋给 sys。

【例 8.7】已知非线性系统

$$\dot{x}_1 = x_2$$
$$\dot{x}_2 = x_1 - 3x_2^2 + u_1$$

当 flag=1 时，试设置 sys 属性。

解：

sys(1)=x(2);
sys(2)=x(1)-3*x(2)^2+u(1);

3. 离散状态变量更新

flag=2 时，调用函数 mdlUpdates 将离散状态变量更新后的值赋给 sys。

【例 8.8】已知一个一阶单变量离散子系统

$$x_1(k+1) = x_1(k) + u_1(k)$$

当 flag=2 时，试设置 sys 属性。

解：

sys=x(1)+u(1);

4. 输出变量计算

flag=3 时，调用函数 mdlOutputs 对输出变量进行计算，并把输出变量赋值给 sys。

5. 下次采样时间计算

flag=4 时，调用函数 mdlGetTimeOfNextVarHit 对下一次的采样时间进行计算，并把下一次的采样时间赋值给 sys。只有在初始值设置中已将采样时间设置为可变后，该函数才会被调用。

6. 仿真结束

当仿真以某种原因结束时，flag=9，调用函数 mdlTerminate 执行必要的任务终止仿真，不对 sys 赋值。

【例 8.9】按文献[14]定制一个非线性电弧炉元件以反映电弧炉的电压电流特性，搭建电路，观测效果。

解：(1) 理论分析。文献[14]所述模型的电弧电压 v 和电流 i 的关系为

$$v = \frac{i}{g} \tag{8-7}$$

其中，g 为电弧电导，定义为

$$g \overset{\text{def}}{=\!=} \frac{r^{m+2}}{k_3} \tag{8-8}$$

r 为电弧半径，定义为

$$r(t) \overset{\text{def}}{=} \left\{ \frac{k_3 I_\text{m}^2}{2k_1} - \frac{k_3 I_\text{m}^2}{2\left[\, k_1^{\,2} + (4\pi f k_2 / 5)^2\right]} \left[k_1 \cos 4\pi ft + \frac{4\pi f k_2}{5} \sin 4\pi ft \right] + C' \text{e}^{-\frac{5k_1}{k_2}t} \right\}^{1/5} \tag{8-9}$$

其中，C' 对应电弧半径的初值；I_m 为电流幅值；k_1、k_2、k_3 是常数，分别为 3000、1、12.5。

考虑 $4\sim14\text{ Hz}$ 频率范围的白噪声后，电弧半径为

$$r = r(t) + w_\text{noise}(t) \tag{8-10}$$

(2) 按图 8-24 搭建电弧炉电气特性模型。该模型中，电弧炉电气特性用一个可控电压源等效替代，可控电压源的大小主要由电弧炉的电弧半径决定，而电弧半径由电流幅值决定，同时电弧半径上还叠加了一个噪声。该模型中选用的各模块的名称及提取路径见表 8-10。

表 8-10　例 8.9 电弧炉电气特性模型中选用的模块的名称及提取路径

模 块 名	提 取 路 径
受控电压源模块 Vs	SimPowerSystems/Electrical Sources
电气接口 arcA、arca	SimPowerSystems/Elements
正弦波发生器 i	Simulink/Sources
FFT 模块 Fourier	SimPowerSystems/Extra Library/Measurements
带限白噪声发生器 Band-Limited White Noise	Simulink/Sources
二阶滤波器 2nd-Order-Filter	SimPowerSystems/Extra Library/Control Blocks
常数模块 Constant	Simulink/Sources
运算符号 Divide、Add、Product	Simulink/Math Operations
信号终端 Terminator	Simulink/Sinks
S 函数模块 S-Function	Simulink/User-Defined Functions

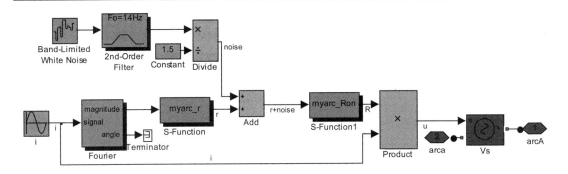

图 8-24 电弧炉电气特性模型

设置正弦波发生器模块中电流幅值为 3 A、频率为 100pi、相角为 0°。FFT 模块基频为 50 Hz，提取基频分量(1 次分量)，滤波器为带通滤波器，截断频率为 14 Hz。

(3) 编写 s 函数。在 MATLAB/toolbox/Simulink/Blocks 目录下复制模块文件 sfuntmpl.m 到 MATLAB/work 工作目录下，打开该模板，另存为 myarc_r.m 和 myarc_Ron.m，其中 myarc_r 为电弧半径计算模块，myarc_Ron 为电弧炉等效电阻计算模块。myarc_r 的程序代码如下：

```
function [sys,x0,str,ts] = myarc_r(t,x,u,flag,c1,k1,k2,k3,delta0)
                                %带外部参数c1、k1、k2、k3、delta0
switch flag,
case { 1, 2, 4, 9 }            %未定义标志
sys=[];
case 0,                         %初始化设置
[sys,x0,str,ts] = mdlInitializeSizes(c1,k1,k2,k3,delta0);
case 3,                         %输出变量计算
sys = mdlOutputs(t,x,u,c1,k1,k2,k3,delta0);
otherwise                       %显示错误
error(['unhandled flag = ',num2str(flag)]);
end
function [sys,x0,str,ts]=mdlInitializeSizes(c1,k1,k2,k3,delta0)
                                % mdlInitializeSizes进行初始化设置
sizes = simsizes;
sizes.NumContStates   = 0;
sizes.NumDiscStates   = 0;
sizes.NumOutputs      = 1;
sizes.NumInputs       = 1;
sizes.DirFeedthrough  = 1;
sizes.NumSampleTimes  = 1;
sys = simsizes(sizes);
x0 = [ ];                        %无连续或离散状态变量，故设为空
```

```
    str = [ ];                          %设置为空
    ts = [0 0];                         %连续采样，无延迟
    function sys=mdlOutputs(t,x,u,c1,k1,k2,k3,delta0)
                                 %mdlOutputs进行输出变量计算
        f=50;                           %设置频率
    sys=(k3*u^2/(2*k1)
      -k3*u^2/(2*(k1^2+(4*pi*f*k2/5)^2))
        *(k1*cos(4*pi*f*t+2*delta0)
          +4*pi*f*k2/5*sin(4*pi*f*t+2*delta0))
      +c1*exp(-5*k1/k2*t)).^0.2;        %求理想电弧半径
```

myarc_Ron 的程序代码如下：

```
    function [sys,x0,str,ts] = myarc_Ron(t,x,u,flag,k3)     %带外部参数k3
    switch flag,
        case { 1, 2, 4, 9 }            %未定义标志
            sys=[];
        case 0,                        %初始化设置
            [sys,x0,str,ts] = mdlInitializeSizes(k3);
        case 3,                        %输出变量计算
            sys = mdlOutputs(t,x,u,k3);
        otherwise                      %显示错误
            error(['unhandled flag = ',num2str(flag)]);
    end
    function [sys,x0,str,ts]=mdlInitializeSizes(k3)        %mdlInitializeSizes进行初始化设置
    sizes = simsizes;                   %取系统默认设置
    sizes.NumContStates  = 0;           %无连续状态变量，故连续状态变量个数设为0
    sizes.NumDiscStates  = 0;           %无离散状态变量，故离散状态变量个数设为0
    sizes.NumOutputs = 1;               %1个输出变量
    sizes.NumInputs = 1;                %1个输入变量
    sizes.DirFeedthrough  = 1;          %设置标志1，表示输入变量直接控制输出变量
    sizes.NumSampleTimes = 1;           %设置采样时间的个数，最小为1个
    sys = simsizes(sizes);              %将设置的初始值返回sys
    x0 = [ ];                           %无连续或离散状态变量，故设为空
    str = [ ];                          %设置为空
    ts = [0 0];                         %连续采样，无延迟
    function sys=mdlOutputs(t,x,u,k3)   % mdlOutputs进行输出变量计算
        sys1 =u^3/k3;                   %求电弧电导
    if (t>0)
    sys=1/sys1;                         %求电弧炉等效电阻
```

```
        else
            sys=0;
        end
```

(4) 封装 S 函数模块。以上的模型还不能运行，因为其中的外部参数未设置。因此，对图 8-24 所示的模型按 8.1 节所述方法进行封装，并设置参数对话窗口，如图 8-25 所示。

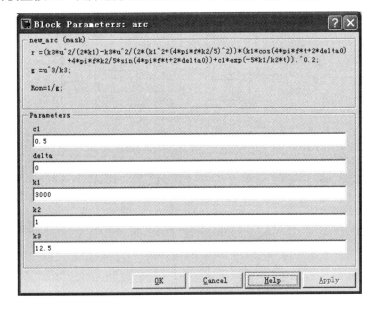

图 8-25　电弧炉模型参数对话框

封装完成后的电弧炉模型图标如图 8-26 所示。

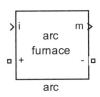

图 8-26　电弧炉模型图标

(5) 开始仿真，仿真结果如图 8-27 所示。图中从上到下依次为电弧炉上的电流、电弧炉端口电压和电弧炉电弧半径。图 8-28 为实测的电弧炉电压—电流特性。从电压—电流特性曲线上可以看出，仿真效果良好。

从上例可以看出，通过编写 S 函数，并与 MATLAB/SIMULINK 结合，定义、搭建新模型是一个非常简单、直观的过程，它极大地扩展了 SIMULINK 的功能。

S 函数还允许采用 C、C++、FORTRAN 等语言进行编写。但是，C 语言的编写和调试过程比 MATLAB 语言编写 S 函数的过程要复杂得多，所以在纯仿真中最好使用 MATLAB 语言去编写。当然，在有些应用中，由于 MATLAB 语言的 S 函数不能转换成 C 语言程序，生成独立文件，所以应该采用 C 语言去编写 S 函数。关于采用 C、C++、FORTRAN 等语言编写 S 函数的方法，读者可以参考 MATLAB 相关帮助。

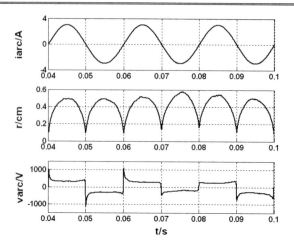

图 8-27　电弧炉模型图标

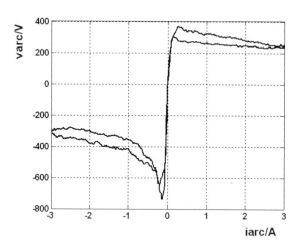

图 8-28　电弧炉电压—电流特性

附录 A SIMULINK 仿真平台菜单栏

表 A-1 "File"文件菜单

命　　令	快捷键	功　　能
New	Ctrl+N	创建新的模型或模块库文件
Open…	Ctrl+O	打开模型文件
Close	Ctrl+W	关闭模型文件
Save	Ctrl+S	保存当前的模型文件(路径、子目录、文件名都不变)
Save As…		将模型文件另外保存(改变路径、子目录、文件名)
Sources Control		文件源属性控制
Model Properties		模型属性
Preferences…		仿真平台属性
Print…	Ctrl+P	打印模型文件
Print Details…		打印范围设置
Print Setup…		打印机设置
Exit MATLAB	Ctrl+Q	退出 MATLAB

表 A-2 "Edit"编辑菜单

命　　令	快捷键	功　　能
Undo	Ctrl+Z	撤销上一次操作
Redo	Ctrl+Y	恢复上一次操作
Cut	Ctrl+X	剪切当前选定内容，并放在剪贴板上
Cope	Ctrl+C	将当前选定的内容拷贝到粘贴板上
Paste	Ctrl+V	将粘贴板上的内容粘贴到当前光标所在位置
Paste Duplicate Import		将粘贴板上的"输入端口"模块粘贴到当前光标所在位置
Delete	Delete	将选定内容删除
Select All	Ctrl+A	选择整个窗口
Copy Model To Clipboard		将模型拷贝到剪贴板上
Find…	Ctrl+F	寻找指定内容
Create Subsystem	Ctrl+G	创建子系统模块
Mask Subsystem	Ctrl+M	封装子系统模块
Look Under Mask	Ctrl+U	查看封装子系统的内部结构
Link Options		连接选项
Refresh Model Blocks	Ctrl+K	更新模型内模块的外观
Update Diagram	Ctrl+D	更新模型框图的外观

表 A-3　　"View" 查看菜单

命　　令	功　　能
Go To Parent	返回上一级系统模块(相对子系统模块)
Toolbar	显示或隐藏工具栏
Status Bar	显示或隐藏状态栏
Model Browser Options	显示或隐藏模型浏览器
Block Data Tips Options	鼠标位于模块上方时显示模块信息
Library Browser	显示 SIMULINK 模块库浏览器
Model Explorer	显示模块探测器，可快速定位、查看和更改参数设置
Zoom In	以放大的比例显示模型
Zoom Out	以缩小的比例显示模型
Fit Selection To View	自动选择最合适的比例显示模型
Normal (100%)	以正常比例(100%)显示模型
Port Values	鼠标位于模块上方时显示或隐藏端口的信号值
Remove Highlighting	删除高亮突出
Highlight	高亮突出显示

表 A-4　　"Simulation" 仿真菜单

命　　令	快捷键	功　　能
Start	Ctrl+T	启动或暂停仿真
Stop		停止仿真
Configuration Parameters...	Ctrl+E	仿真参数设置
Normal		常规标准仿真
Accelerator		将模型转化为 C 代码并编译成可执行程序加速运行仿真
External		外部模式仿真

表 A-5　　"Format" 格式菜单

命　　令	快捷键	功　　能
Font...		字体选择
Text Alignment		对模型中的文本框设置对齐方式
Enable TeX Commands		启动文本命令
Flip Name		将选中模块的标签上下换位
Flip Block	Ctrl+I	将选中模块的图标旋转 180°
Rotate Block	Ctrl+R	将选中模块的图标顺时针旋转 90°
Hide Name		显示或隐藏模块标签
Show Drop Shadow		显示或隐藏模块图标的阴影
Show Port Labels		显示或隐藏子系统端口标签

命　　令	快捷键	功　　能
Foreground Color		设置选中模块的前景颜色
Background Color		设置选中模块的背景颜色
Screen Color		设置屏幕颜色
Port/Signal Displays		端口或信号的信息显示
Block Displays		模块的信息显示
Library Link Display		库的连接显示

表 A-6　"Tool" 工具菜单

命　　令	功　　能
Simulink Debugger…	SIMULINK 调试器
Fixed-Point Settings…	定点设置
Model Advisor…	产生模型在仿真和代码生成方面的优化程度的报告
Lookup Table Editor…	编辑图表
Data Class Designer…	数据类型设计
Bus Editor…	总线编辑
Profiler	计算每个指令的执行时间并列出详细统计表
Coverage Settings…	设置覆盖尺度以保证系统测试的完整性
Signal & Scope Manager…	无需添加模块，将信号和示波器连接并管理
Real-Time Workshop	实时工作间选择
External Mode Control Panel…	外部模式控制板
Control Design	控制设计
Parameter Estimation…	参数估计
Report Generator…	产生报表

表 A-7　"Help" 帮助菜单

命　　令	功　　能
Using Simulink	SIMULINK 应用帮助文档
Blocks	模块帮助文档
Blocksets	模块库帮助文档
Block Support Table	模块支持表帮助文档
Shortcuts	快捷键帮助文档
S-Functions	S-Function 帮助文档
Demos	演示帮助文档
About Simulink	关于 SIMULINK 说明

附录 B SIMULINK 仿真平台工具栏

表 B-1 文件管理类工具图标

工具图标	功 能
🗋	单击该按键将创建一个新模型文件，相当于执行主菜单的【File>New>Model】命令
📂	单击该按键将打开一个已存在的模型文件，相当于执行主菜单的【File>Open】命令
💾	单击该按键将保存模型文件，相当于执行主菜单的【File>Save】命令
🖨	单击该按键将打印模型文件，相当于执行主菜单的【File>Print】命令

表 B-2 对象管理类工具图标

工具图标	功 能
✂	单击该按键，将选中的模型文件剪切到粘贴板上，相当于执行主菜单的【Edit>Cut】命令
📋	单击该按键，将选中的模型文件复制到粘贴板上，相当于执行主菜单的【Edit>Copy】命令
📋	单击该按键，将粘贴板上的内容粘贴到模型窗口的指定位置，相当于执行主菜单的【Edit>Paste】命令

表 B-3 命令管理类工具图标

工具图标	功 能
↺	单击该按键将撤消上一次操作，相当于执行主菜单的【Edit>Undo Delete】命令
↻	单击该按键将恢复上一次操作，相当于执行主菜单的【Edit>Can't Redo】命令

表 B-4 仿真控制类工具图标

工具图标	功 能
▶	单击该按键将开始或暂停仿真，相当于执行主菜单的【Simulation>Start】命令
■	单击该按键将停止仿真，相当于执行主菜单的【Simulation>Stop】命令
0.2	单击该文本框，可直接输入仿真结束时间，相当于执行主菜单的【Simulation>Configuration Parameters】命令
Normal ▼	单击该列表框，选择仿真模式，相当于执行主菜单中的【Simulation>Normal】、【Simulation> Accelarator】和【Simulation> External】三个命令的选择
📅	单击该按键，将进行模型代码生成，用于模型和模型之间的嵌套，相当于执行主菜单的【Tools>Real-Time Workshop>Build Model】命令
📝	单击该按键将更新模型内模块的外观，相当于执行主菜单的【Edit> Refresh Model Blocks 】命令
📥	单击该按键将更新模型框图的外观，相当于执行主菜单的【Edit> Update Diagram】命令

表 B-5　窗口切换类工具图标

工具图标	功　　能
🗓	单击该按键将打开子系统代码生成窗口，相当于执行主菜单的【Tools>Real-Time Workshop>Build Subsystem】命令
📖	单击该按键将打开 SIMULINK 模块库浏览器窗口，相当于执行主菜单的【View>Library Browser】命令
🔍	单击该按键将打开模块探测器窗口，相当于执行主菜单的【View>Model Explorer】命令
🔲	单击该按键将打开模块浏览器窗口，相当于执行主菜单的【View>Model Browser Options> Model Browser】命令
⬆	单击该按键将切换到上一级系统窗口，相当于执行主菜单的【View>Go To Parent】命令
⚙	单击该按键将打开调试窗口，相当于执行主菜单的【Tools>Simulink Debugger】命令

附录 C　SIMULINK 模块库

表 C-1　信号源模块库

模　　块　　名	图　标	用　　　途
Band-limited White Noise		在线性系统中加入带限白噪声
Chirp Signal		产生 Chirp 信号
Clock		显示和提示仿真时间
Constant	1	产生常数，可由参数对话框指定
Digital Clock	12:34	产生指定采用周期的仿真时间
From Workspace	simin	从工作空间指定位置读取数据
From File	untitled.mat	从文件中读取数据
Ground		将悬空的输入端口接地
In1	1	为子系统或外部输入提供输入端口
Pulse Generator		产生指定脉宽的矩形脉冲
Ramp		产生上升或下降的斜坡信号
Random Number		产生正态分布的随机信号
Repeating Sequence		将指定的时限信号延拓为周期信号
Signal Generator		产生任意分段线性化波形
Signal Builder	Signal 1	产生正弦波、方波和锯齿波等波形
Sine Wave		产生正弦波
Step		产生阶跃信号
Uniform Random Number		产生均匀分布的随机信号

表 C-2　接收器模块库

模　块　名	图　标	用　途
Display		显示输入值
Floating Scope		显示仿真过程中产生的信号
Out1	1	为子系统或外部输出提供输出端口
Scope		显示仿真过程中产生的信号
Stop Simulation	STOP	在输入非零时终止仿真
Terminator		封闭悬空的输出端口
To File	untitled.mat	将数据写入文件
To Workspace	simout	将数据写入工作空间中的指定位置
XY Graph		在 MATLAB 图形窗口中用 XY 坐标显示信号间的关系

表 C-3　连续系统模块库

模　块　名	图　标	用　途
Derivative	du/dt	时间微分
Integrator	$\frac{1}{s}$	积分
State-Space	x' = Ax+Bu y = Cx+Du	线性状态方程
Transfer Fcn	$\frac{1}{s+1}$	线性传递函数
Transport Delay		按指定时间对输入做延迟
Variable Transport Delay		按可变时间对输入做延迟
Zero-Pole	$\frac{(s-1)}{s(s+1)}$	零—极点传递函数

表 C-4 离散系统模块库

模 块 名	图 标	用 途
Discrete Filter	$\frac{1}{1+0.5z^{-1}}$	离散 IIR 和 FIR 滤波器
Discrete State-Space	y(n)=Cx(n)+Du(n) x(n+1)=Ax(n)+Bu(n)	离散状态空间系统
Discrete Transfer Fcn	$\frac{1}{z+0.5}$	离散传递函数
Discrete Zero-Pole	$\frac{(z-1)}{z(z-0.5)}$	实现离散零—极点传递函数
Discrete-Time Integrator	$\frac{K\,Ts}{z-1}$	离散时间积分
First-Order Hold		一阶采样保持
Memory		将上一采样点的输入值输出
Unit Delay	$\frac{1}{z}$	采样保持延迟一个采样周期
Zero-Order Hold		采样周期零阶保持

表 C-5 非连续系统模块库

模 块 名	图 标	用 途
Backlash		模拟回差控制函数
Coulomb and Viscous Friction		模拟零点不连续的线性增益函数
Dead Zone		规定零输出区域
Hit Crossing		检测过零点
Quantizer		按指定间隔将输入离散化
Rate Limiter		限制信号的变换量
Relay		在两个常数间选择输出
Saturation		限制信号的范围

表 C-6　数学运算模块库

模　　块　　名	图　　标	用　　途
Abs	|u|	求取绝对值或模值
Algebraic Constraint	f(z) Solve f(z) = 0 z	强制输入信号为 0
Assignment	U1 -> Y U2 -> Y(E) Y	对信号的指定位置赋值
Complex to Magnitude-Angle	|u| ∠u	求取输入信号的幅值和相角
Complex to Real-Imag	Re(u) Im(u)	求取输入信号的实部和虚部
Dot Product	•	点积
Gain	1	增益
Magnitude-Angle to Complex	|.| ∠	将幅值和相角输入转换为复数形式
Math Function	e^u	对输入信号进行常用数学运算
Matrix Concatenation	Horiz Cat	将输入信号矩阵水平或垂直连接
MinMax	min	求取最大或最小值
Polynomial	P(u) O(P) = 5	求取多项式的值
Product	×	乘积
Real-Imag to Complex	Re Im	将实部和虚部输入转换为复数形式

模 块 名	图 标	用 途
Reshape	U(:)	改变信号的维数
Rounding Function	floor	取整
Sign		指定输入信号的符号
Slider Gain	1	用滑动条改变增益
Sum		求和
Trigonometric Function	sin	三角函数运算

表 C-7 逻辑与位操作模块库

模 块 名	图 标	用 途
Bit Clear	Clear bit 0	将对应的位值设定为 0
Bit Set	Set bit 0	将对应的位值设定为 1
Combinatorial Logic		建立逻辑真值表
Compare To Constant	<= 3	将输入数据与设定常数值进行逻辑比较
Compare To Zero	<= 0	将输入数据与 0 值进行逻辑比较
Interval Test		对输入数据是否处于上限值和下限值之间进行判断
Logical Operator	AND	对输入信号进行指定的逻辑运算
Relational Operator	<=	对输入信号的指定关系进行比较

表 C-8 信号数据流模块库

模 块 名	图 标	用 途
Bus Creator		产生数据流总线
Bus Selector		输出选中的输入信号
Data Store Memory	A	定义共享数据存储区
Data Store Read	A	从共享数据存储区读数据
Data Store Write	A	将数据写入共享数据存储区
Demux		分离出输入信号集的各个信号
From	[A]	从 Goto 模块中读取 From 模块的输入信号
Goto	[A]	将输入信号传递给 From 模块
Goto Tag Visibility	{A}	定义 Goto 模块的标签可视范围
Manual Switch		手动切换输入信号
Merge	Merge	将多个输入信号合并为单标量输出
Multi-Port Switch		在模块输入信号间选择
Mux		将多个输入信号合并为单矢量输出
Selector		选择或者记录输入矢量信号
Switch		按指令切换输入信号

表 C-9　端口和子系統模塊庫

模　　塊　　名	圖　　標	用　　途
Configurable Subsystem	Template	指定庫中的任意模塊
Atomic Subsystem	In1　　Out1	代表某系統內的子系統
Enable	⊓	給子系統加一使能端口
Enabled Subsystem	In1　　Out1	執行使能功能的子系統
Enabled and Triggered Subsystem	In1　　Out1	執行使能和觸發功能的子系統
For Iterator Subsystem	In1　for{...}　Out1	在仿真步長內不斷循環的子系統
Function-Call Generator	f()	按指定的頻率對函數調用子系統進行執行
Function-Call Subsystem	function()　In1　　Out1	被其它模塊作為函數調用的子系統
If	u1　if(u1 > 0)　else	執行類似於 C 語言中 if else 判斷
If Action Subsystem	Action　In1　　Out1	用於 If 和 Switch 控制流程表的 Action 子系統
Inport	1	為子系統或外部輸入提供輸入端口
Outport	1	為子系統或外部輸出提供輸出端口

续表

模 块 名	图 标	用 途
Subsystem,	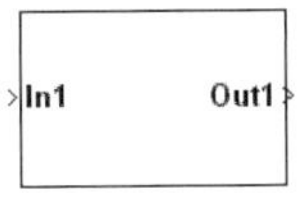 In1 Out1	代表某系统内的子系统
Switch Case	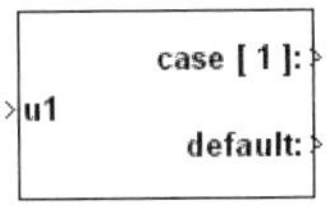 case [1]: u1 default:	执行类似于 C 语言中的 Switch 判断
Switch Case Action Subsystem	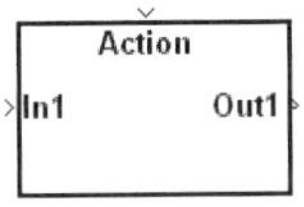 Action In1 Out1	由 Switch Case 模块触发执行命令的子系统
Trigger	 ⬡	给子系统加一触发控制端口
Triggered Subsystem	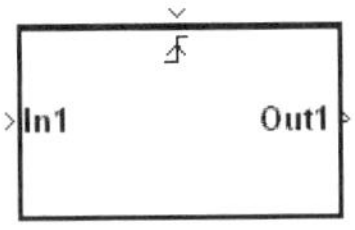 In1 Out1	执行触发功能的子系统
While Iterator Subsystem	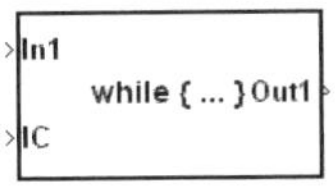 In1 while { ... } Out1 IC	在仿真步长内循环直到条件被满足的子系统

表 C-10 用户自定义函数库

模 块 名	图 标	用 途
Fcn	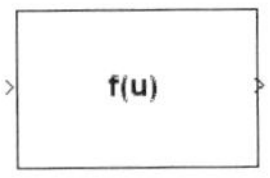 f(u)	对输入信号进行指定表达式计算
M-File S-Function	 mlfile	M 文件类型的 S 函数
MATLAB Fcn	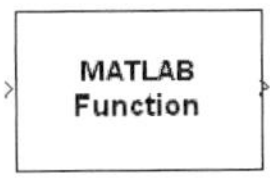 MATLAB Function	对输入信号进行 MATLAB 函数或表达式计算
S-Function	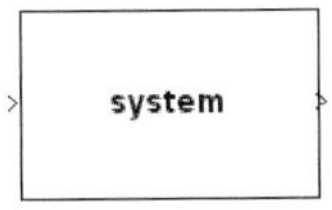 system	访问 S-Function
S-Function Builder	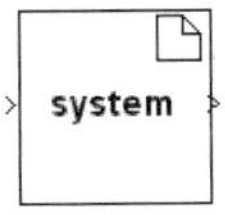 system	建立 C 语言的 S-function 函数

表 C-11 常 用 模 块 库

模 块 名	图 标	用 途
Bus Creator		产生数据流总线
Bus Selector		输出选中的输入信号
Constant	1	产生一个常数，可由参数对话框指定
Data Type Conversion	Convert	转换输入信号的数据类型
Demux		分离出输入信号集的各个信号
Discrete-Time Integrator	$\frac{K\,Ts}{z-1}$	离散时间积分
Gain	1	增益
Ground		将悬空的输入端口接地
In1	1	为子系统或外部输入提供输入端口
Integrator	$\frac{1}{s}$	积分
Logical Operator	AND	对输入信号进行指定的逻辑运算
Mux		将多个输入信号合并为单矢量输出
Out1	1	为子系统或外部输出提供输出端口
Product	×	乘积
Relational Operator	<=	对输入信号的指定关系进行比较
Saturation		限制信号的范围

续表

模 块 名	图 标	用 途
Scope		显示仿真过程中产生的信号
Subsystem,	In1 Out1	代表某系统内的子系统
Sum		求和
Switch		按指令切换输入信号
Terminator		封闭悬空的输出端口
Unit Delay	$\dfrac{1}{z}$	采样保持延迟一个采样周期

附录 D　SimPowerSystems 模块库

表 D-1　电 源 子 库

模　块　名	图　标	用　途
AC Current Source		提供一个正弦交流电流源
AC Voltage Source		提供一个正弦交流电压源
Controlled Current Source		提供一个输出电流受输入信号控制的可控电流源
Controlled Voltage Source		提供一个输出电压受输入信号控制的可控电压源
DC Voltage Source		提供一个直流电压源
3-Phase Programmable Voltage Source		提供一个三相可调节电源信号，其中幅值、相角、频率和谐波均可变
3-Phase Source		提供一个带有电阻和电感的三相电压源

表 D-2　元 件 子 库

模　块　名	图　标	用　途
Breaker		断路器(模拟空气开关等)
Connection Port		物理接口端子
Distributed Parameters Line		分布参数线路模块
Ground		接地
Linear Transformer		三绕组线性变压器(单相)

模　　块　　名	图　　标	用　　途
Multi-Winding Transformer		多绕组变压器
Mutual Inductance		三相耦合线圈
Neutral		中性点
Parallel RLC Branch		并联 RLC 支路
Parallel RLC Load		并联 RLC 负荷
PI Section Line		分布电容、电感为 PI 型的传输导线
Saturable Transformer		饱和变压器
Series RLC Branch		串联 RLC 支路
Series RLC Load		串联 RLC 负荷
Surge Arrester		避雷针
3-Phase Breaker		三相断路器
3-Phase Dynamic Load		有功功率和无功功率可调节的三相三绕组动态负荷
3-Phase Fault		三相可变故障断路器
3-Phase Harmonic Filter		三相谐波滤波器
3-Phase Mutual Inductance Z1-Z0		用正序和零序参数表示的三相耦合电感

模　块　名	图　标	用　　途
3-Phase Parallel RLC Branch		三相并联 RLC 支路
3-Phase Parallel RLC Load		三相并联 RLC 负荷
3-Phase PI Section Line		三相 PI 型电路
3-Phase Series RLC Branch		三相串联 RLC 支路
3-Phase Series RLC Load		三相串联 RLC 负荷
Three-Phase Transformer (Three Windings)		三相三绕组变压器
Three-Phase Transformer(Two Windings)		三相双绕组变压器
3-Phase Transformer 12-terminals		三个单相双绕组变压器组成的模块，所有端口可见
Zigzag Phase-Shifting Transformer		Z 形移相变压器

表 D-3　电 机 子 库

模　　　块　　　名	图　　标	用　　　途
Asynchronous Machine pu Units	>Tm—　—m> □ A　　　a □ □ B　　　b □ □ C　　　c □	异步电机(标幺值单位)模块
Asynchronous Machine SI Units	>Tm—　—m> □ A　　　a □ □ B　　　b □ □ C　　　c □	异步电机(国际单位)模块
DC Machine	>TL—　—m> □ A+ dc A- □ □ F+ ℓℓℓ F- □	直流电机模型，可用作电动机或发电机
Discrete DC_Machine	>TL—　—m> □ A+ dc A- □ □ F+ ℓℓℓ F- □	离散直流电机
Excitation System	>vref >vd >vq　　Vf> >vstab	为交流同步机提供励磁控制的模块
Generic Power System Stabilizer	>In　　Vstab>	普通电力系统稳定器模块
Hydraulic Turbine and Governor	>wref >Pref　Pm> >we >Pe0　gate> >dw	水轮机和控制器模块，用以和同步发电机配套
Machines Measurement Demux	is_qd >m　vs_qd wm	电机测量单元，将各种电机模型输出的测量信号集分离为单个信号输出
Multi-Band Power System Stabilizer	>dw　Vstab>	多频段电力系统稳定器模块
Permanent Magnet Synchronous Machine	>Tm— □ A □ B　 N S 　m> □ C	交流同步电机，转子为永磁体

续表

模　块　名	图　标	用　途
Simplified Synchronous Machine pu Units	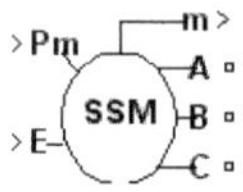	同步电机简单模块(标幺值单位)
Simplified Synchronous Machine SI Units	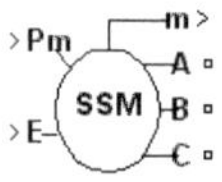	同步电机简单模块(国际单位)
Steam Turbine and Governor	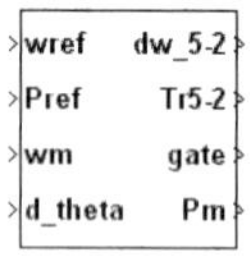	汽轮机和控制器模块，用以和同步发电机配套
Synchronous Machine pu Fundamental	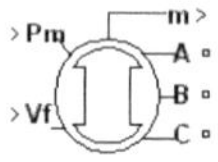	同步电机基本模块(标幺值单位)
Synchronous Machine pu Standard	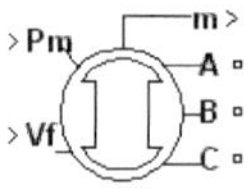	同步电机标准模块(标幺值单位)
Synchronous Machine SI Fundamental	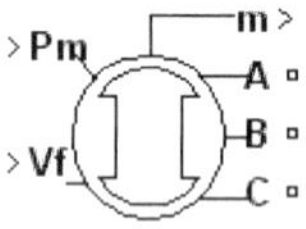	同步电机简单模块(国际单位)

表 D-4　电力电子子库

模　块　名	图　标	用　途
Detailed Thyristor	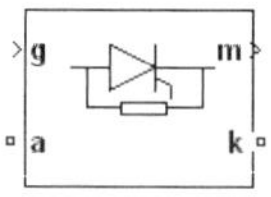	带 RC 缓冲电路的详细晶闸管模块
Diode	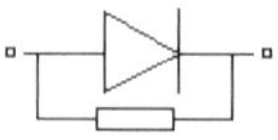	带 RC 缓冲电路的二极管模块
Gto	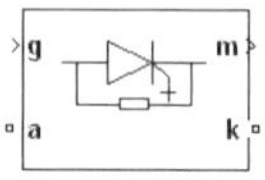	带 RC 缓冲电路的 GTO 模块
Ideal Switch	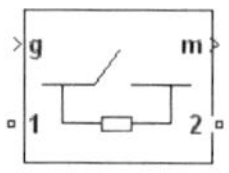	带 RC 缓冲电路的开关模块，开关状态由门极信号控制

续表

模　　块　　名	图　标	用　　　　途
IGBT		带 RC 缓冲电路的 IGBT 模块
Mosfet		带 RC 缓冲电路的 Mosfet 模块
Three-Level Bridge		三相桥式整流电路模块
Thyristor		带 RC 缓冲电路的晶闸管模块
Universal Bridge		通用桥模块，可设置为单相或三相桥，可以选择不同的电力电子器件，并且可以用作整流器或逆变器

表 D-5　测　量　子　库

模　　块　　名	图　标	用　　　　途
Current Measurement		用于检测电流，使用时串联在被测电路中
Impedance Measurement		用于测量一个电路某两点之间的阻抗
Multimeter		多路测量仪，可同时检测系统中多点的多项电量参数
Three-Phase V-I Measurement		可测量三相电路中各相的电压、电流信号，使用时串联在被测电路中
Voltage Measurement		用于检测电压，使用时并联在被测电路中

表 D-6　附加子库

子　库　名	子库图标	模　块　名	模块图标	用　　途
Control Blocks		Synchronized 12-Pulse Generator		12 脉冲逆变器晶闸管同步触发模型
		1-phase PLL		单相锁相环
		1st-Order Filter		一阶滤波器
		2nd-Order Filter		二阶滤波器
		3-phase PLL		三相锁相环
		3-phase Programmable Source		三相可变电源发生器
		Bistable		SR 型双稳态电路模块
		Edge Detector		边缘检测模块
		Monostable		单稳态电路模块
		On/Off Delay		输入信号变化时的延时
		PWM Generator		脉宽调制信号发生器
		Sample & Hold		采样保持模块
		Synchronized 6-Pulse Generator		6 脉冲逆变器晶闸管同步触发模型
		Timer		在指定的时间改变信号

子　库　名	子库图标	模　块　名	模块图标	用　　途
		3-phase Instantaneous Active & Reactive Power	Vabc / Iabc → PQ	三相瞬时有功、无功功率测量仪
		Abc_to_dq0 Transformation	abc / sin_cos → dq0	将 abc 系统内的信号变换到 dq0 系统中
		Discrete 3-phase PLL-Driven Positive Sequence Active & Reactive Power	Freq / Sin_Cos / Vabc / Iabc → Mag_V_I / P_Q	离散三相正序有功、无功功率计算
		Discrete 3-phase PLL-Driven Positive Sequence Fundamental Value	Freq / Sin_Cos / abc → Mag / Phase	离散三相正序基频分量
		Discrete 3-phase Positive- Sequence Active & Reactive Power	Vabc / Iabc → Mag_V_I / P_Q	离散三相正序有功和无功功率
		Discrete 3-phase Positive Sequence Fundamental Value	abc → Mag / Phase	离散三相正序基频分量
Discrete Measurements	⊞	Discrete 3-phase Sequence Analyzer	abc → Mag / Phase	离散三相序分量分析仪
		Discrete 3-phase Total Power	Vabc / Iabc → Pinst / Pmean	离散三相总有功功率
		Discrete Active & Reactive Power	V / I → Mag_V_I / P_Q	计算有功功率和无功功率
		Discrete Fourier	In → Mag / Phase	离散傅里叶变换
		Discrete Mean value	In → Mean	离散均值计算
		Discrete PLL-Driven Fundamental Value	Freq / Sin_Cos / In → Mag / Phase	计算输入信号的基频值
		Discrete RMS value	In → RMS	离散均方根值计算
		Discrete Total Harmonic Distortion	signal → THD	离散总谐波畸变率计算
		Discrete Variable Frequency Mean Value	Freq / In → Mean	计算输入信号的均值

续表（二）

子 库 名	子库图标	模 块 名	模块图标	用 途
Discrete Measurements		dq0-based Active & Reactive Power	VdqO PQ IdqO	dq0 系统中的有功、无功功率测量仪
		dq0_to_abc Transformation	dq0 abc sin_cos	将 dq0 系统内的信号变换到 abc 系统中
		FFT	f(k) FFT F(n) RMS	傅里叶变换
Discrete Control Blocks		Discrete 1-phase PLL	Freq V(pu) wt Sin_Cos	离散的锁相环模型
		Discrete 2nd-Order Filter	Fo=200Hz	离散的二阶滤波器模型
		Discrete 2nd-Order Variable-Tuned Filter	Fo Out In	离散的二阶可调谐滤波器
		Discrete 3-phase PLL	Freq Vabc (pu) wt Sin_Cos	离散的三相锁相环
		Discrete 3-phase Programmable Source	abc	离散的三相可变电源发生器
		Discrete 3-phase PWM Generator	Ust P1 wt P2	离散的三相 PWM 发生器
		Discrete Bistable	[S] Q R !Q	离散的 SR 型双稳态电路模型
		Discrete Edge Detector		离散的边缘检测模型
		Discrete Gamma Measurement	I_th(1.6) gamma_min (deg) Uabc gamma_mean (deg) Freq Ucom(1.6)	离散的对比系数检测器
		Discrete Lead-Lag	1+T1s 1+T2s	离散的超前－滞后模型
		Discrete Monostable	T 0.015 s	离散的单稳态电路模型
		Discrete On/Off Delay	t 0.01 s	离散的输入信号延时模型

续表（三）

子　库　名	子库图标	模　块　名	模块图标	用　　　途
Discrete Control Blocks		Discrete PI Controller	PI	离散的 PI 控制器模型
		Discrete PID Controller	PID	离散的 PID 控制器模型
		Discrete PWM Generator	Signal(s)　Pulses	离散的脉宽调制信号发生器模型
		Discrete Rate Limiter	Discrete Rate Limiter	离散的比率限制器模型
		Discrete Sample & Hold	In　S/H　S	离散的采样与保持器模型
		Discrete Synchronized 12-Pulse Generator	alpha_deg A B C Freq Block　PY PD	离散的同步 12 脉冲发生器
		Discrete Synchronized 6-Pulse Generator	alpha_deg AB BC CA Freq Block　pulses	离散的同步 6 脉冲发生器
		Discrete Variable Transport Delay	In　Out D	离散的可变传输延时器
		Discrete Virtual PLL	Freq Sin_Cos wt	离散的虚拟锁相环模型
		Timer		可编程阶跃信号,在设定的时间上,使输出发生阶跃变化(0 或 1),常用于理想开关和断路器的控制
Measurements		3-Phase Instantaneous Active & Reactive Power	Vabc Iabc　PQ	三相瞬时有功、无功功率测量仪
		3-Phase Sequence Analyzer	abc　Mag Phase	输出三相不平衡信号的正、负、零序分量
		abc_to_dq0 Transformation	abc sin_cos　dq0	将 abc 系统内的信号变换到 dq0 系统中
		Active & Reactive Power	V I　PQ	有功、无功功率测量仪

续表(四)

子　库　名	子库图标	模　块　名	模块图标	用　　途
Measurements	⊞	dq0_based Active & Reactive Power	Vdq0 / Idq0 → PQ	dq0 系统中的有功、无功功率测量仪
		dq0_to_abc Transformation	dq0 / sin_cos → abc	将 dq0 系统内的信号变换到 abc 系统中
		Fourier	signal → magnitude / angle	傅里叶变换
		RMS	signal → rms	求均方根值
		Total Harmonic Distorsion	signal → THD	计算总谐波畸变率
Phasor Library	⊞	3-Phase Active & Reactive Power (Phasor Type)	Vabc / Iabc → PQ	相量域的三相有功和无功功率测量仪
		Active & Reactive Power (Phasor Type)	V / I → PQ	相量域的有功和无功功率测量仪
		Sequence Analyzer (Phasor Type)	abc → Mag / Pha	相量域的序分析仪
		Static Var Compensator (Phasor Type)	A / B / C → B(pu) / V1meas(pu)	相量域的静止无功补偿器

参 考 文 献

[1]　李广凯，李庚银. 电力系统仿真软件综述. 电气电子教学学报，2005，27(3): 61-65

[2]　薛定宇，陈阳泉. 基于MATLAB/SIMULINK 的系统仿真技术与应用. 北京：清华大学出版社，2002

[3]　陈怀琛，吴大正，高西全. MATLAB 及在电子信息课程中的应用. 北京：电子工业出版社，2006

[4]　飞思科技产品研发中心. MATLAB 7 基础与提高. 北京：电子工业出版社，2005

[5]　范影乐，杨胜天，李轶. MATLAB 仿真应用详解. 北京：人民邮电出版社，2001

[6]　王沫然. Simulink 4 建模及动态仿真. 北京：电子工业出版社，2002

[7]　谢小荣，姜齐荣. 柔性交流输电系统的原理与应用. 北京：清华大学出版社，2006

[8]　[美]Muhammad H.Rashid. 国外电气工程名著译丛：电力电子技术手册. 陈建业，等，译. 北京：机械工业出版社，2004

[9]　洪乃刚，等. 电力电子和电力拖动控制系统的MATLAB 仿真. 北京：机械工业出版社，2006

[10]　MathWorks. SimPowerSystems 4 User Guide. 2004

[11]　吴天明，谢小竹，彭彬. MATLAB 电力系统设计与分析. 北京：国防工业出版社，2004

[12]　何仰赞，温增银. 电力系统分析. 3 版. 武汉：华中科技大学出版社，2002

[13]　倪以信，陈寿孙，张宝霖. 动态电力系统的理论和分析. 北京：清华大学出版社，2002

[14]　王晶，束洪春，等. 用于动态电能质量分析的交流电弧炉的建模与仿真. 电工技术学报，2003，18(3): 53-58